"十四五"国家重点出版物出版规划项目

舟山群岛海洋生物多样性研究

主编 赵盛龙 徐汉祥 尤仲杰 钟俊生

虾蟹类

本册主编 陈 健

浙江科学技术出版社·杭州

版权所有　侵权必究

图书在版编目（CIP）数据

舟山群岛海洋生物多样性研究.虾蟹类 / 赵盛龙等主编；陈健本册主编. —杭州:浙江科学技术出版社，2022.12

ISBN 978-7-5739-0477-5

Ⅰ.①舟… Ⅱ.①赵…②陈… Ⅲ.①海洋生物－虾类－生物多样性－研究－舟山　②海洋生物－蟹类－生物多样性－研究－舟山　Ⅳ.①Q178.53

中国版本图书馆CIP数据核字（2022）第255372号

书　　名	舟山群岛海洋生物多样性研究　虾蟹类	
主　　编	赵盛龙　徐汉祥　尤仲杰　钟俊生	
本册主编	陈　健	
出版发行	浙江科学技术出版社 杭州市体育场路347号　邮政编码：310006 办公室电话：0571-85176593 销售部电话：0571-85062597 E-mail：zkpress@zkpress.com	
排　　版	杭州万方图书有限公司	
印　　刷	浙江新华数码印务有限公司	
开　　本	889×1194　1/16	印　张　21.25
字　　数	320 000	
版　　次	2022年12月第1版	印　次　2022年12月第1次印刷
书　　号	ISBN 978-7-5739-0477-5	定　价　155.00元

责任编辑　徐　岩　王雪冰　　责任校对　赵　艳
责任美编　金　晖　　　　　　责任印务　崔文红

如发现印、装质量问题，请与承印厂联系调换。电话：0571-85155604

编委会

主　　　编：赵盛龙　徐汉祥　尤仲杰　钟俊生

本 册 主 编：陈　健

本册副主编：郭星乐　林良羽　陈嘉伟

本 册 编 者：蒋日进　余法建　苗增良　崔大练　马玉心
　　　　　　　蔡惠文　李　博　赵宸枫　姚　晔　唐舟凯

前言

舟山群岛是我国第一大群岛,海域面积达22000 km²,拥有2000多个岛屿和漫长的深水岸线,气候条件优越,生物物种种类及特有类群均居全国前列,是我国生态安全屏障和生物多样性的天然宝库,也是我国乃至西北太平洋重要的天然基因库。舟山群岛海域得益于得天独厚的自然条件,有着我国第一大渔场——舟山渔场,这也是世界著名的渔场。2011年6月30日,国务院正式批准设立浙江舟山群岛新区,舟山群岛开发上升为国家战略,成为我国第一个以海洋经济为主题的国家战略层面新区。舟山群岛是大力发展海洋经济的前沿阵地,是我国建设海洋强国的蓝色引擎,是我国"海上丝绸之路"的重要中转港口,在我国建设海洋强国进入加速期的这一关键历史时刻,扮演着越来越重要的角色。

随着海洋经济快速发展,舟山群岛的海洋生态系统面临着新的变化,海洋生物多样性受到威胁。自20世纪80年代以来,舟山的传统渔业资源开始逐渐衰退,原有的鱼汛也逐渐消失,大家不免担忧,东海会无鱼以至无渔吗?海洋生物是一类可再生资源,其再生能力取决于种群的自身繁育能力,当捕捞强度超过了再生能力,资源减少自然就不可避免。客观地说,以传统的经济种类维持原有的捕捞及管理模式,确已难以为继。

针对海洋传统经济种类资源的减少,我国自1979年开始,提出设立禁渔期、禁渔区制度。自1995年开始,在渤海、黄海、东海、南海4大海区除钓具外,开始全面实行伏季休渔,几年后还扩大至鄱阳湖、长江、珠江以及黄河流域等内陆水域,并对我国远洋渔业作业海域,如印度洋北部公海海域、大西洋公海部分海域、东太平洋公海部分海域等也实行自主休渔。舟山市还设立了马鞍列岛国家海洋特别保护区和中街山列岛海洋特别保护区,以及大戢洋、岱衢洋、马鞍列岛等省级产卵场保护区。同时加强渔业水域生态修复养护、投放人工渔礁、经济种类人工放流等保护措施。经过多年的努力,人们看到了希望,以"几近绝迹"的大黄鱼为代表的部分传统鱼类近年来产量有了一定的提升。

高效、持续利用海洋生物资源,是一项长期、复杂的系统工程,我们常以食物链或食物网来比喻内涵复杂的营养级别的转化。事实上,所谓的传统经济种类,原来可能是处于食物链中端或末端的群体，正因为这部分群体适合人们食用并一直被作为商品，故称其为"传统经济种类"。根据r-K选择生态进化理论，大多数鱼类（硬骨鱼类）及无脊椎动物会采用r选择的繁殖策略，即在上端营养级物种减少时，其下端或更下端营养级的"大众"生物的数量和种类会随之扩张，以达到另一个海洋生态平衡。

多年的实践与众多学者研究证实，在传统经济种类减少的情况下，许多原来并不受待见的低值、小型、低龄种类并没有减少，如小黄鱼（低龄化、小型化、早熟化）、龙头鱼、哈氏仿对虾、鹰爪虾、口虾蛄等的产量逐渐增加。我们认为，海洋生物总体资源并未消失，渔场重现的可能性及机会仍然存在，关键是当下及今后如何合理开发、利用及有效保护。而开发、利用、保护的关键是了解舟山群岛海洋生物物种的"家底"。虽然有关舟山海洋生物的种类、数量及时空变化，历年来报道过不少，但持续性的研究不多，大多是零星的成果，缺乏系统性和更广层面的推介、科普及认知。

自2014年开始，我们根据多年的调查研究成果、浙江海洋大学海洋生物博物馆和浙江省海洋科学院积累的资料，对舟山群岛海域的海洋生物多样性进行了系统摸排，并利用承担或参与多个国家级、省级及校级自主科研项目的机会，如国家自然科学基金项目"长江口及邻近海域海洋生物与生态野外实践基地项目"（2014—2016年）、国家重点研发计划"蓝色粮仓科技创新"重点专项"东海渔业资源增殖与多元化养殖模式示范项目"、"我国重要渔业水域食物网结构特征与生物资源补充机制项目"（2018—2022年）、"浙江省八大水系及近岸海域水生生物资源调查"（2022—2023年）、"浙江海洋大学自主航次——海洋锋面及渔业资源长期调查计划（大型底栖动物调查）"（2020—2023年）、"舟山市普陀区水产种质资源和水生动植物资源调查与评估"（2021—2022年）等，筛选出相对齐全的舟山群岛海域大型海洋生物种类，编写了本套"舟山群岛海洋生物多样性研究"图书。

本套图书分为"鱼类""虾蟹类""软体动物类""大型底栖藻类"及"其他大型底栖无脊椎动物"5册，基本涵盖了舟山海域已知的大型生物种类。本套图书将成为人们了解舟山群岛海洋生物"家底"的族谱，同时也是海洋生物类教学、科研、科普以及水产养殖、海洋捕捞、海钓业等不可或缺的基础资料。

本套图书由国家出版基金资助出版。此外，宁波市渔文化研究会提供了大量照片，在此一并表示衷心感谢。

编者

2022年9月

目录

概论 ······1
 一、虾、蟹类的基本形态结构 ······3
 二、虾、蟹类的生长与发育 ······9
 三、舟山群岛海洋虾、蟹类物种多样性及分布 ······13
 四、经济种类 ······19

各论 ······21
口足目 Stomatopcda ······22
 一、仿虾蛄总科 Parasquilloidea Manning, 1995 ······22
  （一）仿虾蛄科 Parasquillidae Manning, 1995 ······22
 二、虾蛄总科 Squilloidea Latreille, 1802 ······25
  （二）虾蛄科 Squillidae Latreille, 1802 ······25
十足目 Decapoda ······42
 枝鳃亚目 Dendrobranchiata ······42
 三、对虾总科 Penaeoidea Rafinesque, 1815 ······42
  （三）对虾科 Penaeidae Rafinesque, 1815 ······42
  （四）管鞭虾科 Solenoceridae Wood−Mason in Wood−Mason & Alcock, 1891 ···58
  （五）单肢虾科 Sicyoniidae Ortmann, 1898 ······62
 四、樱虾总科 Sergestoidea Dana, 1852 ······63
  （六）樱虾科 Sergestidae Dana, 1852 ······63
 腹胚亚目 Pleocyemata ······66
 真虾下目 Caridea ······66
 五、玻璃虾总科 Pasiphaeoidea Dana, 1852 ······66
  （七）玻璃虾科 Pasiphaeidae Dana, 1852 ······66
 六、长臂虾总科 Palaemonoidea Rafinesque, 1815 ······69
  （八）长臂虾科 Palaemonidae Rafinesque, 1815 ······69
 七、长额虾总科 Pandaloidea Haworth, 1825 ······79
  （九）长额虾科 Pandalidae Haworth, 1825 ······79

八、异指虾总科 Processoidea Ortmann, 1896 ··81
　　（十）异指虾科 Processidae Ortmann, 1896 ··81
九、鼓虾总科 Alpheoidea Rafinesque, 1815 ···82
　　（十一）鼓虾科 Alpheidae Rafinesque, 1815 ···82
　　（十二）藻虾科 Hippolytidae Spence Bate, 1888 ··89
　　（十三）鞭腕虾科 Lysmatidae Dana, 1852 ··93
　　（十四）长眼虾科 Ogyrididae Holthuis, 1955 ···96
　　（十五）托虾科 Thoridae Kingsley, 1878 ··98
十、褐虾总科 Crangonoidea Haworth, 1825 ··101
　　（十六）褐虾科 Crangonidae Haworth, 1825 ··101

阿蛄虾下目 Axiidea ···105
　　（十七）美人虾科 Callianassidae Dana, 1852 ··105

螯虾下目 Astacidea ···107
　　十一、海螯虾总科 Nephropoidea Dana, 1852 ···107
　　（十八）海螯虾科 Nephropidae Dana, 1852 ···107

龙虾下目 Palinura ···110
　　十二、龙虾总科 Palinuroidea Latreille, 1802 ···110
　　（十九）龙虾科 Palinuridae Latreille, 1802 ···110
　　（二十）蝉虾科 Scyllaridae Latreille, 1825 ··113

异尾下目 Anomura ··118
　　十三、铠甲虾总科 Galatheoidea Samouelle, 1819 ·····································118
　　（二十一）瓷蟹科 Porcellanidae Haworth, 1825 ··118
　　十四、蝉蟹总科 Hippoidea Latreille, 1825 ··124
　　（二十二）管须蟹科 Albuneidae Stimpson, 1858 ······································124
　　十五、寄居蟹总科 Paguroidea Latreille, 1802 ···126
　　（二十三）活额寄居蟹科 Diogenidae Ortmann, 1892 ·································126
　　（二十四）寄居蟹科 Paguridae Latreille, 1802 ···139

短尾下目 Brachyura ··146
　　十六、绵蟹总科 Dromiidea De Haan, 1833 ···146
　　（二十五）绵蟹科 Dromiidae De Haan, 1833 ···146
　　十七、蛙蟹总科 Raninoidea De Haan, 1839 ··154
　　（二十六）蛙蟹科 Raninidae De Haan, 1839 ··154
　　十八、奇净蟹总科 Aethroidea Dana, 1851 ···156

（二十七）奇净蟹科 Aethridae Dana, 1851·················156

十九、关公蟹总科 Dorippoidea MacLeay, 1838·················158
　　（二十八）关公蟹科 Dorippidae MacLeay, 1838·················158
　　（二十九）四额齿蟹科 Ethusidae Guinot, 1977·················164

二十、玉蟹总科 Leucosioidea Samouelle, 1819·················166
　　（三十）精干蟹科 Iphiculidae Alcock, 1896·················166
　　（三十一）玉蟹科 Leucosiidae Samouelle, 1819·················168

二十一、馒头蟹总科 Calappoidea De Haan, 1833·················178
　　（三十二）馒头蟹科 Calappidae De Haan, 1833·················178
　　（三十三）黎明蟹科 Matutidae De Haan, 1835·················181

二十二、黄道蟹总科 Cancroidea Latreille, 1802·················184
　　（三十四）黄道蟹科 Cancridae Latreille, 1802·················184

二十三、盔蟹总科 Corystoidea Samouelle, 1819·················186
　　（三十五）盔蟹科 Corystidae Samouelle, 1819·················186

二十四、虎头蟹总科 Orithyoidea Dana, 1852·················188
　　（三十六）虎头蟹科 Orithyiidae Dana, 1852·················188

二十五、蜘蛛蟹总科 Majoidea Samouelle, 1819·················190
　　（三十七）膜壳蟹科 Hymenosomatidae MacLeay, 1838·················190
　　（三十八）尖头蟹科 Inachidae MacLeay, 1838·················192
　　（三十九）卧蜘蛛蟹科 Epialtidae MacLeay, 1838·················193

二十六、菱蟹总科 Parthenopoidea MacLeay, 1838·················196
　　（四十）菱蟹科 Parthenopidae MacLeay, 1838·················196

二十七、梭子蟹总科 Portinoidea Rafinesque, 1815·················198
　　（四十一）圆趾蟹科 Ovalipidae Spiridonov, Neretina & Schepetov, 2014·················198
　　（四十二）梭子蟹科 Portunidae Rafinesque, 1815·················200

二十八、扇蟹总科 Xanthoidea MacLeay, 1838·················223
　　（四十三）扇蟹科 Xanthidae MacLeay, 1838·················223

二十九、酋蟹总科 Eriphioidea MacLeay, 1838·················230
　　（四十四）酋蟹科 Eriphiidae MacLeay, 1838·················230
　　（四十五）哲扇蟹科 Menippidae Ortmann, 1893·················232

三十、毛刺蟹总科 Pilumnoidea Samouelle, 1819·················234
　　（四十六）静蟹科 Galenidae Alcock, 1898·················234
　　（四十七）毛刺蟹科 Pilumnidae Samouelle, 1819·················236

三十一、长脚蟹总科 Goneplacoidea MacLeay, 1838·················240
　　（四十八）宽背蟹科 Euryplacidae Stimpson, 1871·················240
　　（四十九）长脚蟹科 Goneplacidae MacLeay, 1838·················242
　　（五十）掘沙蟹科 Scalopidiidae Števčić, 2005·················246
三十二、豆蟹总科 Pinnotheroidea De Haan, 1833·················248
　　（五十一）豆蟹科 Pinnotheridae De Haan, 1833·················248
三十三、方蟹总科 Grapsoidea MacLeay, 1838·················250
　　（五十二）方蟹科 Grapsidae MacLeay, 1838·················250
　　（五十三）斜纹蟹科 Plagusiidae Dana, 1851·················253
　　（五十四）弓蟹科 Varunidae H. Milne Edwards, 1853·················255
　　（五十五）相手蟹科 Sesarmidae Dana, 1851·················271
三十四、沙蟹总科 Ocypodoidea Rafinesque, 1815·················279
　　（五十六）猴面蟹科 Camptandriidae Stimpson, 1858·················279
　　（五十七）毛带蟹科 Dotillidae Stimpson, 1858·················281
　　（五十八）大眼蟹科 Macrophthalmidae Dana, 1851·················284
　　（五十九）沙蟹科 Ocypodidae Rafinesque, 1815·················289
　　（六十）短眼蟹科 Xenophthalmidae Stimpson, 1858·················295

参考文献·················297
附录　舟山虾蟹类历史记录、分布及常见度·················305
拉丁学名索引·················321
中文名索引·················326

概论

节肢动物是动物界中种类最多，分布最广的一门动物，本册的主角——虾、蟹类，即是其中的一个高等类群，它们常和等足类、端足类、桡足类、蔓足类等众多其他节肢动物一起被统称为甲壳类，甲壳动物已知约6.7万种，其中虾、蟹类约有1.5万种。尽管种类繁多，体形及大小个体差异极大，但所有节肢动物都有以下共同特征：

①体外被有一层几丁质的甲壳（外骨骼）；

②体异律分节，根据各体节的功能组合，可划分为头部、胸部及腹部；

③各体节一般都具附肢，附肢也分节；

④幼体发育过程中常有变态现象；

⑤生长发育过程中常有蜕壳现象。

甲壳动物作为节肢动物门中的高等类群，在水生生态系统中占有很重要的地位，其中海产的大型甲壳类动物大多隶属于"虾"和"蟹"的范畴。本文所述的虾、蟹类因大部分具有5对步足（10条腿），在分类系统中被归为节肢动物门Arthropoda，软甲纲Malacostraca，十足目Decapoda，包括虾类（隶属于十足目，枝鳃亚目，以及腹胚亚目的猥虾、真虾、阿蛄虾、蝼蛄虾、螯虾、龙虾等下目）、蟹类（隶属于十足目，腹胚亚目，短尾下目的物种），以及似蟹非蟹的异尾类（寄居蟹、瓷蟹、管须蟹等隶属于十足目，腹胚亚目，异尾下目的物种）。此外，本书也收录了似虾非虾的虾蛄类（口足目）物种。与其他甲壳动物相比，虾、蟹类动物体形更大、结构相对复杂、功能更为发达，如世界上最大的节肢动物——巨螯蟹 *Macrocheira kaempferi*，两螯足伸展时可达4m。同时，虾、蟹类中的很多物种为重要的经济种类，是我国重要的捕捞或养殖对象，如最为大众熟知的凡纳滨对虾（南美白对虾）、三疣梭子蟹、中华绒螯蟹（大闸蟹）等。图1为舟山虾、蟹类的代表种。

图 1　舟山虾、蟹类（大型甲壳动物）代表种

A.口虾蛄（口足目）；B.日本对虾（十足目，枝鳃亚目）；C.长指鼓虾（十足目，腹胚亚目）；
D.毛缘扇虾（十足目，腹胚亚目）；E.小形寄居蟹（十足目，腹胚亚目）；
F.三疣梭子蟹（十足目，腹胚亚目）

一、虾、蟹类的基本形态结构

1. 口足目（虾蛄）

　　虾蛄与其他软甲纲物种一样，两侧对称，体被甲壳、分节，附肢也分节，生长发育过程中有"变态""蜕壳"，但其外形又与十足目物种不同，其体长条状，头部与胸部虽也愈合为头胸甲，但只愈合前4节，第五至八胸节裸露在外，腹节分为6节。与十足类不同的是：虾蛄具5对颚足、3对步足、5对腹肢，其中：第二对颚足特化成强有力的掠肢，用于捕食；腹肢外肢上具丝状鳃，用于呼吸。图2为虾蛄（以口虾蛄为例）形态特征示意图，图3为虾蛄掠肢（第二颚足）示意图。

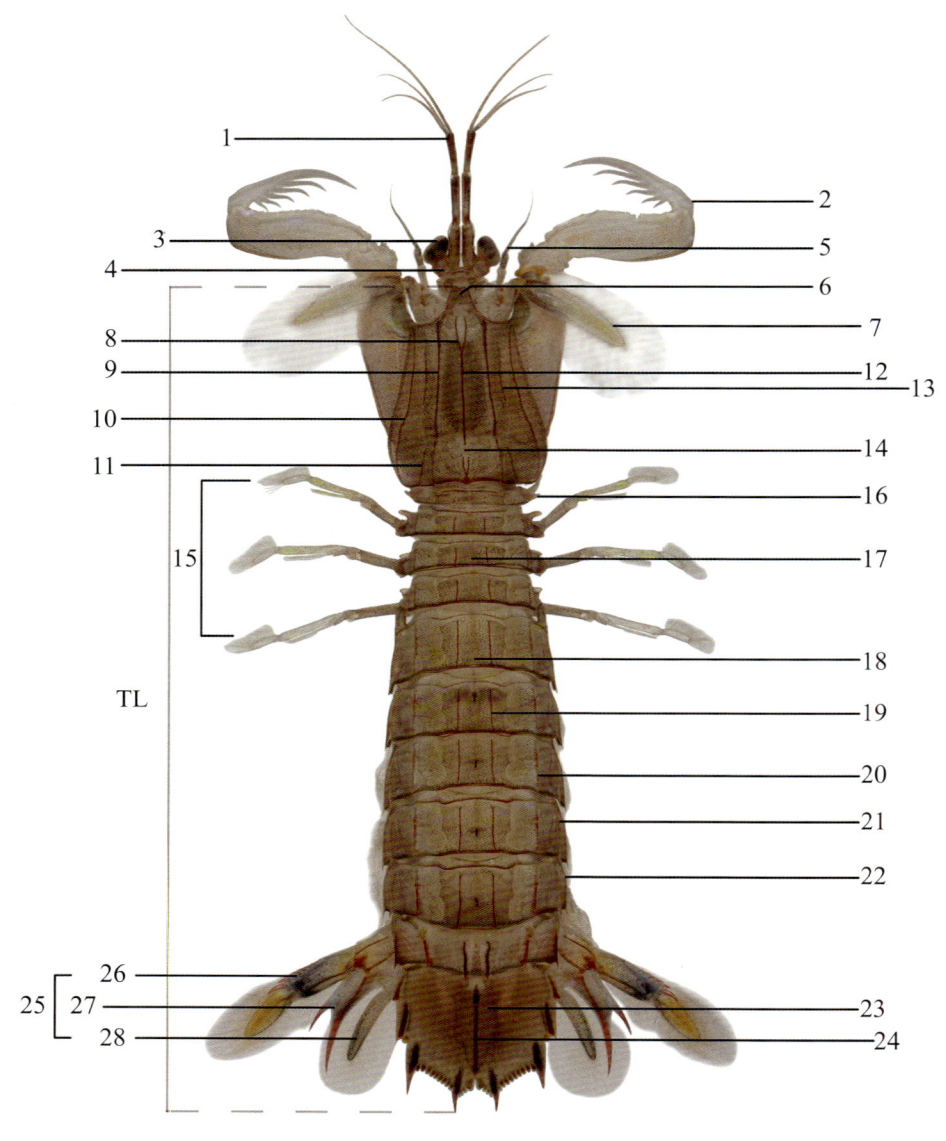

图2 虾蛄（以口虾蛄为例）形态特征示意图

TL：全长

1.第一触角；2.掠肢；3.眼（角膜）；4.眼柄；5.第二触角；6.额角（板）；7.第二触角鳞片；8.（头胸甲）中央脊前叉；9.胃沟；10.（头胸甲）侧脊；11.边缘脊转折部；12.（头胸甲）中央脊；13.（头胸甲）中间脊；14.颈沟；15.步足；16.第五胸节侧突；17.（胸节）中央脊；18.（腹节）中央脊；19.（腹节）亚中央脊；20.（腹节）中间脊；21.（腹节）侧脊；22.边缘脊；23.尾节；24.（尾节）中央脊；25.尾肢；26.外肢；27.原足；28.内肢

图3 虾蛄掠肢（第二颚足）示意图

1.基节；2.座节；3.长节；4.腕节；5.掌节；6.指节；7.鞍部；8.腕节背缘脊；9.可动刺；10.栉状齿

2. 十足目（虾类、异尾类、蟹类）

虾类、异尾类、蟹类和其他节肢动物一样，身体两侧对称，分节。通常分为头、胸、腹3个部分，头部与胸部体节愈合为头胸部，头胸甲发达，两侧形成鳃室，鳃位于鳃室内。第二小颚的外肢发达，形成颚舟片，生活时在鳃室内不停地摆动，使水流不断通过，以进行呼吸。胸肢前3对特化为颚足，是摄食的辅助器官，后5对为步足，可用以爬行、捕食和御敌。低等种类的腹部较发达，腹肢用以游泳；高等种类的腹部和腹肢大多退化，游泳能力较差或丧失，发育过程中有显著的变态现象。

十足目的不同种类形态差异较大，通常将腹部强壮发达的虾类称为长尾类；腹部退化但具尾肢、末对或末2对步足退化、腹部大多不对称、适应于背负螺壳生活的寄居蟹，以及腹部对称折于头胸甲下方的铠甲虾、蝉蟹、石蟹等称为异尾类；而腹部短小，曲折于胸部下方，无尾肢的蟹类称为短尾类。

（1）虾类（长尾类）

长尾类的虾，身体略呈圆筒形，头胸甲和腹部均发达。头胸部由13节构成，完全被头胸甲包被，其前端突出成1额角，额角的形态随种类的不同而变化，是分类的重要依据。头胸部最前方具2对触角，第一触角多具柄刺；第二触角具发达的鳞片。附肢由头胸部腹面两侧伸出。腹部由7节组成，每节的甲壳各自分离，可自由屈伸，其末端的1节称为尾节。图4为虾类（以日本对虾为例）形态特征示意图。

图 4 虾类（以日本对虾为例）形态特征示意图

BL：体长

1. 第一触角；2. 第二触角鳞片；3. 第二触角；4. 第三颚足；5. 眼；6. 额角；7. 头胸甲；
8. 腹部；9. 第一至五步足；10. 第一至五腹肢；11. 尾节；12. 尾肢

头胸甲上按器官的位置可分成若干区，其上有刺、脊和沟。头胸甲前端，额角的基部为额区。额区的两侧，眼的基部附近为眼区。眼的两侧，触角的基部附近为触角区。额区和眼区的后方，颈沟的前方为胃区。触角区的下方，头胸甲两侧的前半部为颊区。颈沟之后，心区之前的头胸甲中央部分为肝区。在肝区的后方和头胸甲后缘前方之间为心区。颊区之后，心区的两侧为鳃区。额角的后方，胃区背面的中央线上为胃上刺。眼区的前缘，眼柄的基部上方为眼上刺。在触角刺与前侧角之间的1刺为鳃甲刺。头胸甲的前侧为颊刺。在颈沟的下端，肝、胃和触角区之间为肝刺。图5为虾类（以日本对虾为例）头胸甲形态特征示意图。

虾的附肢由基肢、内肢和外肢3部分构成，由于功能的不同，形状也随之变化，如：口器用于咀嚼，因而其基肢较发达，共3对。胸肢为捕食和爬行器官，内肢特别发达，亦称步足，较细，前2对或3对常呈钳状，其基节和座节间的分界明显，共5对。而腹肢为适应游泳的需要，内、外肢皆发达，亦称游泳肢，共6对。雌性生殖孔开口在第三步足的底节上，雄性生殖孔位于第五步足底节或体壁的关节膜上。

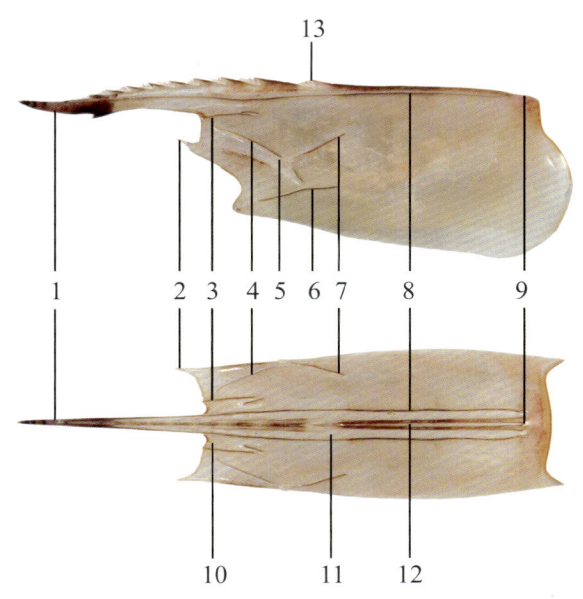

图 5 虾类（以日本对虾为例）头胸甲形态特征示意图
1.额角；2.触角刺；3.额胃脊；4.眼胃脊；5.肝刺；6.肝脊；7.颈沟；8.额角侧脊；
9.额角后脊；10.额胃沟；11.额角侧沟；12.中央沟；13.胃上刺

（2）异尾类

异尾类的物种在系统发育上介于真虾类（虾类）和短尾类（蟹类）之间，根据其形态差异大致可分为3个类型：铠甲虾型、蟹型和寄居蟹型。其体形特征如下：对称或幼体时对称。头胸甲通常钙化或部分钙化。腹部和尾节通常退化，折叠在头胸甲下方（如铠甲虾类、蝉蟹类、石蟹类），或者特化以适应背负螺壳生活（如寄居蟹类）。眼柄和角膜通常发达。第一胸足常呈螯状或亚螯状，具捕食或抓握功能。前3对步足通常发达，以适应行走，末对或末2对步足通常退化，仅保留清洁体腔功能。

舟山海域的异尾类主要隶属于寄居蟹总科，少数隶属于铠甲虾总科和蝉蟹总科。以寄居蟹类为例，其头胸甲通常不完全钙化，颈沟前钙化部分称为楯部。额角大多退化，两侧形成侧突。头胸甲鳃盖不完全钙化，呈膜状。眼柄长且具眼鳞。具第一、第二触角，第二触角柄第二节上的棘称为第二触角鳞片，触角鞭通常发达。胸板退化，分节显著。具11~14对鳃。寄居蟹腹部通常不对称，发达而呈螺旋状卷曲。第一步足呈螯状，对称或不对称；第二、三步足左右不对称，左第三步足通常特化；第四、五步足退化，具角质鳞形成的掌锉。内、外肢与尾节形成尾扇，内、外肢及尾节通常不对称，内、外肢末端具角质鳞形成的掌锉，掌锉可起固定背负物的作用。图6为异尾类（以鳞纹真寄居蟹为例）形态特征示意图。

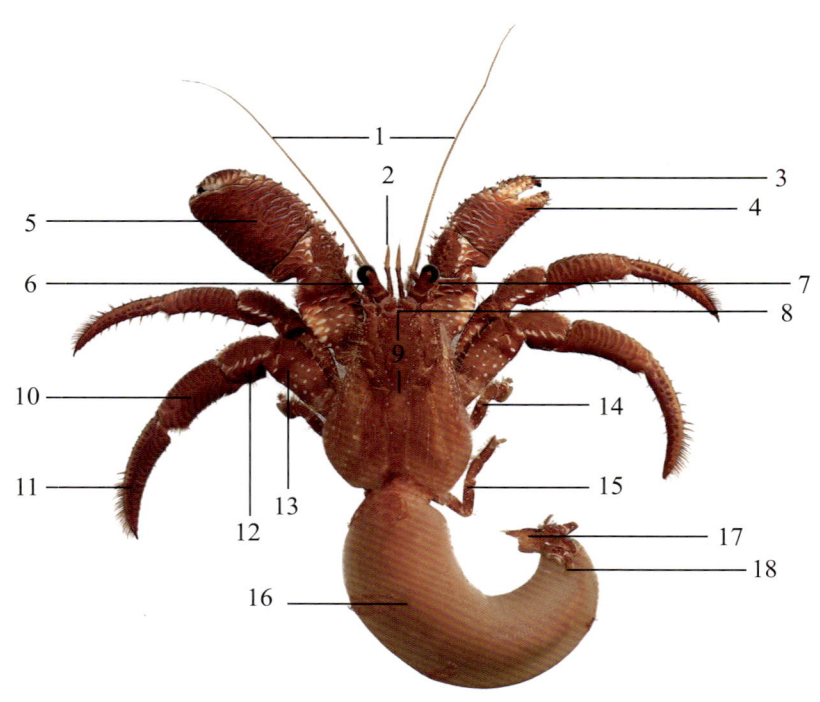

图6 异尾类（以鳞纹真寄居蟹为例）形态特征示意图

1.第二触角；2.第一触角；3.可动指；4.不动指；5.掌节（掌部）；6.眼柄；7.第二触角鳞片；8.额角；
9.楯部（楯长）；10.掌节；11.指节；12.腕节；13.长节；14.第四步足；15.第五步足；
16.腹部；17.尾节；18.尾肢

（3）蟹类（短尾类）

短尾类的蟹，身体通常平扁。头胸部非常发达，与口前板愈合，形状随种类而多变，表面常被细沟及隆起分为不同的区域，各区域一般与内脏位置相对应，分别称为额区、眼区、胃区（分前、中、后及侧胃区）、心区、肠区、肝区和鳃区（分前、中、后鳃区）。头胸甲的边缘随其位置可分为额缘，背、腹眼缘，前、后侧缘及后缘。腹部极为退化，扁平短小而对称，曲折于胸下，雄性一般呈三角形，雌性较宽大，呈长卵形或圆形。腹甲共分7节，一般第一至三节愈合，第四至七节分节清楚。雄性腹部第四腹甲上有1对圆形的突起，而雌性第五腹甲上有1对生殖孔。无尾扇。

体各部均有形态结构和功能不同的附肢。头胸部的附肢，位于额两侧，具有柄的复眼，腹面近额下的位置通常有较粗壮的第一触角，两眼内侧有细瘦的第二触角，在分类中第二触角的位置及其基节的形状很重要。第三颚足的形状构造也是鉴别种类的主要特征之一。头胸部的两侧有5对胸足，第一对螯状，有钳取等功能，后4对步足可用于行走或游泳。有些蟹类的末1~2对步足退化而置于背部，如绵蟹等低等蟹类。步足由7节组成，从体端向末端依次称底节、基节、座节、长节、腕节、掌节、指节。雄性腹部只有第一、二节的腹肢形成交接器，交接器形状多样,是形态分类学上主要的形态特征之一。雌性腹部第二至五节上的腹肢均存在(绵蟹等低等蟹类的雌性保留有第一腹肢),上有刚毛,可用于附着并包裹卵粒。图7为蟹类(以日本蟳为例)形态特征示意图。

图7 蟹类(以日本蟳为例)形态特征示意图

CL:头胸甲长;CW:头胸甲宽

1.螯足;2.可动指;3.不动指;4.掌节(掌部);5.眼;6.第二触角;7.第一触角;8.第一至四步足;9.指节;10.掌节;11.腕节;12.长节;13.座节;14.基节;15.额(额齿);16.前侧缘(前侧齿);17.后侧缘;18.后缘;19.腹部

二、虾、蟹类的生长与发育

虾、蟹类都属于短生命周期的甲壳动物,多数为一年生(蟹类有的可活过2~3年),食物链级和营养阶层较低,在一个生殖期内能多次排卵,产卵期较长,属于生命周期短、繁殖力强、资源补充快、恢复力强的渔业资源。

1. 生境及生活方式

虾、蟹类主要海生,少数淡水生,极少陆生。水生种类绝大部分为底栖生活,虾类的腹部游泳肢较蟹类发达,所以游泳能力自然更为强大,少数蟹类也具有游泳能力,如梭子蟹类。其最后一对步足进化为桨状，体呈梭形且外骨骼轻巧，适合长距离游泳。凭借较强的游泳能力，梭子蟹可以捕获运动迅速的猎物。而异尾类的寄居蟹生活方式最为特殊，因多数寄居于空螺壳内，浙江渔民常称之为"蟹螺"。

少数几种蟹类如中华绒螯蟹（大闸蟹）具有往返于淡水与海水的洄游习性，其在淡水中生长，每年金秋繁殖季节降河洄游至海洋繁殖，抱卵蟹在浅海中生活2～3个月后，受精卵发育成溞状幼体，溞状幼体离开母体在长江口附近经历5次蜕壳变为大眼幼体（蟹苗），大眼幼体由河口溯河而上寻找合适的淡水栖息生长。

2. 摄食与食性

绝大部分虾、蟹类为杂食性，只有一部分种类特化为肉食性，如对虾科的种类主食多毛类、梭子蟹科的种类主要捕猎小型甲壳类和双壳类软体动物等底栖生物，有时捕食浮游动物，也兼食幼嫩的海藻。少部分为植食性或腐食性。

3. 交配与繁殖

虾、蟹类的繁殖主要有2种方式：大部分种类具有抱卵习性，亲体将受精卵产于腹部，黏附在母体的腹肢上，待受精卵孵化后，幼体脱离母体浮游生活，如真虾类、螯虾类、蟹类等，统归为腹胚亚目。而低等的虾类，如枝鳃亚目的对虾科物种直接将受精卵产至海水中，随其自然孵化。

甲壳动物种类多数雌雄异体，生殖孔位置一定，雌性生殖孔位于第六胸节，雄性生殖孔位于第八胸节。以蟹类为例，蟹类的生殖季节与水温有关，在东、南部沿海，水

图8 交配中的长足长方蟹（石颖霖供图）

温较高的海域，有时全年可捕到抱卵的雌蟹，这些蟹类一般都有相应的生殖季节。蟹类雌雄个体达到性成熟的时间因种类不同而有差异，交配的方式也有不同，一般是雄蟹追逐雌蟹。蟹类的交配都发生在雌蟹蜕壳后。图8中为正在交配的长足长方蟹。

交配时，雄性第一腹肢（图9A）插入雌性生殖孔（图9B），在第一腹肢基部有1大孔，第二腹肢由此插入，第一腹肢内的精荚迅速压入雌性生殖孔，并储藏于雌性的纳精囊内。当雌性排卵时，卵子与精子汇合受精，受精卵由雌性生殖孔排出体外。蟹类都属于抱卵型，即受精卵都黏附

在腹肢的刚毛上,并有宽大的腹甲与发达的腹肢保护,直至孵化。

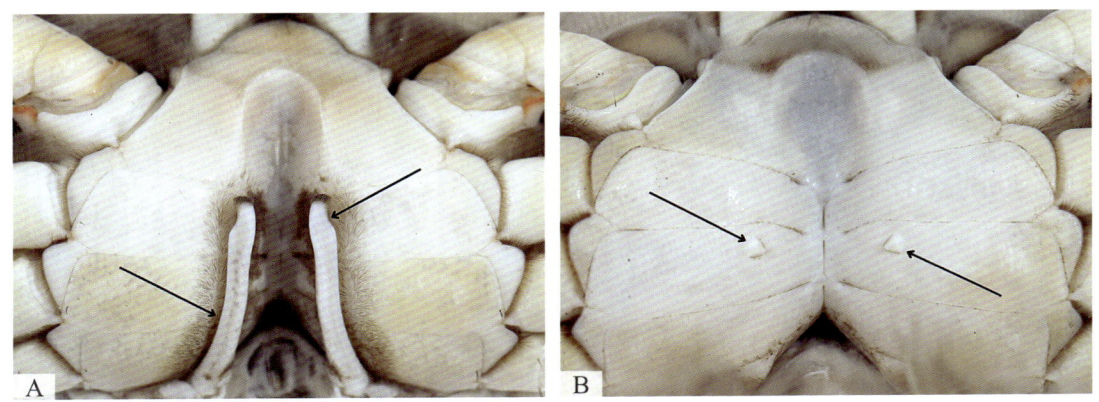

图9 蟹类外生殖器官
A.雄性第一腹肢　B.雌性生殖孔

4. 胚胎及幼体发育

对虾类的胚胎在水中完成发育,但真虾类及蟹类的受精卵则"挂"在雌性的腹部(见图10),俗称"抱卵",直至幼体孵化。

图10 "抱卵"的虾、蟹

甲壳类自孵化至发育为成体,统称幼体发育,其间要经过多次的蜕壳变态。虾、蟹类的生命形态阶段有所不一,如:对虾类的一个完整生活史包括受精卵→胚胎期→无节幼体→溞状幼体→糠虾幼体→仔虾→幼虾和成虾等阶段;而梭子蟹类的一个完整生活史包括受精卵→胚胎期→溞状幼体→大眼幼体→稚蟹→成蟹等阶段。

同样是虾类,真虾类由于在母体腹部完成胚胎发育,刚孵化的幼体没有无节幼体环节;大部分虾类与蟹类都经溞状幼体阶段,但两者外形不同(见图11和图12),蟹类溞状幼体的头胸甲具粗大的背刺。

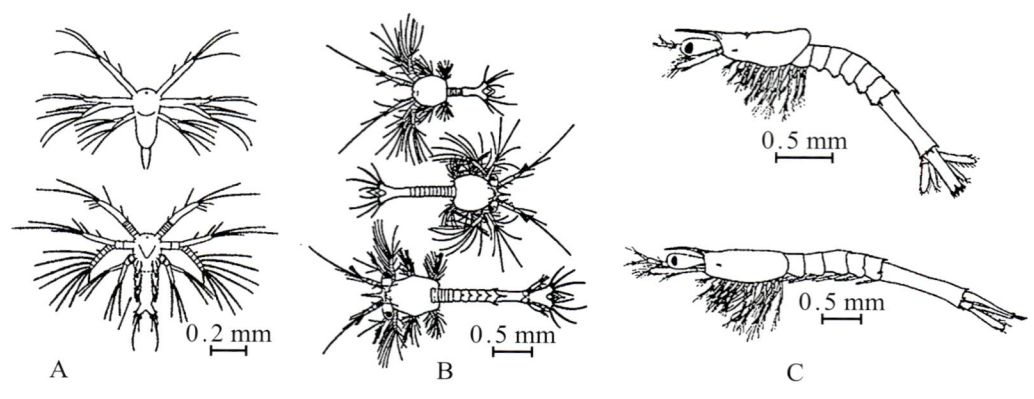

图 11 虾类幼体发育（依 Klaus Anger）

A.无节幼体　B.溞状幼体　C.糠虾幼体

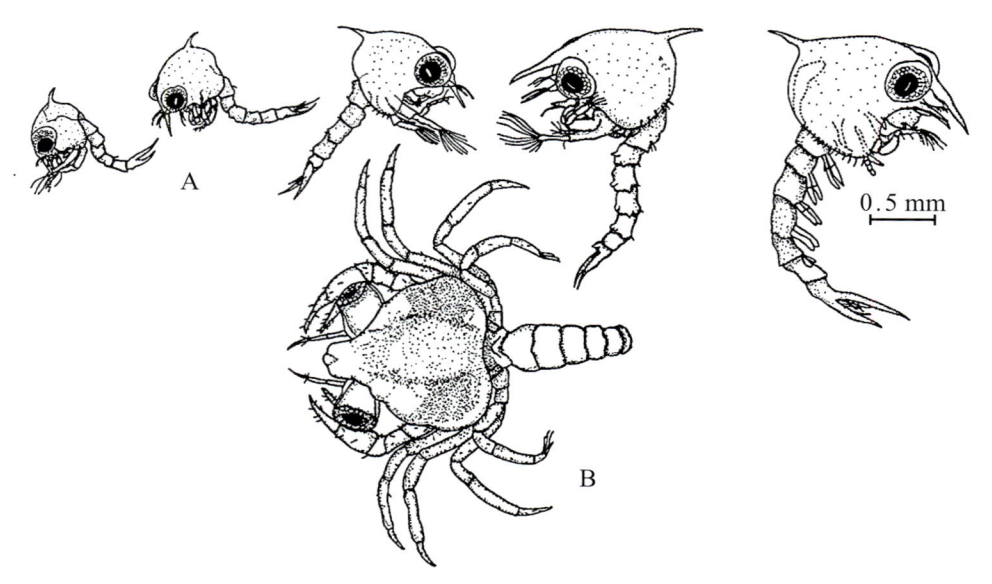

图 12 蟹类幼体发育（依 Klaus Anger）

A.溞状幼体　B.大眼幼体

虾蛄生命周期由一系列的幼虫阶段组成，所有这些阶段都是营自由生活的。以虾蛄总科为例，虾蛄从受精卵孵化后一般经过假溞状幼体（pseudozoea）、阿丽玛幼体（alima）（见图13）、后期幼体（post-larva）、仔虾蛄（juvenile）、成体（adult）五个阶段。

虾、蟹类的体表具有一层坚硬的甲壳，其生长过程要通过一系列的蜕壳来完成，蜕壳是其生命历程的关口，一旦蜕壳遇到障碍，就将面临死亡。在自然环境中，虾、蟹类在蜕壳前，常会选择一个隐蔽的场所渡过这一难关。不同虾、蟹类蜕壳的时间和次数不尽相同，如三疣梭子蟹从蜕壳开始至完成约需一刻钟，但外骨骼完全硬化需要2～3天。从第一幼蟹期到甲宽132mm以上的成熟个体需经历17～18次蜕壳。图14中为正在蜕壳的粗腿厚纹蟹。

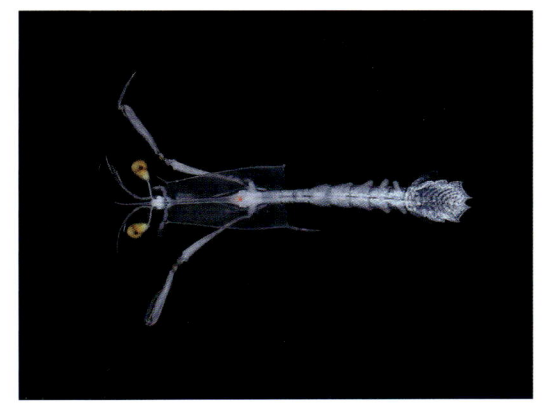
图13 虾蛄阿丽玛幼体

图14 正在蜕壳的粗腿厚纹蟹

三、舟山群岛海洋虾、蟹类物种多样性及分布

舟山海域虾、蟹类的多样性研究整体较少,而虾类因其经济价值较高研究相对较多,最早的研究见于《浙江舟山爬行虾类报告》(董聿茂等,1958),其中共记载了舟山海域产爬行虾类6种。随后,《浙江沿海游泳虾类报告》Ⅰ~Ⅲ(董聿茂等,1959、1980、1986)共记载浙江沿海游泳虾类53种,多为舟山海域采集。这一期间,林锦宗等(1980)报道了浙江北部海域海虾15种;李星颉等(1986)报道了浙江北部沿岸海域的虾类共36种;王彝豪等(1982、1987)报道了舟山沿海经济虾类47种。而《浙江动物志 甲壳类》(董聿茂等,1991)则是最系统的浙江海域虾、蟹类研究著作。此后又有《舟山海域海洋生物志》(毛锡林等,1994),记载舟山海域虾类31种;近年来,宋海棠等(1992—2010)、苗振清等(2009)从不同角度对浙江海域虾类种类与分布均有过记述。

舟山海域虾蛄类的多样性研究很少,仅有《浙江动物志 甲壳类》(董聿茂等,1991)记载浙江产虾蛄18种,其中采集于舟山海域的只有3种,俞存根等(2011)记录了舟山海域虾蛄11种,属舟山海域虾蛄记录最全者。其他种类记录零散见于各类渔业资源调查报告中。

寄居蟹等异尾类可能因经济价值低、个体较小致鉴定较困难等稀见报道,最系统的记录见于《浙江动物志 甲壳类》(董聿茂等,1991)。

蟹类因其种类数量较为繁多,大多数无经济价值等原因,暂未见舟山地区较为系统的研究报道,而多见于部分海域潮间带、底栖动物、渔业资源调查相关项目的报告中,如尤仲杰(1993)在对舟山朱家尖岛底栖动物的调查中共记录43种虾、蟹类,朱四喜(2010)、丁宏印(2010)、王甲刚(2012)、汪全(2022)等的报道中也有零星种类记载。

1. 舟山群岛海洋虾、蟹类物种多样性

通过历史文献整理及对浙江海洋大学海洋生物博物馆、浙江海洋大学水产学院标本室、浙

江省海洋水产研究所馆藏的标本以及2020—2022年度浙江海洋大学自主航次计划所采集的虾、蟹类标本进行形态学检视鉴定，我们整理出舟山海域虾、蟹类共计282种（见附录），其中包含口足目虾蛄23种，隶属于3总科3科18属；虾类86种，隶属于2亚目21科42属；异尾类34种，隶属于3总科6科16属；蟹类139种，隶属于20总科38科94属。在282个物种中，本书收录其中的222种，其余60种仅见于相关文献记载而未能检视标本。各类群具体种类及数量如下：

口足目共记录23种，即：指虾蛄总科1科1属1种，仿虾蛄总科1科1属2种，虾蛄总科1科16属20种。大指虾蛄、圆尾绿虾蛄、眼斑猛虾蛄、无刺小口虾蛄等4种仅见于文献记载，其余19种均于本书中列出，其中包括浙江海域2个新记录种：饰尾绿虾蛄 *Clorida decorata*（1尾成体采自舟山普陀东极岛海域，5尾幼体采自舟山嵊泗海域）和前刺小口虾蛄 *Oratosquillina perpensa*（采自舟山嵊泗海域）。

十足目虾类共记录86种，即：对虾科8属18种，管鞭虾科1属4种，单肢虾科1属1种，樱虾科1属2种，莹虾科1属3种，玻璃虾科1属2种，长臂虾科3属12种，绿点虾科1属1种，长额虾科2属3种，异指虾科1属1种，鼓虾科3属8种，藻虾科2属5种，鞭腕虾科2属3种，长眼虾科1属1种，托虾科2属3种，褐虾科3属6种，美人虾科1属2种，蝼蛄虾科1属1种，海螯虾科1属2种，龙虾科2属3种，蝉虾科4属5种，具体名录见附录。本书收录其中的66种，见各论部分详细描述，其余20种在近十几年的调查采样中未能发现。在本书收录的66种虾类中，有4个新记录种，均为浙江海域新记录，即：异额沼虾 *Macrobrachium heterorhynchos*（采自舟山定海临城海域，2021）、横斑鞭腕虾 *Lysmata kuekenthali*（采自舟山普陀东港莲花洋岩礁，2021）、细颚美人虾 *Callianassidae incertae sedis exilimaxilla*（采自舟山近岸底泥中，2020）、胄甲后海螯虾 *Metanephrops armatus*（采自舟山码头、市场，混在红斑后海螯虾中，2022）等。

十足目异尾类共记录34种，分别隶属于活额寄居蟹科、陆寄居蟹科、寄居蟹科、拟寄居蟹科、瓷蟹科和管须蟹科6科，本书收录4科12属25种，其中：寄居蟹总科物种记录28种，占绝大多数，隶属于4科10属，本书收录2科6属19种；铠甲虾总科物种记录1科5属5种，本书收录1科5属5种；蝉蟹总科仅记录/收录1科1属1种，即东方管须蟹。这其中包括浙江海域1个新记录种——宽带活额寄居蟹 *Diogenes fasciatus*（采自舟山普陀桃花岛潮间带，2021），为东海首次记录，此前仅记录于渤海。

十足目蟹类共记录20总科38科94属139种，其中绵蟹总科1科4属5种，蛙蟹总科1科1属1种，奇净蟹总科1科1属1种，圆关公蟹总科1科1属1种，关公蟹总科2科4属7种，玉蟹总科2科13属20种，馒头蟹总科2科2属4种，虎头蟹总科1科1属1种，黄道蟹总科1科1属1种，盔蟹总科1科1属1种，蜘蛛蟹总科4科5属6种，菱蟹总科1科2属2种，梭子蟹总科2科8属20种，扇蟹总科1科7属7种，酋蟹总科2科2属2种，毛刺蟹总科2科6属7种，长脚蟹总科3科4

属5种，豆蟹总科1科1属1种，方蟹总科4科18属27种，沙蟹总科5科12属20种，具体名录见附录。本书收录其中的19总科36科80属112种，见各论部分详细描述，其余27种仅见于历史文献记载。浙江海域蟹类新记录种较多，有四齿关公蟹 *Dorippe quadridens*、中华关公蟹 *Dorippe sinica*、隆背体壮蟹 *Romaleon gibbosulum*、晶莹蟳 *Charybdis (Charybdis) lucifer*、鳞形杨梅蟹 *Actumnus squamosus*、齿腕拟盲蟹 *Typhlocarcinops denticarpes*、穆氏仿短眼蟹 *Xenophthalmodes morsei*、刺足掘沙蟹 *Scalopidia spinosipes*、无斑斜纹蟹 *Plagusia immaculata*、鳞突斜纹蟹 *Plagusia squamosa*、韦氏毛带蟹 *Dotilla wichmanni*、中国沙蟹 *Ocypode sinensis* 及北方丑招潮 *Gelasimus borealis*，共计13种。

2. 舟山群岛海洋虾、蟹类分布情况

虾、蟹类不仅形态差异大，生活习性也风格迥异。大多数虾、蟹类营底栖生活，多分布于各底质的潮间带和近岸浅海海底，一般洄游移动距离不大，随着季节变化和暖流势力强弱进行南北和内外距离移动。但也有一些游泳能力强的种类，如三疣梭子蟹，北上可达江苏近海，南下可达闽南渔场，洄游距离长达百余海里。

（1）垂直分布

根据海水深浅和离岛距离的远近，舟山群岛海域虾、蟹类物种主要集中在潮间带、潮下带和浅海海域（＜200 m），因舟山群岛的深海海域（＞200 m）资源有限，所以分布于深海的虾、蟹类物种较少。

潮间带分布的多以蟹类和异尾类为主，根据底质的不同，种类组成有所区别：

在舟山岩相潮间带生境中，以方蟹总科中的方蟹科和相手蟹科的物种最为常见，如斑点拟相手蟹（图15）、平背蜞（图16）、粗腿厚纹蟹（图17）、肉球近方蟹、四齿大额蟹等，下齿细螯寄居蟹等异尾类也较为常见。嵊泗列岛、东极岛等舟山东侧海岛的中、低潮区也常能见到长腕寄居蟹（图18）、锯额豆瓷蟹等异尾类，此外光辉圆扇蟹也有大量分布。而在岩相潮间带的潮池中

图15 岩相中、高潮带的斑点拟相手蟹

图16 岩相中潮带的平背蜞

常会有各类长臂虾（如图19锯齿长臂虾）、鞭腕虾等虾类出现。

图17　岩相中潮带的粗腿厚纹蟹

图18　岩相低潮带的长腕寄居蟹

图19　岩相潮池中的锯齿长臂虾

在泥相潮间带生境中，舟山最常见的甲壳动物以日本大眼蟹、万岁大眼蟹（图20）、弧边管招潮（图21）、长足长方蟹（图22）等小型蟹类为主，拟曼赛因青蟹（图23）也较为常见。

图20　泥相中潮带的优势种类——万岁大眼蟹

图21　泥相中潮带的优势种类——弧边管招潮

图 22　泥相中、低潮带的优势种类——长足长方蟹

图 23　泥相低潮带的拟曼赛因青蟹

沙相潮间带生境中的生物种类不多，大型甲壳种类较少，仅有痕掌沙蟹（图24），以及常浅埋于近潮下带的黎明蟹（如图25红线黎明蟹）和虎头蟹（如图26中华虎头蟹），以及虾类幼体。

图 24　沙相中、高潮带的痕掌沙蟹

图 25　沙相低潮带的红线黎明蟹

图 26　沙相低潮带的中华虎头蟹

图 27　口虾蛄

在潮下带及浅海海域中，虾类的种类数量远远多于蟹类，而且经济种类较多，如对虾科和长臂虾科的物种，另外也分布着较多梭子蟹科的种类。常见的种类有口虾蛄（图27）、日本对虾、

哈氏米氏对虾、中华管鞭虾、鹰爪虾、中国毛虾、长指鼓虾、日本鼓虾（图28）、脊尾长臂虾、葛氏长臂虾、细螯虾以及三疣梭子蟹、细点圆趾蟹、日本蟳（图29）、双斑蟳等。

图28　日本鼓虾　　　　　　　　　　　图29　日本蟳

在舟山外海，虾类的种类较蟹类少，均以高温高盐种类为主。常见种有戴氏赤虾、高脊管鞭虾、东海红虾、九齿扇虾、双斑蟳、逍遥馒头蟹、武士蟳、细点圆趾蟹和长手隆背蟹等。部分深海种类偶有发现，数量不多，如：布鲁斯鬼蟹、六齿四额齿蟹、鳞纹真寄居蟹等。

（2）舟山群岛海洋虾、蟹类物种区系特征

舟山群岛海域的水文条件复杂，受长江口冲淡水、台湾暖流以及黄海冷水团的多重影响，分布的虾、蟹类物种区系属性混杂，既有冷温性种分布，也时有高温高盐种出现。但仍以广温广盐的沿岸种类为主，高温高盐的外海种和受深层冷水影响的冷温性种较少。

广温广盐种：为舟山虾、蟹类的主要区系属性，该类群的物种有80余种，其中包括蝎形拟绿虾蛄、口虾蛄和黑斑沃氏虾蛄等虾蛄3种；日本对虾、细巧贝特对虾、哈氏米氏对虾、鹰爪虾、中国毛虾、日本毛虾、细螯虾、脊尾长臂虾、日本鼓虾和东方长眼虾等虾类22种；锯额豆瓷蟹、绒毛细足蟹、下齿细螯寄居蟹、艾氏活额寄居蟹和小形寄居蟹等异尾类6种；德汉劳绵蟹、红线黎明蟹、三疣梭子蟹、日本蟳、光辉圆扇蟹、长手隆背蟹、四齿大额蟹、中华绒螯蟹、肉球近方蟹、斑点拟相手蟹、万岁大眼蟹和弧边管招潮等50余种，以上物种均广泛分布于我国各省沿海近岸。

高温高盐种：舟山发现和记录的虾、蟹类中有20余个偶见物种，多是受台湾暖流的影响，主要发现于舟山南部诸岛附近海域，如：台湾芳虾蛄、饰尾绿虾蛄、日本猛虾蛄、高脊赤虾、披针单肢虾、粒螯乙鼓虾、横斑鞭腕虾、敖氏红虾、胄甲后海螯虾、三角脊龙虾、锦绣龙虾、长螯活额寄居蟹、日本岩瓷蟹、相模蟳、凶狠酋妇蟹、鳞突斜纹蟹、六齿四额齿蟹、布鲁斯鬼蟹等。

冷温性种：相对其他区系来说，该类群的物种数量较少，所涉及种类多出现于舟山北部的嵊泗列岛附近，如：利刃七腕虾、长足七腕虾、葛氏长臂虾、日本褐虾、疣背深额虾、大寄居蟹、海绵寄居蟹，泥脚毛隆背蟹、隆背体壮蟹、异足倒颚蟹等10余种。

四、经济种类

舟山群岛海洋虾、蟹类资源丰富，多数种类具有一定经济价值，常因味道鲜美而被归入生猛海鲜，主要的较高经济种类包括对虾、管鞭虾、长臂虾、螯虾、龙虾、梭子蟹类以及虾蛄类等。

口足目的虾蛄，在舟山当地被称为"濑尿虾""花博弹虫"（方言音），本属名不见经传或"上不了台面"的一类小海产，可近年来却摇身一变，成了"富贵虾"，在国内家喻户晓。这里面除了它本身的"海鲜"特质，还与其生命力强（可长途运输）、外观漂亮，以及这几年的产量之高有很大关系。口足目中最重要的经济物种莫过于口虾蛄 Oratosquilla oratoria，口虾蛄分布广泛，我国沿岸几乎均有分布，因其个体大、肉质鲜美、产量大等优点而广受人们追捧。不过，虾蛄中大多数种类因为各种原因，如个体小、产肉率低，或是产量小而未能引起人们关注。

根据走访码头、市场调研以及查阅文献发现，舟山地区的口虾蛄在春、夏、秋、冬4个季节均占绝对优势，其产量比其余虾蛄产量总和还多，占舟山虾蛄市场的99%以上，仅有数次在定海临城及普陀的菜市场发现有韩氏芳虾蛄、蝎形拟绿虾蛄等非优势种出售，且均在春季。

虾类是舟山海域最重要的渔业资源之一，且资源的稳定性远高于鱼类，在渔业捕捞及水产加工品出口中占有重要的地位。本海区的经济种类超过40种，多数为对虾总科和长臂虾总科的物种。其中，对虾科和管鞭虾科的多数种类以及樱虾科的毛虾属、长臂虾科的长臂虾属、沼虾属等种类的产量巨大，在市场上占据重要的经济地位。这些属中的一些种类往往因在数量上占绝对优势而成为渔业生产的主要对象，如日本对虾、鹰爪虾、哈氏米氏对虾、中华管鞭虾、凹管鞭虾、高脊管鞭虾、须赤虾、中国毛虾、细螯虾、安氏长臂虾、脊尾长臂虾、葛氏长臂虾等。图30中为舟山的部分经济虾类。

但随着区域及季节的变化，优势种类组成也会相应发生变化。如：春季出现的优势种为中国毛虾、安氏长臂虾、细螯虾、日本鼓虾、戴氏赤虾、葛氏长臂虾；夏季出现的优势种为中国毛虾、安氏长臂虾、葛氏长臂虾、鹰爪虾、细螯虾；秋季，哈氏米氏对虾、中华管鞭虾的数量剧增，成为绝对优势种；冬季仍然以哈氏米氏对虾、中华管鞭虾的数量最多。

而像斑节对虾、中国对虾、长毛对虾和短沟对虾等大型经济类有季节性迁徙的特点，其产量与台湾暖流的强弱直接有关，数量上不是很多，但其个体具有较高的经济价值。其他科属中，如藻虾科、鼓虾科、褐虾科中的各属，虽然尚可食用，且种类数目不少，但是总的产量并不大，形成不了一定的规模。

舟山海域作为浙江沿岸重要的渔业捕捞地，也为养殖海洋虾类创造了不可或缺的条件。其

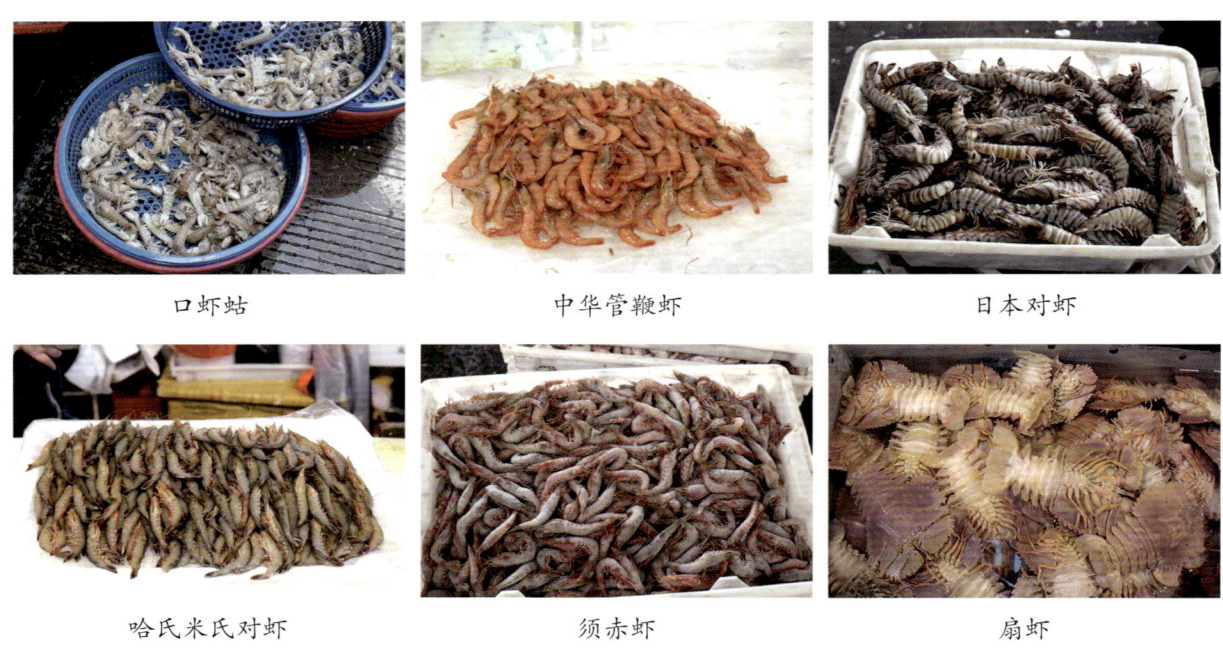

口虾蛄	中华管鞭虾	日本对虾
哈氏米氏对虾	须赤虾	扇虾

图30　舟山的部分经济虾及虾蛄类

中，养殖种类主要以对虾科和长臂虾科为主，有日本对虾、凡纳滨对虾、刀额新对虾、日本沼虾、脊尾长臂虾等。

舟山海域的经济蟹类主要以梭子蟹科物种为主，如三疣梭子蟹、细点圆趾蟹、日本蟳、锈斑蟳、武士蟳、拟曼赛因青蟹等，总的资源量可占蟹类资源的60%以上。其中，细点圆趾蟹、三疣梭子蟹为舟山经济蟹类的绝对优势种，在整个东海区的资源量可达万吨以上。而其他少数具一定经济价值的蟹类主要是方蟹总科的蟹类如天津厚蟹、游氏弓蟹等，但因产量及受众群体限制往往只在个别地区有零星售卖。图31中为舟山部分经济蟹类。

三疣梭子蟹	细点圆趾蟹	蟳类

图31　舟山的部分经济蟹类

各论

口足目 Stomatopoda

体长条状，头部与胸部前4节愈合为头胸部，第五至八胸节裸露在外，腹节分为6节。具5对颚足，第二对颚足特化成强有力的掠肢；具3对步足、5对腹肢，腹肢外肢上具丝状鳃。

一、仿虾蛄总科 Parasquilloidea Manning, 1995

（一）仿虾蛄科 Parasquillidae Manning, 1995

掠肢指节内侧的齿一般不超过3个，尾节侧中央小齿不超过3个（一般为2个）。
舟山记录1属1种，新发现1种；本书收录1属2种。

韩氏芳虾蛄
Faughnia haani (Holthuis, 1959)

同物异名	*Pseudosquilla haani* Holthuis, 1959; *Squilla empusa* De Haan, 1844
分类地位	口足目 Stomatopoda，仿虾蛄总科 Parasquilloidea，仿虾蛄科 Parasquillidae
形态特征	中大型种。体白色，甲壳上具宽大的橙色斑块。触角基部呈白色，外缘为橙色。掠肢指节呈橙色，指节上的齿为白色，掌节为橙色。头胸甲、胸节、腹节外缘呈白色，中间具大块的橙斑。尾节呈白色，各脊末缘为橙色。体节相互密接，呈弓形，密布小凹。角膜比眼柄宽。额角宽大于长，前端无刺。头胸甲前侧角圆钝。掠肢指节基部不膨大，具3齿，掌节具栉状齿，腕节背缘1~2齿。第五胸节侧突单一，向下；第六、七胸节侧突扁圆形，向后。第一至五腹节无亚中央脊，第五腹节侧中央脊后缘不具刺。尾节宽大于长，中央脊粗高。尾节中央脊侧边具有不多于3对的脊起，以此特征可与台湾芳虾蛄区分开来。
生态习性	一般栖息于浅海和深海的泥沙质海底。

地理分布 国内主要分布于东海(浙江、福建)、台湾、南海。舟山海域偶见,春季菜市场偶见活体。

韩氏芳虾蛄

2　台湾芳虾蛄
Faughnia formosae Manning & Chan, 1997

分类地位　口足目 Stomatopoda，仿虾蛄总科 Parasquilloidea，仿虾蛄科 Parasquillidae

形态特征　中大型种。身体背部中央呈橙色或黄色，侧面呈白色，身体两侧有白色带。触角呈橙色。掠肢多为白色，指节呈橙色或黄色。步足呈白色，末端为红橙色。尾肢原足近端一半和外肢近端呈白色；原足末端、内肢和外肢末节呈红棕色；外肢外缘的可动刺呈红色。体节相互密接，呈弓形，密布小凹。角膜比眼柄宽。额角宽大于长，前端无刺。头胸甲前侧角圆钝。掠肢指节基部不膨大，具3齿，掌节具栉状齿，腕节背缘1~2齿。第五胸节侧突单一，向下；第六、七胸节侧突扁圆形，向后。第一至五腹节无亚中央脊，第五腹节侧中央脊后缘不具刺。尾节宽大于长，中央脊粗高，侧边具5对脊起，以此特征可与韩氏芳虾蛄区分开来。

生态习性　一般栖息于浅海的泥沙质海底。

地理分布　国内主要分布于台湾海域。舟山海域罕见。混于韩氏芳虾蛄堆中。

台湾芳虾蛄

二、虾蛄总科 Squilloidea Latreille, 1802

（二）虾蛄科 Squillidae Latreille, 1802

掠肢指节内侧的齿超过3个，尾节侧中央具4个及以上紧密排列的小齿。

舟山记录16属20种，本书收录15属17种。

3. 条尾近虾蛄
Anchisquilla fasciata (De Haan, 1844)

同物异名 *Squilla fasciata* De Haan, 1844

分类地位 口足目 Stomatopoda，虾蛄总科 Squilloidea，虾蛄科 Squillidae

形态特征 小型种。整体呈浅灰绿色。尾节末端主齿呈红色。角膜显著宽于眼柄。额角长大于宽。头胸甲具前侧刺，不具中央脊，侧中央脊明显，长度大于头胸甲的一半。掠肢指节具6齿。第五至七胸节侧突单一，第五胸节侧突尖，第六、七胸节侧突圆钝。第一至五腹节不具亚中央脊和中央脊。尾节中央脊末端尖，中央脊两侧具数对纵行脊。肛门后脊长，其两侧具纵脊或突起。

生态习性 一般栖息于潮间带到浅海的泥沙质海底。

地理分布 国内分布于浙江、台湾。舟山海域少见。标本由浙江海洋大学自主航次舟山近海拖网捕获。

条尾近虾蛄

4 饰尾绿虾蛄
Clorida decorata Wood-Mason, 1875

分类地位 口足目 Stomatopoda，虾蛄总科 Squilloidea，虾蛄科 Squillidae

形态特征 中小型种。整体呈橙黄色，背面各脊为半透明的白色。角膜狭小，眼柄膨大。头胸甲具前侧角，不具中央脊。掠肢指节具5齿，腕节背缘光滑，不具齿，长节不具前外侧刺。第六至八胸节和第一至六腹节具亚中央脊；第五胸节侧突单一、宽大，前端尖锐；第六、七胸节侧突也仅为一叶，外缘光滑。第六腹节两条亚中央脊之间以及亚中央脊与侧中间脊之间密布点线状脊起（这在幼体上表现不明显）。尾节中央脊明显，且两侧密布点线状的纵行脊。

生态习性 一般栖息于浅海的泥沙质海底。

地理分布 国内主要分布于东海、南海。舟山海域罕见。标本采集于舟山普陀中街山列岛及嵊泗列岛近海。

饰尾绿虾蛄

5 蝎形拟绿虾蛄
Cloridopsis scorpio (Latreille, 1828)

同物异名　*Cloridopsis aquilonaris* Manning, 1978; *Squilla scorpio* Latreille, 1828
分类地位　口足目 Stomatopoda，虾蛄总科 Squilloidea，虾蛄科 Squillidae
形态特征　中型种。整体呈浅灰棕色，背脊呈橙红色。第五胸节侧突在基部有1黑斑。角膜较眼柄略宽。头胸甲具前侧角，中央脊不具前叉。掠肢指节具5齿，腕节背缘不具齿，长节不具前外侧刺。第六至八胸节具亚中央脊；第五胸节侧突单一且粗大，较尖；第六、七胸节侧突单一、圆钝。第一至六腹节具亚中央脊。尾节背面不具纵行脊和小凹。
生态习性　一般栖息于潮间带到潮下带的河口地区。
地理分布　国内主要分布于黄海、东海、台湾海域。舟山海域较常见。标本采集于舟山定海长峙岛近岸。

蝎形拟绿虾蛄
A. 第五胸节侧突

6 窝纹虾蛄
Dictyosquilla foveolata (Wood–Mason, 1895)

同物异名	*Squilla foveolata* Wood-Mason, 1895
分类地位	口足目 Stomatopoda，虾蛄总科 Squilloidea，虾蛄科 Squillidae
形态特征	中型种。整体呈灰紫色，甲壳上的网状花纹呈茶褐色。尾节末缘和各脊呈蓝青色。角膜和眼柄几乎同宽。额角宽略大于长，前端具1中央脊。头胸甲、腹节、胸节均密布小凹陷形成的网状花纹。第五胸节侧突分两叶，均较短且末端尖锐；第六胸节侧突分两叶，前后两叶粗大，末端圆钝，几乎等大；第七胸节侧突也分两叶，前叶较小且末端尖锐，后叶粗钝。掠肢指节具6齿，腕节背缘微显波浪形，长节不具前外侧刺。尾节中央脊突出，边上不具纵行脊。尾肢原足内叉外缘具1突。
生态习性	一般栖息于近岸几十米深的浅海泥质海底。
地理分布	国内主要分布于浙江、福建、广东、香港。舟山海域较常见，舟山定海临城海域常有捕获。

窝纹虾蛄

7. 伍氏平虾蛄
Erugosquilla woodmasoni (Kemp, 1911)

同物异名 *Oratosquilla jakartensis* Moosa, 1975；*Oratosquilla tweediei* Manning, 1971；*Oratosquilla woodmasoni* (Kemp, 1911)；*Squilla wood-masoni* Kemp, 1911

分类地位 口足目 Stomatopoda，虾蛄总科 Squilloidea，虾蛄科 Squillidae

形态特征 中型种。整体通常呈均匀的浅灰绿色。第一触角柄呈栗红色。尾肢外肢基节呈黄色，第一节及末节为鲜艳的蓝色。体表光滑，似抛光。眼节前缘宽圆形，一般具1微弱的小刺。角膜较眼柄宽。额角短，宽大于长，近梯形。头胸甲具前侧刺，中央脊前叉基部中断、前叉缺失或隐约可见。掠肢指节具6齿，腕节背缘具不规则突起，长节具1尖锐前外侧刺。具下颚须。第五至七胸节侧突分两叶。第一至六腹节具亚中央脊。尾节具前侧叶和数对纵行脊，前侧叶长稍小于或等于侧齿长，内叉内缘具小齿。

生态习性 一般栖息于潮间带到几十米深的浅海泥沙质海底。

地理分布 国内主要分布于浙江、福建、台湾、广东、海南。舟山海域罕见。

伍氏平虾蛄

8 猛虾蛄
Harpiosquilla harpax (De Haan, 1844)

同物异名 *Harpiosquilla malagasiensis* Manning, 1978; *Harpiosquilla paradipa* Ghosh, 1987; *Squilla harpax* De Haan, 1844

分类地位 口足目 Stomatopoda，虾蛄总科 Squilloidea，虾蛄科 Squillidae

形态特征 大型种。整体背部为浅灰棕色，外观略有斑纹。体节的前缘呈棕黑色。第六腹节各脊呈深绿色。尾节中央脊和中央齿为绿色，近端有1对黑斑。尾肢内肢远端呈黑棕色，外肢末节内半部为黑褐色，该节中间具1分界线。眼大，角膜远宽于眼柄。额角长大于宽，呈三角形或圆锥形。头胸甲具前侧刺，近后侧稍狭。头胸甲中央脊不具前叉。掠肢细长，指节具8齿，成年个体指节外缘基部呈三角形突起，掌节外缘列生长短不一动刺，腕节背缘不具脊突，长节不具前外侧刺。具下颚须。第六至八胸节具侧中央脊和亚中央脊，第五胸节具1三角形侧突，第六、七胸节侧突分前后两叶，第八胸节龙骨圆，斜向后。第一至五腹节的亚中央脊仅具痕迹或不存在。

生态习性 一般栖息于潮间带到几十米深的浅海泥沙质海底。

地理分布 国内主要分布于台湾、南海。舟山海域罕见。

猛虾蛄

9 日本猛虾蛄
Harpiosquilla japonica Manning, 1969

同物异名　*Harpiosquilla intermedia* Manning & Michel, 1973

分类地位　口足目 Stomatopoda，虾蛄总科 Squilloidea，虾蛄科 Squillidae

形态特征　大型种。背面整体颜色为浅黄灰色，头胸甲的隆突和沟槽，以及体节的后缘呈浅褐色。第六腹节各脊呈深绿色。尾节中央脊和中央齿呈绿色，中央脊基部两端各具1深褐色斑点。尾节内肢远端呈黑褐色；外肢末节内半部为黑褐色，内半部和外半部之间具分界线。眼大，角膜远宽于眼柄。额角末缘不具尖锐突起。头胸甲具前侧刺，近后侧稍狭，头胸甲具中央脊。掠肢指节具8齿，成体雄性掠肢外缘具特化的突起。第一至五腹节亚中央脊仅具痕迹或缺失。尾肢外肢末节仅内侧1/2为黑色。本种与猛虾蛄较为相似，可通过额角与第二触角鳞片区分，本种额角前端较猛虾蛄的粗短且末端较钝，猛虾蛄的第二触角鳞片末端通常具有黑色条纹，日本猛虾蛄无此特征。

生态习性　一般栖息于潮间带至几十米深的浅海泥沙质海底。

地理分布　国内主要分布于台湾、南海。舟山海域罕见。标本捕获于舟山嵊泗列岛60 m拖网。

日本猛虾蛄

10 尖刺糙虾蛄
Kempella mikado (Kemp & Chopra, 1921)

同物异名 *Kempina mikado* (Kemp & Chopra, 1921); *Kempina zanzibarica* (Chropra, 1939); *Squilla mikado* Kemp & Chopra, 1921; *Squilla zanzibarica* Chopra, 1939

分类地位 口足目 Stomatopoda，虾蛄总科 Squilloidea，虾蛄科 Squillidae

形态特征 大型种。背部整体呈浅棕色。头胸甲上的沟、头胸甲的后缘及胸节、腹节的后缘呈深棕色。第二腹节有茶褐色斑块，第五腹节有1对明显的茶褐色斑块。尾节淡橙色，原足末端呈深棕色，外肢基部呈深棕色。角膜宽于眼柄。额角长大于宽，前部具中央脊。头胸甲狭长，中央脊具前叉，前叉基部不中断。掠肢指节具6齿，腕节背缘不具齿，长节不具前外侧刺。具下颚须。第五胸节侧突单一、尖锐，第六、七胸节侧突分两叶。第一至六腹节具亚中央脊。尾节中央脊突出，具前侧叶。

生态习性 一般栖息于浅海和深海的泥沙质海底。

地理分布 国内分布于浙江、福建、台湾及南海。舟山海域少见。

尖刺糙虾蛄

11. 窄额滑虾蛄
Lenisquilla lata (Brooks, 1886)

同物异名 *Lenisquilla pentadactyla* Moosa, 1991; *Squilla lata* Brooks, 1886; *Squilloides espinosus* Blumstein, 1974; *Squilloides latus spinosus* Blumstein, 1970

分类地位 口足目 Stomatopoda，虾蛄总科 Squilloidea，虾蛄科 Squillidae

形态特征 中型种。整体呈浅黄褐色。额角较细长。头胸甲具前侧刺，不具中央脊。掠肢指节具5～6齿，腕节背缘光滑不分齿，长节不具前外侧刺。具下颚须。第五至七胸节侧突均为一叶，第五胸节侧突纤细，斜向前。第一至五腹节不具亚中央脊或仅具痕迹。尾节亚中央脊后的齿固定，非铰接，前侧叶不明显；除中央脊之外，尾节无额外的纵行脊。腹面的肛后脊较短。

生态习性 一般栖息于浅海的泥沙质海底。

地理分布 国内分布于浙江、福建、台湾及南海。舟山海域罕见。标本采集于舟山近海底泥中。

窄额滑虾蛄

12 无刺光虾蛄
Levisquilla inermis (Manning, 1965)

同物异名 *Squilla inermis* Manning, 1965

分类地位 口足目 Stomatopoda，虾蛄总科 Squilloidea，虾蛄科 Squillidae

形态特征 小型种。整体为浅灰棕色。头胸甲前缘、额角、头胸甲后缘呈深棕色。胸节和腹节的脊呈浅棕色。掠肢为半透明的白色，伴有深棕色斑点。尾肢外肢第一节末端呈黑棕色。角膜宽于眼柄。额角长大于宽。头胸甲具前侧刺，不具中央脊。掠肢指节具6齿，外缘基部具1凹陷而形成1钝齿，腕节背缘分为2齿，长节不具前外侧刺。具下颚须。第五至七胸节侧突单一，斜向前外侧。第一至四腹节不具亚中央脊，第五腹节亚中央脊仅具轻微痕迹。尾节前侧叶不明显，表面光滑，不具纵行脊，肛门后具1短脊，原足内叉具1微突。尾节亚中央脊后缘刺铰接。

生态习性 一般栖息于浅海的泥沙质海底。

地理分布 国内主要分布于东海、南海。舟山海域罕见。标本采集于舟山近岸60 m深底拖网。

无刺光虾蛄

13 脊条褶虾蛄
Lophosquilla costata (De Haan, 1844)

同物异名 *Lophosquilla makarovi* Manning, 1995; *Squilla costata* De Haan, 1844

分类地位 口足目 Stomatopoda，虾蛄总科 Squilloidea，虾蛄科 Squillidae

形态特征 小型种。整体为浅灰棕色，尾节中间有深紫色的斑点。角膜比眼柄宽。额角顶部圆，长大于宽。头胸甲具前侧刺和中央脊，中央脊具前叉，前叉基部不中断，在中央脊周围有许多结节颗粒。掠肢指节具6齿，腕节背缘不具齿，长节不具前外侧刺。不具下颚须。第五至七胸节的侧突均分为两叶，胸节和腹节背面密布纵行脊和长短不一的颗粒状突起，第四腹节亚中央脊后不具刺。尾节具前侧叶，背外侧表面有弯曲的浅凹坑和纵行脊。尾肢原足内叉外缘具1齿突。

生态习性 一般栖息于几十米深的浅海泥沙质海底。

地理分布 国内分布于江苏、上海、浙江、福建、台湾、香港、广东、海南。舟山海域常见。口虾蛄堆中时常混有此种。标本采集于舟山普陀区沈家门码头。

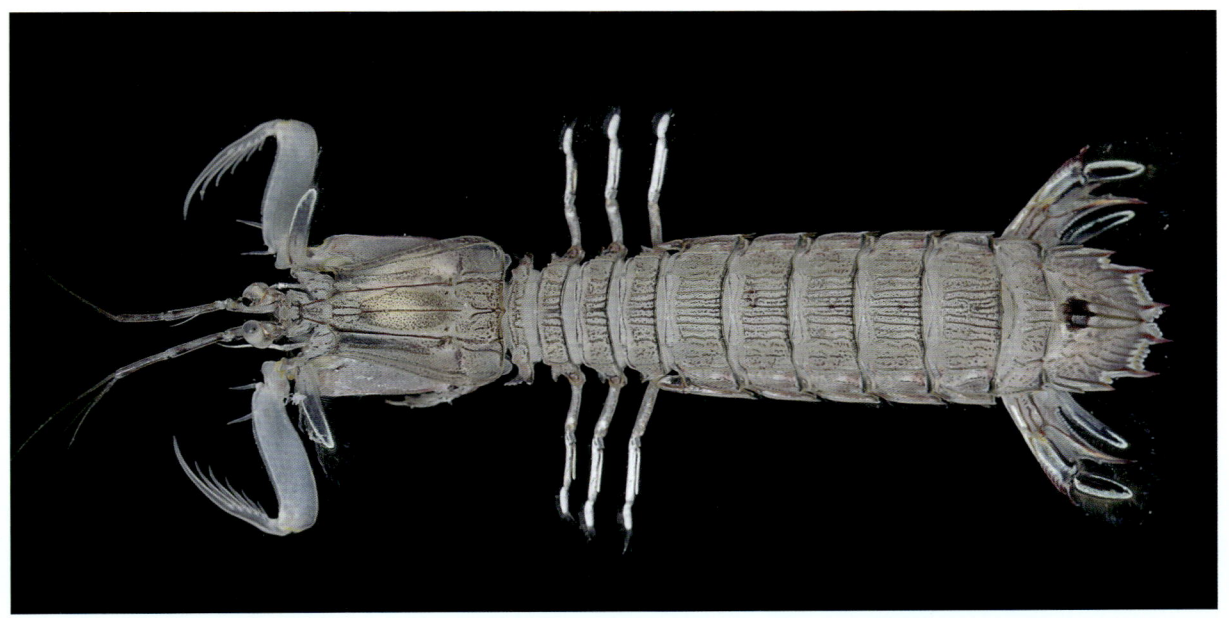

脊条褶虾蛄

14 口虾蛄
Oratosquilla oratoria (De Haan, 1844)

同物异名 *Squilla affinis* Berthold, 1845; *Squilla oratoria* De Haan, 1844

分类地位 口足目 Stomatopoda，虾蛄总科 Squilloidea，虾蛄科 Squillidae

形态特征 中大型种。体色较为丰富。成体背部整体浅灰或棕绿色。头胸甲、胸节和腹节的各脊深红色，腹节后缘黄或深绿色。尾节各脊深绿色或红色。尾肢外肢第一节末端蓝色，末节黄色。角膜显著宽于眼柄。额角梯形或正方形，头胸甲表面有较不明显的颗粒。头胸甲具前侧刺，中央脊清晰，具前叉，前叉基部不中断，且开口于背凹点之前。掠肢指节具6齿，腕节背缘具2~3齿，长节具前外侧刺。具下颚须。第六至八胸节和第一至六腹节均具亚中央脊，第五至七胸节侧突均分为两叶，第五胸节在两条亚中央脊之间部位不具黑斑，第四腹节的亚中央脊后缘光滑，不具刺。

生态习性 一般栖息于近岸潮下带到几十米深的浅海海底，春季大量出现。

地理分布 国内各沿海广布。舟山海域最常见的一种虾蛄，市场上售卖的虾蛄一般多为此种。

口虾蛄

15 断脊小口虾蛄
Oratosquillina interrupta (Kemp, 1911)

同物异名 *Oratosquilla arabica* Ahmed, 1971; *Squilla interrupta* Kemp, 1911

分类地位 口足目 Stomatopoda，虾蛄总科 Squilloidea，虾蛄科 Squillidae

形态特征 中小型种。背部整体颜色为浅橄榄绿色。头胸甲上的沟和身体的后缘呈暗绿色。胸节和腹节的中央脊、亚中央脊由深红色变为绿色。尾节中央脊和其余各主齿的脊呈深绿色，各主齿为红色，尾节中央脊近端具1栗色的斑点。原足末端刺为红色，外肢末节呈黄色。角膜宽于眼柄。额角长大于宽，呈长方形，不具中央脊。头胸甲上密布小点和褶皱，似腐蚀状，具前侧刺和中央脊，中央脊前叉从基部断裂，为2条纵行脊。掠肢指节具6齿，腕节背缘分裂为2齿，长节具前外侧刺。第五至七胸节侧叶分为前后两叶，第六至八胸节和第一至六腹节具亚中央脊。尾节具前侧叶，不具额外的纵行脊。尾肢原足内叉外缘具1圆叶，近缘直或突出。

生态习性 一般栖息于潮下带到几十米深的浅海泥沙质海底。

地理分布 国内主要分布于浙江、福建、台湾、广东、海南。舟山海域少见。常混于口虾蛄堆中。

断脊小口虾蛄

16 前刺小口虾蛄
Oratosquillina perpensa (Kemp, 1911)

同物异名 *Oratosquilla perpensa* (Kemp, 1911); *Squilla oratoria* var. *perpensa* Kemp, 1911

分类地位 口足目 Stomatopoda，虾蛄总科 Squilloidea，虾蛄科 Squillidae

形态特征 中小型种。整体呈浅棕褐色。头胸甲的脊起和沟呈深红色。第二腹节有狭窄的横向棕色条带。尾节中央脊近端呈深红色，亚中央脊呈绿色，顶端刺为红色。原足近端呈白色，末端棘为红色；外肢内半部呈黑色，外半部呈黄色。第一触角鳞片顶端通常尖锐或有角。额角正方形，显得很短。背部有明显的皱纹和凹陷，呈类似腐蚀的外观。第六胸节侧突前叶三角形。尾节背面无多余的纵行脊。具下颚须。掠肢指节具6齿；腕节背缘光滑，不分齿（这是本种与断脊小口虾蛄的区分特征）。

生态习性 一般栖息于浅海的泥沙质海底。

地理分布 国内主要分布于东海、台湾、南海。舟山海域罕见。

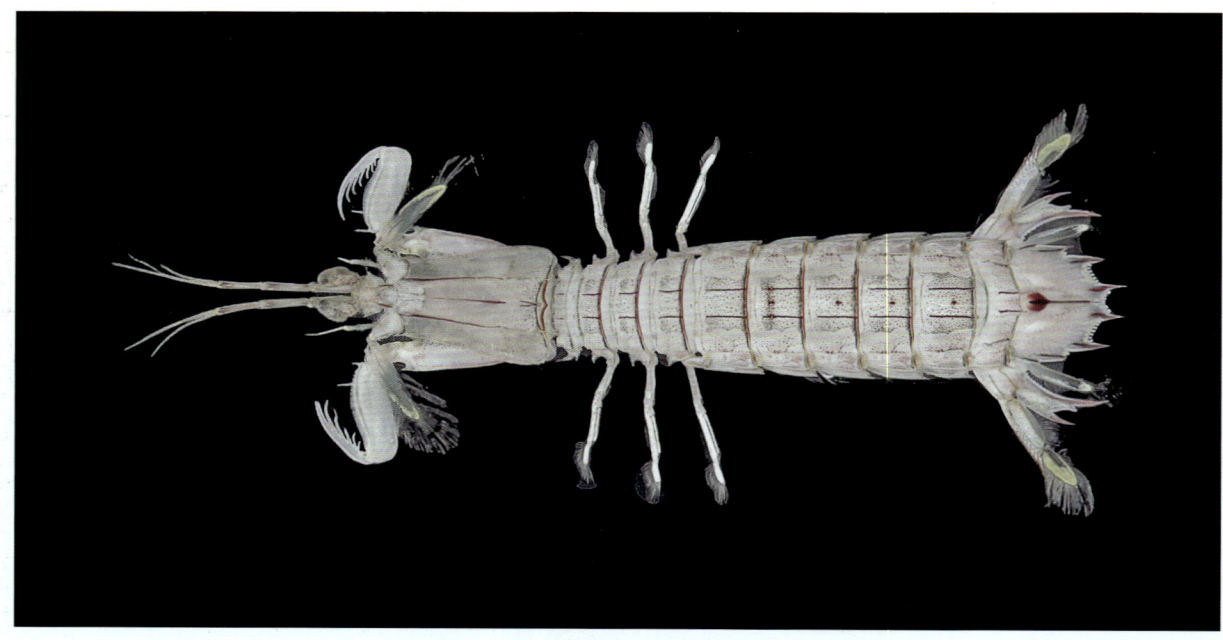

前刺小口虾蛄

17 屈足东方虾蛄
Quollastria gonypetes (Kemp, 1911)

同物异名 *Oratosquilla gonypetes* (Kemp, 1911); *Oratosquillina gonypetes* (Kemp, 1911); *Squilla gonypetes* Kemp, 1911

分类地位 口足目 Stomatopoda，虾蛄总科 Squilloidea，虾蛄科 Squillidae

形态特征 小型种。整体背部呈浅棕色，密布深棕色的色素团。额角边缘为橙红色。第五至八胸节和第一至五腹节亚中央脊呈红色。第二腹节具1块横向的长方形酒红色斑块，第五腹节具1对方形黑斑，黑斑分别在两条亚中央脊的侧边。尾节各脊呈橙红色，脊后缘刺为红色。尾肢内肢呈白色或黄色，末端为黑色。角膜宽于眼柄。额角长大于宽，不具中央脊。头胸甲具前侧刺和中央脊，中央脊具前叉，前叉基部断裂。掠肢指节具5齿；腕节背缘光滑，不具齿；长节不具前外侧刺。具下颚须。第五至七胸节侧叶均分为前后两叶；第八胸节腹面龙骨不显著，仅为1低隆起。第一至六腹节具亚中央脊。尾肢原足内叉的外缘具1钝齿。

生态习性 一般栖息于浅海的泥沙质海底。

地理分布 国内主要分布于浙江、福建、台湾及南海。舟山海域偶见。

屈足东方虾蛄

18 瘦拟虾蛄
Squilloides leptosquilla (Brooks, 1886)

同物异名 *Squilla ieptosquilla* Brooks, 1886；*Squilla leptosquilla* var. *dentata* Jurich, 1904

分类地位 口足目 Stomatopoda，虾蛄总科 Squilloidea，虾蛄科 Squillidae

形态特征 小型种。背部整体呈淡橙色。背部的脊呈棕橙色或橙红色，腹面为半透明的白色。尾节中央脊处具1对栗红色的斑块。掠肢长节呈淡橙色，指节和腕节均为白色。步足近端为橙色，远端为白色。尾肢原足为淡橙色。角膜宽于眼柄。额角长大于宽，呈三角形。头胸甲具前侧刺和中央脊，中央脊不具前叉，头胸甲还具侧中央脊。不具下颚须。掠肢指节具4齿；腕节背缘光滑，不具分齿；长节不具前外侧刺。第五至七胸节侧突单一，不分两叶。第一至六腹节具亚中央脊。尾节不具额外的纵行脊，尾肢原足内叉内缘光滑或具细齿。

生态习性 一般栖息于浅海和深海的泥沙质海底。

地理分布 国内分布于浙江、台湾、海南。舟山海域偶见。

瘦拟虾蛄

19 黑斑沃氏虾蛄
Vossquilla kempi (Schmitt, 1931)

同物异名 *Chloridella kempi* Schmitt, 1931; *Oratosquilla kempi* (Schmitt, 1931)

分类地位 口足目 Stomatopoda，虾蛄总科 Squilloidea，虾蛄科 Squillidae

形态特征 中型种。背部呈浅灰棕色，中部颜色较深。头胸甲各脊和后缘呈深红色。胸节和腹节背部各脊呈橙黄色。第二和五腹节中间均具横向黑褐色斑块，第五腹节的黑斑靠近后缘。尾节背面中央脊和前侧叶呈深红色，各主齿末端棘为白色，相连的各脊呈深黄绿色。尾肢外肢的基节为黄色，第一节远端为深蓝色。角膜宽于眼柄。额角宽略大于长。头胸甲具前侧刺，中央脊具较短前叉，基部不中断。掠肢指节具6齿，外缘具1微小弧形突起；腕节背缘具不规则的小齿；长节前外侧刺为1钝突。具下颚须。第五至七胸节侧突均分为两叶；第五胸节侧突前叶较长且尖锐，后叶较短；第六胸节侧突前叶较小且尖锐，后叶呈三角形；第七胸节侧突前叶仅为1钝突。第一至六腹节具亚中央脊。尾节前侧叶较侧缘脊短；中央脊近端有一处中断，有多列平行的小凹点。

生态习性 一般栖息于浅海和深海的泥沙质海底。

地理分布 国内分布于黄海、东海、南海。舟山海域罕见。

黑斑沃氏虾蛄

十足目 Decapoda

头胸甲发达，完全包被头胸部各体节。眼有柄。第二触角的原肢通常分为2节。第二小颚外肢甚发达，为1宽大叶片，称为颚舟片。胸肢前3对为颚足，后5对为步足。鳃数目较多，一般排列成数行。初孵化的幼体为无节幼体或原溞状幼体。

全球十足目已知1万余种，舟山历史上发现和记录259种，其中：虾类86种、异尾类34种、蟹类139种。

枝鳃亚目 Dendrobranchiata

体侧扁，腹部发达。第二腹节的侧甲前部不覆盖第一腹节，第三腹节处不特别屈曲。第二颚足末节正常，第三颚足共7节，3对步足有钳（少数种有退化）。胸肢具枝状鳃。雄性第一腹肢内肢变为交接器，第二腹肢有雄性附肢。尾节末端尖细。

本亚目的物种因体形长、腹部发达、善于游泳而曾被归为游泳亚目。现分对虾总科和樱虾总科。舟山海域共记录28种，主要有对虾、赤虾、管鞭虾、毛虾等，多为经济种类。

三、对虾总科 Penaeoidea Rafinesque, 1815

（三）对虾科 Penaeidae Rafinesque, 1815

身体侧扁，第二腹节的侧甲不覆盖在第一腹节的侧甲上。颈沟最长伸至背面中央和肝刺之间部位的中部，无眼后刺；雄性附肢末端具1个鳞片。第一触角柄内缘具片状附肢。胸部附肢自第一颚足后具有外肢，腹肢具内外两肢。胸部第三节以后的体节具侧鳃。前3对步足呈钳状。

舟山记录8属18种，本书收录8属15种。

20 扁足异对虾
Atypopenaeus stenodactylus (Stimpson, 1860)

同物异名 *Miyadiella pedunculata* Kubo, 1949；*Miyadiella podophthalmus* (Stimpson, 1860)；*Penaeus podophthalmus* Stimpson, 1860；*Penaeus stenodactylus* Stimpson, 1860

分类地位 十足目 Decapoda，枝鳃亚目 Dendrobranchiata，对虾总科 Penaeoidea，对虾科 Penaeidae

形态特征 小型虾类，体长可达 6 cm。通体半透明，全身散布橘红色小斑点。额角短，仅达眼的末端，上缘具 7 齿，其中 2 齿位于头胸甲上，下缘无齿；额角后脊伸至头胸甲后端 4/5 处。头胸甲上具触角刺、胃上刺及肝刺。腹部第三节中部之后及第四至六节背面具纵脊。尾节背面具浅沟，无侧刺。第二步足具基节刺和座节刺；第三步足具基节刺；第四步足比第三步足短；第五步足细长，长约为头胸甲的 2 倍，指节长而呈丝状；第四、五步足无肢鳃和侧鳃；前 4 对步足的腕节和长节均侧扁；第三颚足和 5 对步足均具外肢。雄性交接器末部约 1/4 处，细长且弯曲似钳，末端尖。

生态习性 一般栖息于浅海的黏土质或沙质黏土海底。

地理分布 国内分布于东海、南海。为浙南海域优势种，舟山海域罕见。标本采集于舟山东北部外海。

扁足异对虾

21 细巧贝特对虾
Batepenaeopsis tenella (Spence Bate, 1888)

同物异名 *Parapenaeopsis tenella* (Spence Bate, 1888); *Penaeus crucifer* Ortmann, 1890; *Penaeus tenellus* Spence Bate, 1888; 细巧仿对虾

分类地位 十足目 Decapoda，枝鳃亚目 Dendrobranchiata，对虾总科 Penaeoidea，对虾科 Penaeidae

形态特征 小型虾类，体长可达 6 cm。甲壳薄而平滑。身体上分布棕红色斑点。额角短而直，伸至第一触角柄第二节中部附近；上缘基部微突，具 6～8 齿；额角侧脊至额角第一齿后方消失；不具额角后脊；下缘无齿。头胸甲上眼上刺甚小；肝沟深而短；触角刺发达，其上方有 1 狭而细长的纵缝向后延伸，其长度约为头胸甲长的 2/3；鳃区中部有 1 短横缝，伸至头胸甲侧缘，位于第三步足基部的上方；头胸甲上不具胃上刺，为本种之特征。第四至六腹节背面有较弱的纵脊。尾节长度与第六节相等。第一、二步足具基节刺，不具上肢；第五步足最长；步足均具外肢，第五步足外肢较小。雄性交接器呈锚状，侧叶中部甚宽、两端稍窄，末端向两侧斜伸出较尖韧的突起。雌性交接器前板大而宽，中央具较深的纵沟。

生态习性 一般栖息于浅海海底。舟山近海在 5—11 月数量较多。

地理分布 国内分布于黄海、东海、南海。舟山海域常见。

细巧贝特对虾

22. 须赤虾
Metapenaeopsis barbata (De Haan, 1844)

同物异名 *Parapenaeus akayebi* Rathbun, 1902; *Penaeus barbatus* De Haan, 1844

分类地位 十足目 Decapoda，枝鳃亚目 Dendrobranchiata，对虾总科 Penaeoidea，对虾科 Penaeidae

形态特征 中型虾类，体长可达 10 cm。体表被短毛，全身具明显赤红色斑块。本种与戴氏赤虾的主要区别是头胸甲鳃区后部具摩擦发声器。眼大，眼柄短。额角尖与第一触角柄的末端几乎等长，上缘具6～7齿，下缘无齿。头胸甲具触角刺、颊刺、胃上刺及肝刺，眼上刺甚微小；在头胸甲后缘附近有20～22个小脊排列成新月形的发声器。腹部第二至六节背面中央具纵脊，以第三腹节的最为明显，第五、六腹节的末端突出成刺。尾节背面两侧具3对可动刺和1对固定刺。第一步足具座节刺；5对步足均具外肢。雄性交接器左右不对称，左叶高出右叶，左叶末端有5个或7个刺状突起，右叶末端有2个刺状突起。雌性交接器前板略呈四方形，前缘密生细毛。

生态习性 一般栖息于底质为粉沙质软泥及黏土质软泥的浅海。该种为暖水性种类。

地理分布 国内分布于东海、南海。舟山海域常见。标本采集于舟山东部偏外海域。

须赤虾

23 戴氏赤虾
Metapenaeopsis dalei (Rathbun, 1902)

同物异名 *Metapenaeopsis incomptus* Kubo, 1949; *Parapenaeus dalei* Rathbun, 1902

分类地位 十足目 Decapoda，枝鳃亚目 Dendrobranchiata，对虾总科 Penaeoidea，对虾科 Penaeidae

形态特征 中小型虾类，体长达 7 cm。甲壳厚而粗糙，表面密生短毛。身体上分布斜行排列的红色斑纹。本种头胸甲鳃区后无发声器。眼大，眼柄甚短。额角短小，仅伸达第一触角柄第二节中部，基部微隆起，末端尖，上缘具7～8齿，下缘无齿。无额角后脊。头胸甲具眼上刺、触角刺、颊刺、胃上刺及肝刺；颈沟和肝沟较清楚，而眼眶触角沟较浅。腹部第二至六节背面中央具有明显的纵脊。尾节比第六腹节稍长，其后半部两侧具3对可动刺和1对固定刺。第一步足具1枚座节刺。雄性交接器左右不对称，右叶较大，左叶末端较细，具3个或4个刺状突起。雌性交接器前板的前缘中央向前突出成刺状，中板的前缘两侧弯向前方，前板和中板之间有2处隆起部分，后板前缘有3个尖突起，呈笔架状。

生态习性 一般栖息于浅海的泥沙质海底。

地理分布 国内分布于黄海、东海、南海东北部。舟山海域较少见。标本采集于舟山东部近海。

戴氏赤虾

24 周氏新对虾
Metapenaeus joyneri (Miers, 1880)

同物异名 *Metapenaeus joyneri formosus* Lee & Yu, 1977; *Penaeus Joyneri* Miers, 1880; *Penaeus pallidus* Kishinouye, 1897

分类地位 十足目 Decapoda，枝鳃亚目 Dendrobranchiata，对虾总科 Penaeoidea，对虾科 Penaeidae

形态特征 中型虾类，体长可超过10 cm。甲壳薄，表面有许多凹陷，其上密生短毛。全身半透明，略带浅黄色，并散布着棕灰色小斑点。额角长比头胸甲短，伸至第一触角柄第二节（雄性）或第三节（雌性）的末端附近，额角前1/3处上缘无齿，向上弯曲，基部2/3处具6～8齿，下缘无齿；额角侧脊及沟延伸至胃上刺前方；额角后脊延伸至头胸甲后缘附近。头胸甲上颈沟、心鳃沟和脊明显，肝沟明显且其下缘极深；具肝刺和触角刺。腹部各节背面均具纵脊，第一腹节背脊短小。尾节末端无侧刺。第一触角上鞭稍长于下鞭，为头胸甲长的2/3。第一至三步足各具1基节刺，第一步足不具座节刺；雄性第三步足基节刺延长成棒状并超出座节；第五步足细长，不具外肢。雄性交接器略呈长方形，中央突起、细长，基部粗圆，末部宽扁而尖，呈树叶状。雌性交接器中央板呈匙形，后端中央凹陷，两侧板为半月形。

生态习性 一般栖息于河口以外的沿岸海域，通常生活于港湾内，成群游泳。夏季出现比较多，6—7月间产卵。

地理分布 国内分布于山东半岛南岸以南沿海。舟山海域常见。标本采集于舟山近海。

周氏新对虾

25 刀额新对虾
Metapenaeus ensis (De Haan, 1844)

同物异名 *Metapenaeus ensis* var. *baramensis* Hall, 1962; *Metapenaeus mastersii* Hall, 1962; *Metapenaeus philippinensis* Motoh & Muthu, 1979; *Penaeus incisipes* Spence Bate, 1888; *Penaeus mastersii* Haswell, 1879; *Penaeus ensis* De Haan, 1844

分类地位 十足目 Decapoda，枝鳃亚目 Dendrobranchiata，对虾总科 Penaeoidea，对虾科 Penaeidae

形态特征 中型虾类，体长可超过 10 cm。体表有许多凹点，其上生有短毛。全身呈浅黄色或灰色，体色较周氏新对虾暗，全身分布蓝灰色小点。额角近水平伸出，上缘 7~9 齿，下缘无齿；额角后脊较低，伸至头胸甲后缘附近。头胸甲上有明显的心鳃沟及心鳃脊，肝沟明显；具触角刺、肝刺及眼上刺。第四至六腹节背面具纵脊。尾节背面中央具 1 纵沟，但无侧刺。第一至三步足各具 1 基节刺；第一步足具座节刺；前 4 对步足具外肢；第五步足细长，雄性的长节基部腹面有 1 向后的突起。雄性交接器两侧叶末端膨大，中央突末端呈三角形。雌性交接器两侧板呈半圆形，中央板前端宽、后端狭，周围具毛。

生态习性 一般栖息于河口以外的沿岸海域，并常生活于港湾内，成群游泳。夏季出现比较多，6—7 月间产卵。

地理分布 国内分布于东海、南海。舟山海域偶见。标本采集于舟山定海临城近岸海域。

刀额新对虾
A. 雄性 B. 雌性

26 哈氏米氏对虾
Mierspenaeopsis hardwickii (Miers, 1878)

同物异名 *Parapenaeopsis hardwickii* (Miers, 1878); *Penaeus hardwickii* Miers, 1878; 哈氏仿对虾

分类地位 十足目 Decapoda，枝鳃亚目 Dendrobranchiata，对虾总科 Penaeoidea，对虾科 Penaeidae

形态特征 中型虾类，体长可超过10 cm。甲壳坚硬而光滑，仅深陷的沟有较长的软毛。身体呈棕红色，腹肢红色具白斑，各腹节侧甲交界处常具1中心白色、周围褐色的小圆斑。雌性个体大于雄性个体。雄性具性二型，即2种不同形态：一种尖"S"形，一种短刀鞘型。而雌性仅1种额角型，即尖"S"形。尖"S"形个体额角比头胸甲稍长，远过第一触角柄及第二触角鳞片，其基部上缘微隆起，中部向下弯曲，前端尖细向上升，上缘仅后半部具8齿，下缘不具齿。短刀鞘型个体额角短、刀形，上缘凸，全缘有齿，末端伸至节中部附近。额角后脊延伸至头胸甲后缘附近，其上有1条很浅的纵沟。头胸甲上具眼上刺、触角刺、肝刺及胃上刺，颊刺较钝；在触角刺上方有1条细长的纵缝自眼眶边缘向后延伸至头胸甲3/4处。第四至六腹节背面脊起。尾节长于第六腹节，背中央具深沟，近末端处具3对短小的可动侧刺。眼大，眼柄粗短。

生态习性 一般栖息于浅海。夏季，舟山分布广泛，多密集分布于20~30 m的近岸海域；11月，舟山北部虾群逐渐向东南较深海域迁徙。

地理分布 国内分布于黄海南部、东海、南海。舟山海域广布。

哈氏米氏对虾

A. 额角尖"S"形　B. 额角短刀鞘型

27. 假长缝拟对虾
Parapenaeus fissuroides Crosnier, 1986

分类地位 十足目 Decapoda，枝鳃亚目 Dendrobranchiata，对虾总科 Penaeoidea，对虾科 Penaeidae

形态特征 中型虾类，体长可达 10 cm。甲壳薄而光滑，身体呈浅粉白色或浅黄色。额角细长，达第一触角柄第三节中部，末端尖细，微向上扬，上缘具6~7齿，下缘无齿，额角后脊延伸至头胸甲后缘。头胸甲两侧具长纵缝，延伸至头胸甲近后缘。具鳃甲刺。尾节末端侧缘具1对不动刺。

生态习性 一般栖息于水深60~200 m的东海大陆架。

地理分布 国内主要分布于东海南部、南海。本种多见于舟山外海，冬、春季偶现于舟山近岸海域。标本采集于舟山定海临城沿岸海域。

假长缝拟对虾

28 中国对虾
Penaeus chinensis (Osbeck, 1765)

同物异名 *Cancer chinensis* Osbeck, 1765; *Fenneropenaeus chinensis* (Osbeck, 1765); *Penaeus orientalis* Kishinouye, 1917

分类地位 十足目 Decapoda，枝鳃亚目 Dendrobranchiata，对虾总科 Penaeoidea，对虾科 Penaeidae

形态特征 大型虾类，体长可达20 cm。甲壳薄而透明，雌性呈青蓝色，雄性略呈棕黄色。额角上缘具7齿，额前2/5处无齿，下缘具3~4齿；额角侧脊伸至胃上刺附近，额角后脊仅伸至头胸甲中部。头胸甲上具胃上刺、触角刺及肝刺；肝沟明显，眼眶触角沟较宽，眼胃脊明显。第四至六腹节背面中央具纵脊。尾节背面中央有1条深沟，两侧无活动刺。第一步足具基节刺和座节刺；第二、三步足仅具基节刺；前3对步足具肢鳃；5对步足均具短小的外肢，尤以第五步足的最短小。雄性交接器呈钟形，其背面中部纵行卷曲，形成圆筒状，中叶顶端稍尖，伸出于侧叶末缘之外。雌性交接器呈圆盘状，位于第四、五步足基部之间，中央有1纵行裂口，裂口边缘向外卷曲而隆起，其前方有1圆形突起，表面着生密毛。

生态习性 浅海底栖，幼虾常于河口集群生活。

地理分布 国内分布于渤海、黄海和东海北部。舟山海域罕见。本种是我国和朝鲜的特有种。

中国对虾

29 印度对虾
Penaeus indicus H. Milne Edwards, 1837

同物异名 *Fenneropenaeus indicus* (H. Milne Edwards, 1837); *Palaemon longicornis* Olivier, 1811; *Penaeus indicus longirostris* De Man, 1892

分类地位 十足目 Decapoda，枝鳃亚目 Dendrobranchiata，对虾总科 Penaeoidea，对虾科 Penaeidae

形态特征 大型虾类，体长可达23 cm。体呈浅黄色，散布深棕色细点。额角基部及腹脊呈红褐色。尾肢末端呈暗红色及绿色。第一触角鞭具黄褐色斑纹。额角超过第一触角柄，上缘具6~7齿，其中后3齿位于头胸甲上，下缘具4齿，额角基部不隆起成三角形；额角侧沟较浅，仅达胃上刺下方；额角后脊伸至头胸甲后缘附近。头胸甲上具胃上刺、触角刺及肝刺；具眼胃脊，眼胃脊占肝刺至眼眶角距离后部2/3，无肝脊和额胃脊。第四至六腹节背面脊起。尾节短于第六腹节，背面具中央沟，无侧刺。雄性第三颚足指节略长于掌节，在掌节末端具密毛。第三颚足和5对步足均具外肢。前3对步足指节钳状，第三步足至少其指节超出第二触角鳞片末端。

生态习性 一般栖息于浅海的泥沙质海底。

地理分布 国内分布于东海（舟山及以南海域）、南海。舟山海域罕见。

印度对虾

30 日本对虾
Penaeus japonicus Spence Bate, 1888

同物异名 *Marsupenaeus japonicus* (Spence Bate, 1888); *Penaeus canaliculatus* var. *japonicus* Spence Bate, 1888

分类地位 十足目 Decapoda，枝鳃亚目 Dendrobranchiata，对虾总科 Penaeoidea，对虾科 Penaeidae

形态特征 大型虾类，体长可超过 20 cm，身体具棕色和蓝色相间的横斑，附肢为黄色，尾肢末端常具黄蓝相间色斑。额角上缘 8～10 齿，下缘 1～2 齿；额角侧沟深，向后延伸至头胸甲后缘附近；额角后脊伸至头胸甲后缘，其上具中央沟。头胸甲上具触角刺、肝刺及胃上刺；额胃沟在额角基部向后伸至胃区前方，其后端分叉；具较宽的眼眶触角沟，眼胃脊较长。第四腹节背面后半部及第五、六腹节背面脊起，第六腹节侧面有 3 条排成 1 列的斜向凸起刻纹。尾节长于第六腹节，背面具纵沟，后半部的两侧具 3 对小刺。雄性交接器的中叶突出于侧叶之上。雌性交接器呈圆筒状。

生态习性 一般栖息于水深几十米的浅海的沙质或沙泥质海底。

地理分布 国内分布于南黄海、东海、南海。目前已有养殖，舟山海域广布。

日本对虾

31 斑节对虾
Penaeus monodon Fabricius, 1798

同物异名 *Penaeus bubulus* Kubo, 1949; *Penaeus caeruleus* Stebbing, 1905; *Penaeus carinatus* Dana, 1852; *Penaeus durbani* Stebbing, 1917; *Penaeus semisulcatus* var. *exsulcatus* Hilgendorf, 1879; *Penaeus manilensis* Marion de Procé, 1822

分类地位 十足目 Decapoda，枝鳃亚目 Dendrobranchiata，对虾总科 Penaeoidea，对虾科 Penaeidae

形态特征 大型虾类，体长可超过15 cm。身体具棕色和暗绿色相间的横斑，但横斑颜色往往因生活环境、年龄有所差别，腹肢的柄部外侧呈明显的黄色。额角上缘具6～8齿，下缘具2～4齿；额角侧沟仅伸至胃上刺下方，额角侧脊低而钝；额角后脊伸至头胸甲后缘附近。头胸甲背面具中央沟，但窄而浅；具触角刺、肝刺及胃上刺；无额胃脊，眼胃脊较短，肝脊明显而平直。第四至六腹节背面脊起，尾脊长于第六腹节，背中央具纵沟，无侧刺。第一触角柄的末端不达触角末端，其上、下鞭大致等长，皆较柄部长。第三步足较长，其末端超过第二触角鳞片；第五步足不具外肢。

生态习性 浅海底栖。

地理分布 国内分布于东海、南海。舟山海域偶见。标本采集于舟山定海临城海域及长峙岛揽月湖。

斑节对虾

32 长毛对虾
Penaeus penicillatus Alcock, 1905

同物异名 *Fenneropenaeus penicillatus* (Alcock, 1905); *Penaeus indicus* var. *penicillatus* Alcock, 1905

分类地位 十足目 Decapoda，枝鳃亚目 Dendrobranchiata，对虾总科 Penaeoidea，对虾科 Penaeidae

形态特征 大型虾类，体长可超过 18 cm。身体呈棕黄色，分布棕色斑点。尾肢常呈橘红色，故有"红尾虾"之称。雌性个体比雄性个体大。额角侧沟浅，伸至胃上刺下方。额角基部背面隆起，额角后脊伸至头胸甲后缘附近，额角后脊上有1~2处浅凹；额角上缘具6~8齿，下缘具4~6齿。头胸甲上具胃上刺、触角刺及肝刺，无肝脊。第一触角上鞭与头胸甲大致等长。第三颚足雌雄异形，雄性指节长于掌节，接于掌节的内侧，掌节末端生有一簇长毛；雌性指节比掌节短，接于掌节末。雄性交接器呈叶片状，两侧向腹面卷曲。雌性交接器呈圆盘状，中央有纵行裂口，其前方有1小突起。

生态习性 一般栖息于浅海的沙质海底。

地理分布 国内分布于东海、南海。舟山海域少见。标本采集于舟山南部近岸沿海。

长毛对虾

33 凡纳滨对虾
Penaeus vannamei Boone, 1931

同物异名 *Litopenaeus vannamei* (Boone, 1931)

分类地位 十足目 Decapoda，枝鳃亚目 Dendrobranchiata，对虾总科 Penaeoidea，对虾科 Penaeidae

形态特征 大型虾类，成体最长可达23 cm。甲壳较薄，正常体色为浅青灰色，全身不具斑纹。步足常呈白色。因死后虾体迅速由青色变白色，故有"白对虾"之称。本种的外形与中国对虾、墨吉对虾酷似，但头胸甲较其他虾种短，与腹节之比约为1∶3。额角侧沟浅，伸至胃上刺下方，无中央沟，无肝脊；额角后脊伸至头胸甲中部。额角尖端的长度不超出第一触角柄的第二节，额角上缘8～9齿，下缘1～2齿。第一触角具双鞭，内鞭较外鞭纤细，长度大致相等，但皆短小，约为第一触角柄长度的1/3。尾节具中央沟，但不具缘侧刺。雄性交接器侧叶游离部分长，显著超过中央叶，为亚椭圆形。雌性交接器不具纳精囊，为开放型。

生态习性 浅海底栖。

地理分布 本种原产于南美洲太平洋沿岸的水域，以厄瓜多尔沿岸的分布最为集中，是当今世界养殖虾类产量最高的三大品种之一。我国自1988年开始引进，其后全国各地广泛养殖，因养殖逃逸，本种现已成为我国各沿海广布种类。舟山海域张网、拖网渔获物中常有发现。

凡纳滨对虾

34 鹰爪虾
Trachysalambria curvirostris (Stimpson, 1860)

同物异名 *Penaeus curvirostris* Stimpson, 1860; *Trachypenaeus curvirostris* (Stimpson, 1860)

分类地位 十足目 Decapoda，枝鳃亚目 Dendrobranchiata，对虾总科 Penaeoidea，对虾科 Penaeidae

形态特征 中型虾类，体长可超过12 cm。体表粗糙，密被绒毛，甲壳较厚。身体呈棕红色，腹部弯曲时状如鹰爪。额角上缘具7齿，下缘无齿；雄性额角平直前伸，雌性额角末端向上弯曲；额角侧脊伸至额角第一齿基部；额角后脊延伸至头胸甲后缘附近。头胸甲上具眼上刺、触角刺、胃上刺及肝刺；触角脊明显；肝沟宽而深；触角刺上方有1较短的纵缝，自头胸甲前缘延伸至肝刺上方。第二至六腹节背面具纵脊，第二腹节的纵脊较短。尾节稍长于第六腹节，背面有1纵沟，后部两侧具3对活动刺。第一步足具座节刺和基节刺；第二步足具基节刺；5对步足均具外肢。雄性交接器呈"T"形。雌性交接器前板略呈半圆形，前端稍尖，后部中间下凹。

生态习性 一般栖息于比较深的近海区的泥质、细沙质海底。春季产卵时游至近岸海域。

地理分布 国内分布于沿海各海区。舟山近岸海域均有分布，为市场常见种类。

鹰爪虾

（四）管鞭虾科 Solenoceridae Wood-Mason in Wood-Mason & Alcock, 1891

额角上缘具齿，下缘无齿。颈沟深，伸至头胸甲背面附近或跨越额后脊。头胸甲具触角刺、眼后刺或触角后刺、肝刺；鳃甲刺和肝上刺有或无。尾节具固定刺（个别种例外）。第一触角两鞭接于柄第三节末端，一般稍长于头胸甲，呈片状或管鞭状，故称管鞭虾。雄性附肢末端为2个鳞片。

舟山记录1属4种，本书收录1属4种。

35 高脊管鞭虾
Solenocera alticarinata Kubo, 1949

分类地位　十足目 Decapoda，枝鳃亚目 Dendrobranchiata，对虾总科 Penaeoidea，管鞭虾科 Solenoceridae

形态特征　中型虾类，体长可达10 cm。身体呈橙红色。额角短而近乎直，两侧密生绒毛，上缘7～8齿（包括胃上刺），其中5齿位于头胸甲上。额角后脊突出甚高而锐，呈片状，伸至头胸甲后缘，末端陡然变低，额脊在胃上刺后方有1缺刻，位于颈沟上方。头胸甲具触角刺、眼眶刺、肝刺及眼后刺；颈沟宽而深，其上端不达额后脊的缺刻；眼后刺至肝刺间的横沟较浅；肝沟深；心鳃沟明显。第三至六腹节背面具纵脊，其中第六腹节的纵脊末端突出成刺。尾节近末端具1对固定刺。

生态习性　一般栖息于浅海的泥沙质海底。

地理分布　国内分布于东海、南海。该种是日本和我国东南沿海的地方性种类。舟山海域少见。

高脊管鞭虾

36 中华管鞭虾
Solenocera crassicornis (H.Milne Edwards, 1837)

同物异名 *Penaeus crassicornis* H. Milne Edwards, 1837；*Penaeus planicornis* Fabricius, 1798；*Solenocera indica* Nataraj, 1945；*Solenocera indicus* Nataraj, 1945；*Solenocera kuboi* Hall, 1956；*Solenocera sinensis* Yü, 1937；*Solenocera subnuda* Kubo, 1949

分类地位 十足目 Decapoda，枝鳃亚目 Dendrobranchiata，对虾总科 Penaeoidea，管鞭虾科 Solenoceridae

形态特征 中型虾类，常见体长6～9 cm。甲壳光滑、薄而软，身体呈橙红色。额角短而平直，伸至第一触角柄第一节末端，上缘具8～11齿，其中3～4齿位于头胸甲上，下缘无齿。颈沟达头胸甲背部，肝沟和心鳃沟显著。头胸甲上具眼上刺、眼后刺、触角刺、尾上刺及肝刺。第三至六腹节背面中部脊起，第二腹节的不明显。尾节长度约为第六腹节的1.5倍，具中央沟，末端尖，尾节侧缘近后端无固定刺。

生态习性 一般栖息于浅海的泥沙质海底。

地理分布 国内分布于东海及以南海域近海。本种为舟山重要经济虾类之一。主要捕捞季节在10月至翌年的2月。

中华管鞭虾

37 凹管鞭虾
Solenocera koelbeli De Man, 1911

同物异名 *Solenocera depressa* Kubo, 1949；*Solenocera vietnamensis* Starobogatov, 1972

分类地位 十足目 Decapoda，枝鳃亚目 Dendrobranchiata，对虾总科 Penaeoidea，管鞭虾科 Solenoceridae

形态特征 中型虾类，常见体长5～8 cm。头胸甲表面光滑，呈淡橙红色。额角较短，不达眼的末端，上缘具6～8齿（不包括胃上刺），其中第三至五齿位于头胸甲上。额角后脊高而锐，但不呈片状，延伸至头胸甲后缘，脊上有浅沟。头胸甲具触角刺、眼眶刺、眼后刺、肝刺及胃上刺。颈沟自肝刺起斜伸至头胸甲背面中部，在额角后脊处形成明显的缺刻；肝脊在肝刺以前部分较明显，向下前方斜伸，然后呈弧形弯曲接近前侧角。第三至六腹节背面具纵脊，第六腹节纵脊末端突出成刺。尾节近末端有1对固定刺。

生态习性 一般栖息于浅海的泥沙质海底。

地理分布 国内分布于东海、南海。舟山海域偶见。

凹管鞭虾（刘攀供图）

38 大管鞭虾
Solenocera melantho De Man, 1907

同物异名 *Solenocera prominentis* Kubo, 1949

分类地位 十足目 Decapoda，枝鳃亚目 Dendrobranchiata，对虾总科 Penaeoidea，管鞭虾科 Solenoceridae

形态特征 中大型虾类，体长可达15 cm。甲壳表面光滑，身体呈橙红色。额角较短，不达眼的末端，上缘具8齿，下缘无齿。额角后脊明显伸达头胸甲后缘，没有薄片状的显著高突；额角后脊与颈沟交会处没有形成缺刻。头胸甲上具眼后刺、触角刺、肝刺和胃上刺，眼上刺不明显；颈沟、肝沟明显。尾节末端侧缘近末端1/5处有1对不动刺。

生态习性 一般栖息于浅海的沙质软泥海底。

地理分布 国内分布于东海、台湾、南海。舟山海域常见。

尾节侧缘具1对不动刺

大管鞭虾

(五) 单肢虾科 Sicyoniidae Ortmann, 1898

第一触角柄内缘不具片状附肢；胸部附肢自第二颚足后具外肢；腹肢为单肢，不具内肢，胸部第三节以后的胸节无侧鳃。

舟山记录1属1种，本书收录1属1种。

39 披针单肢虾
Sicyonia lancifer (Olivier, 1811)

同物异名 *Hippolyte cristatus* De Haan, 1844; *Palaemon lancifer* Olivier, 1811; *Sicyonia cristata* (De Haan, 1844); *Sicyonia lancifera* (Olivier, 1811)

分类地位 十足目 Decapoda，枝鳃亚目 Dendrobranchiata，对虾总科 Penaeoidea，单肢虾科 Sicyoniidae

形态特征 中小型虾类，最大体长7 cm。体形粗短，甲壳坚硬且散布小颗粒。全身呈铁锈色，第一腹节背部有2个圆形的红褐色斑点。额角稍向上弯曲，末端具1～3齿，上缘有7～11齿，其中5枚左右的齿位于头胸甲上，下缘具1齿。头胸甲上仅有肝刺。腹节有横沟，背脊具明显的中央脊。各腹节侧下缘均具尖锐的小刺，第一腹节侧缘具1～2枚，第二至五腹节侧缘具2～3枚。尾节背面具1条浅中央沟，后端两侧具1对不动刺。

生态习性 一般栖息于浅海的软泥和沙质海底。

地理分布 国内主要分布于福建、台湾及以南海域。舟山南部海域罕见。

披针单肢虾

四、樱虾总科 Sergestoidea Dana, 1852

(六)樱虾科 Sergestidae Dana, 1852

头胸甲侧扁，额角短于眼柄。雄性第一触角的下鞭形成抱持器；第二触角鞭长，具有一"S"形弯曲，自弯曲处至末端生有长的感觉毛。第一颚足具外肢及肢鳃；第三颚足及步足都不具肢鳃。无关节鳃。第四、五步足甚小或全缺。雄性附肢仅有一小片。雄性交接器对称。雌性无特殊交接器。

舟山记录1属2种，本书收录1属2种。

40　中国毛虾
Acetes chinensis Hansen, 1919

分类地位　十足目 Decapoda，枝鳃亚目 Dendrobranchiata，樱虾总科 Sergestoidea，樱虾科 Sergestidae

形态特征　小型虾类，常见体长2～4 cm。体形小，侧扁，甲壳薄而软。身体无色透明，仅口器部分和第二触角鞭呈红色，第六腹节的腹面呈微红色。尾肢的基肢上有1红色圆点，基部外侧有1列红色小点，数目少的二个，多的八个，少数多至10余个，基部的最大，末端的最小。额角极短小，侧面略呈三角形，上缘具2齿，第一齿比第二齿大。头胸甲具眼后刺及肝刺。腹部以第六节为最长，仅比头胸甲稍短。尾节很短，末端无刺，后侧缘及末端具羽状毛。眼圆形，柄细长。前3对步足皆具极小的钳，第一步足最短，第四、五步足全缺。

生态习性　常浮游于沿岸海域、河口，具有昼夜垂直与季节水平移动的特性。

地理分布　为我国的特有种，分布于沿岸各海区。舟山海域广布。

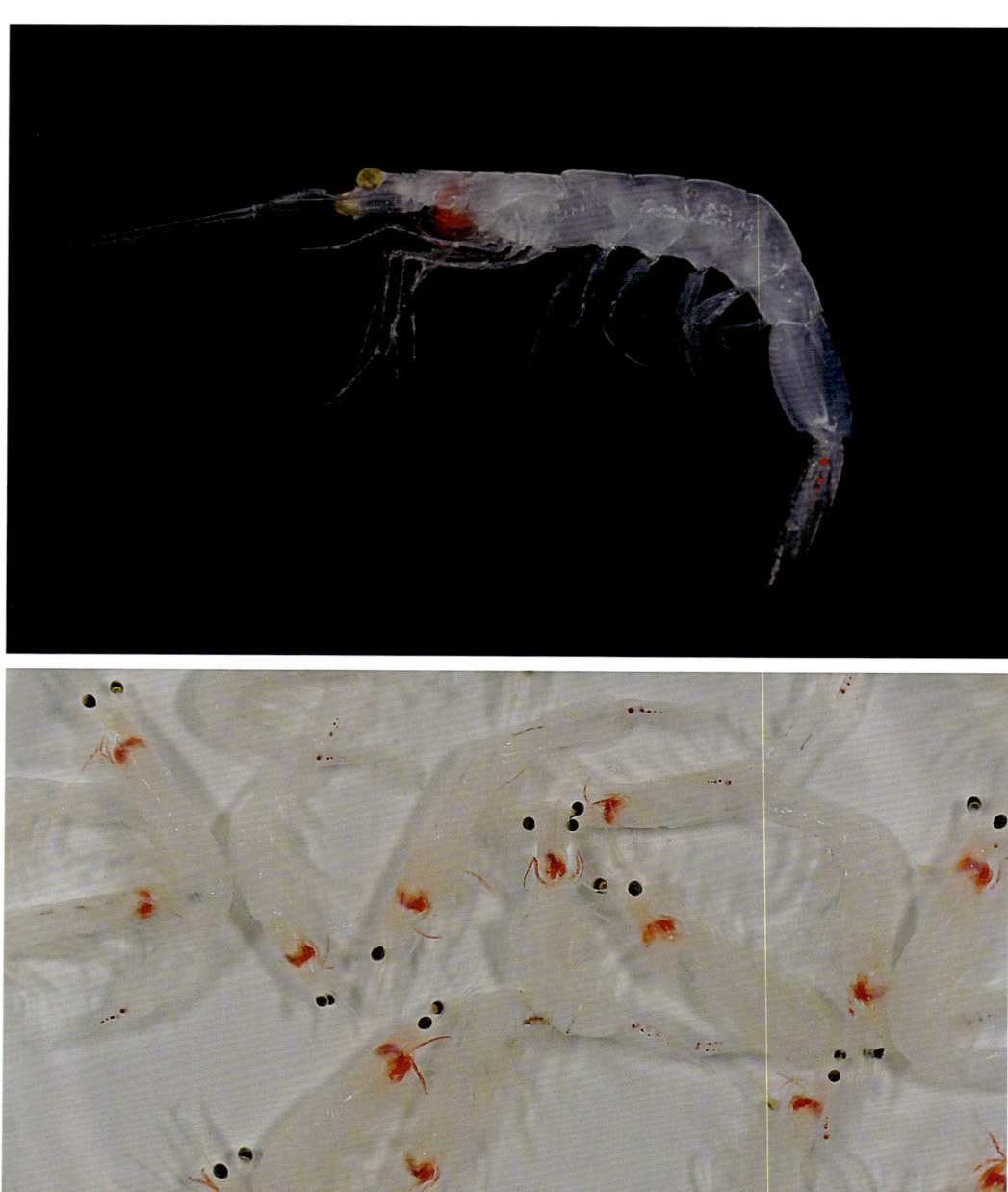

中国毛虾

41 日本毛虾
Acetes japonicus Kishinouye, 1905

同物异名 *Acetes cochinensis* Rao, 1970; *Acetes dispar* Hansen, 1919

分类地位 十足目 Decapoda，枝鳃亚目 Dendrobranchiata，樱虾总科 Sergestoidea，樱虾科 Sergestidae

形态特征 小型虾类，常见体长 2~3 cm。本种和中国毛虾非常相似，但体形比中国毛虾小。以下是本种与中国毛虾的区别：中国毛虾第三步足掌节大半超过第二触角鳞片末端，而本种第三步足仅伸达第二触角鳞片末端，很少有超出者，第三颚足也比中国毛虾短；本种尾肢的内肢基部仅有 1 个较大的红点（极少具有 2 个或 3 个红点），而不似中国毛虾有一列红点；本种胸部后端的腹甲上常有 1 个或 2 个红色小点；本种雄性交接器头状部末端十分膨大，顶端较尖且向内弯曲，膨大且具有钩状小刺的部分比中国毛虾短得多；本种雌性生殖板略呈方形，后缘中部微向前凹，两端不像中国毛虾那样形成乳状突起。

生态习性 常浮游于沿岸海域、河口，具有昼夜垂直与季节水平移动的特性。

地理分布 国内分布于自山东半岛南岸以南各沿岸海区。舟山海域少见。标本采集于舟山定海长峙岛。

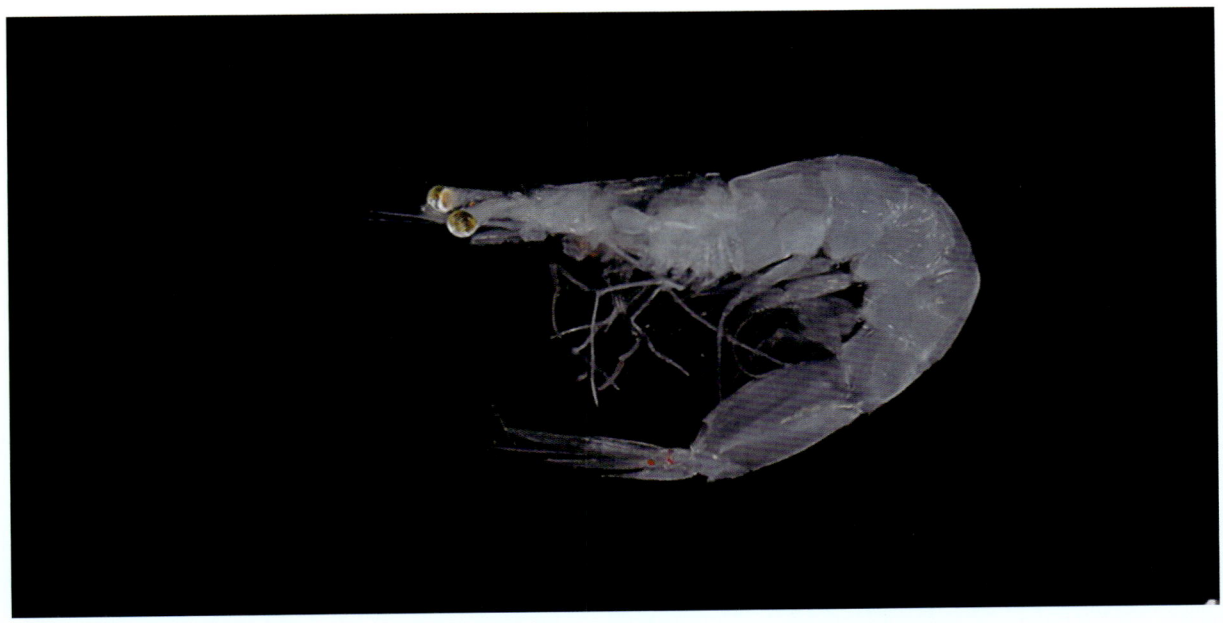

日本毛虾

腹胚亚目 Pleocyemata

鳃为叶状或丝状，卵产出后抱在雌体腹部附肢上；初孵化的幼体为原溞状幼体或溞状幼体。曾被称为爬行亚目。

真虾下目 Caridea

体左右侧扁；第一腹节侧甲被第二腹节侧甲部分覆盖；第一、二步足通常呈钳状，第三步足不呈钳状；鳃为叶状；雌体有抱卵习性，即卵产出后黏附在腹肢上，直到孵出溞状幼体。

五、玻璃虾总科 Pasiphaeoidea Dana, 1852

（七）玻璃虾科 Pasiphaeidae Dana, 1852

额角较短。大颚无臼齿突，触须有或无。第二颚足末节接于亚末节末端，外肢小或缺。所有步足均具外肢。前2对步足较为长大，具钳；指节细长，内缘具梳状齿。第二步足腕节不分节。

舟山记录1属2种，本书收录1属2种。

42　细螯虾
Leptochela gracilis Stimpson, 1860

同物异名	*Leptochela* (*Leptochela*) *gracilis* Stimpson, 1860; *Leptochela pellucida* Boone, 1935
分类地位	十足目 Decapoda，腹胚亚目 Pleocyemata，玻璃虾总科 Pasiphaeoidea，玻璃虾科 Pasiphaeidae
形态特征	小型虾类，成体体长3 cm左右。甲壳厚而光滑。体白而半透明，上面散布红色斑

点，腹部各节后缘的红色较浓。眼圆，眼柄较短。额角短小，呈刺状，超过眼的末端，上、下缘均无齿。头胸甲上不具刺或脊。第一触角柄仅伸至第二触角鳞片中部。第一、二步足长大，稍超出第二触角鳞片末端，钳细长，内缘呈梳状；第五步足最为短小；步足均具外肢，以第五步足的最为短小。腹部第四、五节背面具纵脊，其中第五节背面纵脊的末缘突出成1长刺；第六腹节的前缘背面隆起成横脊。尾节扁平，背面中央凹下，两侧具2对可动刺，尾节末端具5对可动刺。尾肢略短于尾节，外肢外缘具短毛及可动短刺。

生态习性 一般栖息于泥沙底质的浅海。常出现于毛虾、白虾、葛氏长臂虾群中。

地理分布 国内分布于黄海、渤海、东海、南海。舟山海域广布。

细螯虾

43 悉尼细螯虾
Leptochela sydniensis Dakin & Colefax, 1940

同物异名 *Leptochela* (*Leptochela*) *sydniensis* Dakin & Colefax, 1940; *Leptochela hainanensis* Yu, 1936

分类地位 十足目 Decapoda，腹胚亚目 Pleocyemata，玻璃虾总科 Pasiphaeoidea，玻璃虾科 Pasiphaeidae

形态特征 小型虾类，体长2 cm左右。身体呈乳白色半透明，每节腹节侧甲的前端和后缘遍布稀疏的红色斑点。口器部分红色较重，尾节红色亦较浓。眼眶平滑，腹侧无刺；眼眶下角平滑，呈钝角。额角背缘近直或微微弯曲，长度伸至第一触角基节。仅成熟雌性的头胸甲具3纵脊。第三颚足指节很少超过第二触角鳞片顶尖。第一步足指节稍超出第二触角鳞片末端，指节细长，末端呈弯曲相互交错状，可动指稍短于不动指。第二步足与第一步足相齐，形状和长度相似，指节长于腕节。后3对步足指节甚细，末端不呈爪状。腹节前3节及第六节背部无中脊，第四节背面中央后部开始具模糊中脊；第五腹节中脊明显，但背中脊后部不突出成刺（这是本种与细螯虾最明显的区别）。第六腹节背部前端隆起成横脊，后方凹下。尾节扁平，尾节末缘具5对活动刺。

生态习性 一般栖息于浅海和深海的沙质海底。

地理分布 国内分布于獐子岛、南黄海、东海。舟山海域偶见。

悉尼细螯虾

六、长臂虾总科 Palaemonoidea Rafinesque, 1815

（八）长臂虾科 Palaemonidae Rafinesque, 1815

额角常侧扁。头胸甲具触角刺、鳃甲刺，甲上无完全的纵缝。尾节后缘具2对或3对末端刺。第一触角两鞭完全分离；大颚具切齿突；第一小颚基节内叶不退化；第一颚足外肢具鞭条；前2对步足具螯，腕不分节；第二步足指节外缘常不明显地呈锯状；雄性第二腹肢具附肢。

舟山记录3属12种，本书收录3属10种。

44 异额沼虾
Macrobrachium heterorhynchos Guo & He, 2008

分类地位 十足目 Decapoda，腹胚亚目 Pleocyemata，长臂虾总科 Palaemonoidea，长臂虾科 Palaemonidae

形态特征 中型虾类，体长5～6 cm。虾体呈浅黄绿色，散布黄褐色细点。大螯黄色，夹杂黑色斑块。额角具明显的两性异型，雄性额角较长，远端1/3延伸超过第一触角鞭，尖端强烈向上弯曲，上缘具11～12齿，3齿在眼窝后方，不等距，下缘具4齿。雌性额角达第一触角鳞片末端，上缘凸于眼上方，端部稍向上弯曲，上缘具11齿，下缘具5齿，齿分布与雄性相似。雄性第二步足强大，短于体长，左右对称，指节约等于掌节长度。雌性第二步足较短，指节短于掌节。后3对步足细长，指节约为掌节的1/3。

生态习性 一般栖息于淡水中，河口也有分布。

地理分布 国内记录于广东江门市河口。舟山海域偶见。标本采集于舟山定海长峙岛附近海域近岸河口。

异额沼虾

45 日本沼虾
Macrobrachium nipponense (De Haan, 1849)

同物异名 *Macrobrachium meishanense* Tan & Lu, 1992; *Macrobrachium obtusifrons* Dai, 1984; *Palaemon asper* Stimpson, 1860; *Palaemon nipponense* De Haan, 1849; *Palaemon sinensis* Heller, 1862

分类地位 十足目 Decapoda，腹胚亚目 Pleocyemata，长臂虾总科 Palaemonoidea，长臂虾科 Palaemonidae

形态特征 中型虾类，体长可达8 cm。活虾体具深青绿色及棕色斑纹（雌虾的棕色较显著）。体形粗短，头胸部较粗大。额角短于头胸甲，上缘平直，具11~14齿，下缘具2~3齿。头胸甲具触角刺、肝刺及胃上刺，无鳃甲刺，额角后脊伸至头胸甲中部。尾节背面有2对短小的活动刺。第一触角柄较短，伸至第二触角鳞片3/4处。第二触角鳞片与额角等长，甚宽阔。第二步足雄性特别强大，遍生小刺；雌性较短。后3对步足形状相同，呈爪状，其末端伸至第一步足掌节基部附近。第三步足指节约为掌节长度的1/2，与腕节相等。第五步足指节较短，约为掌节的1/3，不及腕节的3/4。

生态习性 一般栖息于淡水中，河口也有分布。

地理分布 国内分布于全国各淡水湖泊中和河口附近。舟山近岸河口偶有发现。

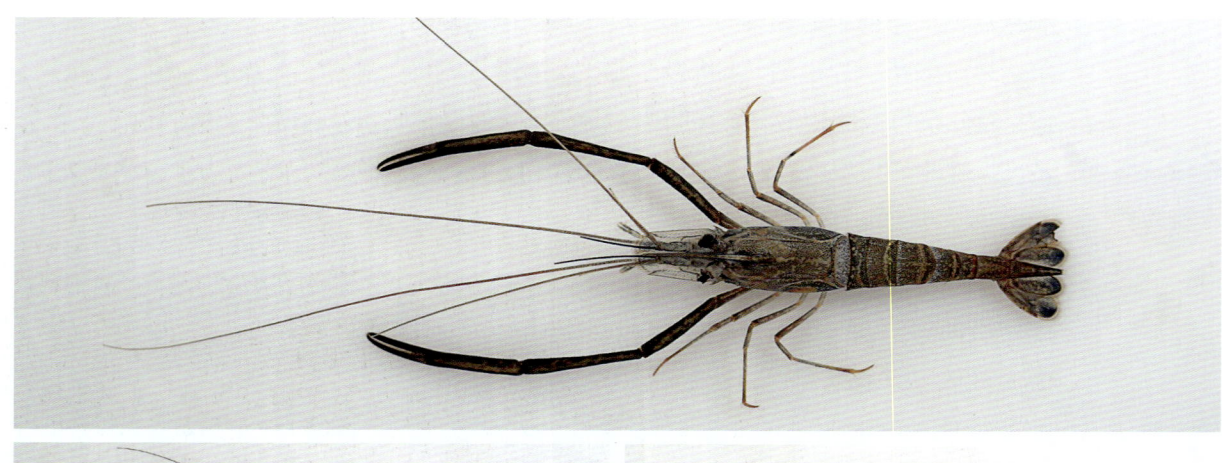

日本沼虾

A. 雄性　B. 雌性

46 安氏长臂虾（安氏白虾）
Palaemon annandalei (Kemp, 1917)

同物异名 *Exopalaemon annandalei* (Kemp, 1917); *Leander annandalei* Kemp, 1917; *Leander annandalei* var. *stylirostris* Yu, 1930

分类地位 十足目 Decapoda，腹胚亚目 Pleocyemata，长臂虾总科 Palaemonoidea，长臂虾科 Palaemonidae

形态特征 小型虾类，常见体长3～5 cm。体色透明，偏白色。与其他白虾属的区别在于额角基部鸡冠状隆起较短，第二步足腕极短，约为掌节的1/3。额角细长，长度为头胸甲的1.5～2倍。额角末端稍向上方扬起，上缘隆起部分具4～6齿，末端通常具1附加小齿，下缘具4～6小齿。头胸甲触角刺较小，鳃甲刺较大。腹部各节圆滑无纵脊；尾节后侧缘具2对活动刺。第一步足伸至第二触角鳞片末端，腕节极长，长度约为钳的3倍。第二步足指的1/2超出第二触角鳞片末端，指部极纤长，腕极短，约为掌长的1/3，掌长度为指的1/2。后3对步足特别细长，指不呈爪状。第三步足掌节长度约与指节相等，为腕的4倍。第四步足的掌稍短于指，长度为腕节的6～7倍。

生态习性 一般栖息于淡水或半咸水中，以及河口附近的浅海。

地理分布 为我国特有种，分布于黄海、东海。舟山海域有分布，但无产量，仅零星出现于脊尾白虾群中。

安氏长臂虾（安氏白虾）

47 脊尾长臂虾（脊尾白虾）
Palaemon carinicauda Holthuis, 1950

同物异名 *Exopalaemon carinicauda* (Holthuis, 1950); *Leander longirostris* var. *carinatus* Ortmann, 1890; *Palaemon* (*Exopalaemon*) *carinicauda* Holthuis, 1950

分类地位 十足目 Decapoda，腹胚亚目 Pleocyemata，长臂虾总科 Palaemonoidea，长臂虾科 Palaemonidae

形态特征 中型虾类，体长可达9 cm。甲壳薄，体色透明，微带蓝色或红色小斑点。死后体呈白色，煮熟后除头尾稍呈红色外，其余部分都是白色，故称水白虾。卵呈黄色。额角侧扁，甚细长，其长度为头胸甲的1.2～1.5倍，基部具鸡冠状突起，中部和末部尖细，末部向上扬起，上缘隆起部分具6～9齿，其前方光滑无齿，尖端附近有1附加小齿，下缘有3～6齿。头胸甲的触角刺甚小，鳃甲刺较大，鳃甲刺上方有1纵沟（鳃甲沟）。第一步足短小；第二步足较强大，钳的指节长于腕节，约为掌长的1.5倍，腕甚短，约与掌长相等；第三至五步足指节均呈爪状，以末对为最长，第五步足掌节约为指节长的2.2倍。与其他长臂虾不同，本种腹部第三至六节背面中央具有明显的纵脊，因而得名。尾节末端尖细，两侧有2对微小的刺，尾肢宽大。

生态习性 一般栖息于近岸浅海。

地理分布 为我国特有种，分布于黄海、东海、南海。舟山近岸海域广布，现有养殖。

脊尾长臂虾（脊尾白虾）

A. 抱卵雌性

48 东方长臂虾（东方白虾）
Palaemon orientis Holthuis, 1950

同物异名 *Exopalaemon orientis* (Holthuis, 1950); *Leander longirostris* var. *japonicus* Ortmann, 1890; *Palaemon* (*Exopalaemon*) *orientis* Holthuis, 1950

分类地位 十足目 Decapoda，腹胚亚目 Pleocyemata，长臂虾总科 Palaemonoidea，长臂虾科 Palaemonidae

形态特征 中小型虾类，常见体长4～6 cm。体色透明，全身散布褐色小点。卵小，为绿色。额角细长，约为头胸甲长的1.4倍，末端2/5超出鳞片末缘，鸡冠状隆起占基部的1/3，末端向上扬起，上缘具6～7齿，尖端具1附加小齿，下缘具6～7齿。触角刺较鳃甲刺小，鳃甲刺上方有1明显的鳃甲沟。腹部第三至六节背面圆，无纵脊；尾节背面圆滑无脊，上具2对活动刺。第一步足细小，约伸至第一触角柄的末端或稍微超出，指节稍长于掌部，腕节为指节长的3.2～3.5倍。第二步足粗壮，掌部伸出鳞片的末端，指尖伸至额角的顶端，两指的切缘基部均无齿突，指节细长，明显较脊尾白虾短，仅稍长于掌部，指节短于腕节。第三步足掌节为指节的1.6～1.8倍，腕节与指节约等长。第五步足掌节为指节长的3.2倍以上。

生态习性 一般栖息于福建厦门以南沿岸低盐浅水中。

地理分布 我国原记录本种分布于福建厦门以南沿岸低盐浅水。本种在我国东南沿海为经济种，但产量不如脊尾白虾高。舟山海域较少见。

东方长臂虾（东方白虾）

49 葛氏长臂虾
Palaemon gravieri (Yu, 1930)

同物异名 Leander gravieri Yu, 1930

分类地位 十足目 Decapoda，腹胚亚目 Pleocyemata，长臂虾总科 Palaemonoidea，长臂虾科 Palaemonidae

形态特征 中小型虾类，体长4～6 cm。体透明，微带淡黄色，具棕红色斑纹。体形较短，步足细长。卵较小，为棕绿色。额角长度等于或稍大于头胸甲长度，上缘基部平直，无鸡冠状隆起，末端稍向上前方扬起，上缘具12～17齿，末端附近尚有1～2个较小的附加齿，下缘具5～7齿。头胸甲具较大触角刺及鳃甲刺；鳃甲沟极明显，长度约为头胸甲的1/3。腹部第三至五节背面中央有不明显的纵脊。尾节长度约为第六腹节的1.5倍。眼甚宽，眼柄粗短，角膜与眼柄长度相等。第一步足伸至第二触角鳞片末端附近，钳极小，其掌部稍长于指，为腕长的1/3或不足1/3。第二步足甚长，钳完全超出第二触角鳞片，掌部约与指节等长，为腕节的4/5或5/6。后3对步足形状相似，均甚纤细，掌节后缘不具小刺。

生态习性 一般栖息于福建厦门以南沿岸低盐浅水中。

地理分布 为我国和朝鲜近海的特有种。国内分布于渤海、黄海、东海。舟山海域很常见，并有一定产量。在舟山市场上，本种是除脊尾白虾之外最常见的长臂虾类。

葛氏长臂虾

50 巨指长臂虾
Palaemon macrodactylus Rathbun, 1902

分类地位 十足目 Decapoda，腹胚亚目 Pleocyemata，长臂虾总科 Palaemonoidea，长臂虾科 Palaemonidae

形态特征 小型虾类，体长一般为3～5 cm。体透明，稍带黄褐色及棕色斑纹，背面条纹模糊不清。卵呈棕绿色。额角约与头胸甲等长，上下缘间甚宽，基部近乎直，末部向上弯曲，上缘具10～13齿，末端附近有1～2个附加小齿，下缘具3～5齿。腹部各节圆滑无脊，仅第三腹节后部稍有隆起。尾节长度约为第六腹节的1.5倍。第一步足钳的全部皆超出第二触角鳞片末端，掌与指长度相等并为腕节的1/4。第二步足甚强大，腕节的大半或全部超出第二触角鳞片末端，掌节长度为指节的1.2～1.3倍，而为腕节的3/4。后3对步足的指节较锯齿长臂虾细长。第三步足掌节长度为指节的2～2.3倍，腕节等于或稍长于指节。第五步足掌节长度为指节的2.3～2.5倍，为腕节的2倍。

生态习性 沿岸和河口底栖。

地理分布 国内分布于渤海、黄海、东海。舟山海域少见。标本采集于舟山近岸海域。

巨指长臂虾

51 锯齿长臂虾
Palaemon serrifer (Stimpson, 1860)

同物异名 *Leander fagei* Yu, 1930；*Leander serrifer* Stimpson, 1860

分类地位 十足目 Decapoda，腹胚亚目 Pleocyemata，长臂虾总科 Palaemonoidea，长臂虾科 Palaemonidae

形态特征 小型虾类，体长一般为 3~4 cm，体形与葛氏长臂虾相似，但额角稍短。体无色透明，头胸甲上有纵向排列的棕色细纹，腹部各节有同样的横纹及纵纹。额角长度等于或稍短于头胸甲，可伸至第二触角鳞片末端附近，末端平直，不向上扬起。额角上缘具 9~11 齿，末端附近有附加小齿 1~2 个，下缘具 3~4 齿。腹部各节背面圆滑无脊。第三颚足伸至第一触角柄的末端。第一步足细小，伸至第二触角鳞片末端或稍超出，掌与指长相等，约为腕节的 1/3 或 2/7。第二步足较长，钳的全部或腕的 1/2 超出第二触角鳞片末端。后 3 对步足较葛氏长臂虾的粗短，掌节后缘皆具 4~6 枚活动小刺。第三步足的指节超出第二触角鳞片，指节短而宽，其长为宽的 3.3 倍，掌节较粗，其长度为指节的 3 倍，为腕节的 1.75 倍。第五步足指节长度约为宽度的 4.5 倍。

生态习性 沿岸底栖。

地理分布 国内分布于渤海、黄海、东海、南海。舟山海域很常见。标本采集于舟山普陀东极岛、莲花洋等地岩相潮池中。

锯齿长臂虾

52 细指长臂虾

Palaemon tenuidactylus Liu, Liang & Yan, 1990

分类地位 十足目 Decapoda，腹胚亚目 Pleocyemata，长臂虾总科 Palaemonoidea，长臂虾科 Palaemonidae

形态特征 小型虾类，成体体长5～6 cm。体透明，全身散布浓密的不规则红褐色虫纹。本种与葛氏长臂虾极相似，但其额角较平直，末端向上扬起不显著；第二步足指节明显长于掌节。额角约为头胸甲长度的1.5倍，上缘较平直，中部前方稍稍向下凹，末端稍稍向上扬起，上缘具13～20齿，基部2～3齿位于眼眶后方头胸甲上，末端具1～2个附加小齿；下缘具5～7齿。头胸甲触角刺与鳃甲刺约等大，鳃甲沟长约为头胸甲长的2/5。腹部第三节背面中央有1钝纵脊。尾节背面具2对背刺，后侧角具2对刺。眼柄粗短，角膜与眼柄约等长。第一步足约伸至鳞片的末端，指节与掌部等长，腕节为指节长的2.9～3.1倍。第二步足粗壮，掌节2/3超出鳞片的末端，指节为掌节长的1.1～1.4倍，可动指的切缘基部具2个齿突，近基部的一个较小，腕节为掌节的1.4～1.7倍。后3对步足形状相似，均纤细，掌节后缘不具活动小刺。后3对步足的掌节稍超出鳞片的末缘。第五步足掌节约1/3超出鳞片的末缘，指节通常稍长于腕节，掌节长为指节的1.4～1.9倍。

生态习性 一般栖息于河口内外，为半咸水种。

地理分布 国内分布于北部、东部各河口的半咸水域，长江口、黄河口、海河口、辽河口内外常见，但数量不多。舟山海域少见。标本采集于舟山北部近海。

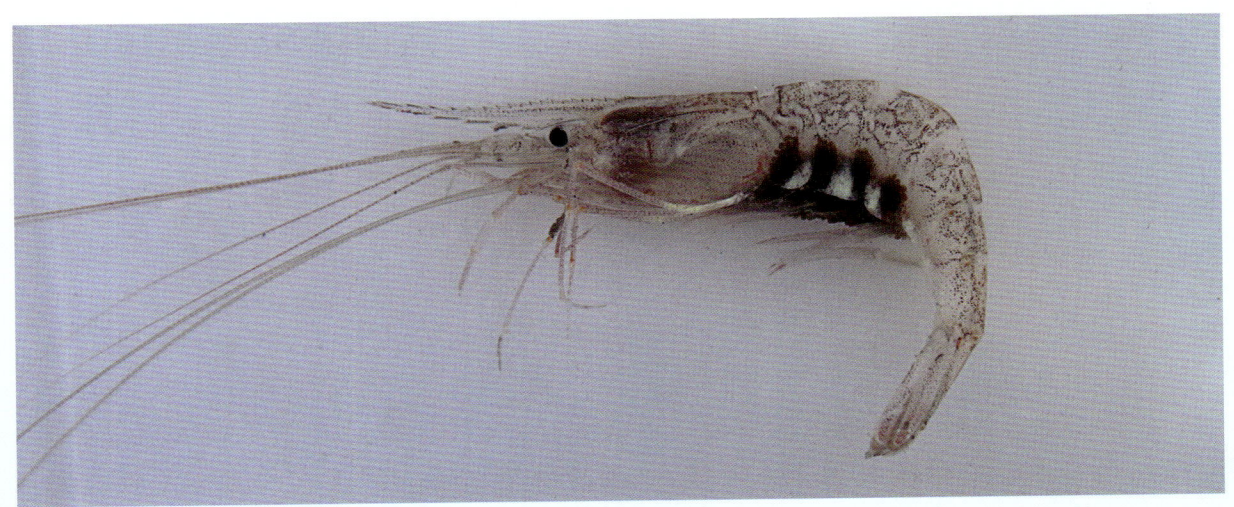

细指长臂虾

53 日本江瑶虾
Conchodytes nipponensis (De Haan, 1844)

同物异名 *Hymenocera niponensis* De Haan, 1844; *Pontonia nipponensis* De Haan, 1849

分类地位 十足目 Decapoda，腹胚亚目 Pleocyemata，长臂虾总科 Palaemonoidea，长臂虾科 Palaemonidae

形态特征 小型虾类，体长3 cm左右。身体背面光滑。活体呈浅粉红色。额角短，上下扁且不具齿。第四至六腹节常弯向腹面。尾节背面两侧具3对可动刺，末端有2对等长的刺。眼小。第一触角柄较粗短；第二触角鳞片很宽。第一步足细弱，两指内缘几乎是直的，指节长度约与掌节等长；第二步足巨大，左右不对称，右螯比左螯大，尤其是掌节特别大，可动指内缘有2个粗钝齿，末端钩曲；后3对步足的形状大致相同，指节末端分两叉，后缘有1齿状突起。

生态习性 经常雌雄几只共栖于江瑶等贝类的外套腔内。

地理分布 我国沿海广布。舟山海域偶见。标本采集于舟山近岸海域渔获物中。

日本江瑶虾（标本第二步足左螯缺失）

七、长额虾总科 Pandaloidea Haworth, 1825

(九) 长额虾科 Pandalidae Haworth, 1825

额角发达，通常较细长。第一步足简单，不呈完整钳状；第二步足腕节分若干小节；所有步足无外肢。

舟山记录2属3种，本书收录2属2种。

54 东海红虾
Plesionika izumiae Omori, 1971

分类地位 十足目 Decapoda，腹胚亚目 Pleocyemata，长额虾总科 Pandaloidea，长额虾科 Pandalidae

形态特征 小型虾类，体长可达5 cm。头胸甲和腹部各节表面光滑。全身红色，第三腹节背面常有1块深红色斑。额角长度约为头胸甲的1.5倍，中部稍向下凹，前半部上曲，上缘基部具7~8个可动齿（其中4~5齿位于头胸甲上），其前面有5个不可动齿，且齿间相隔较宽，下缘具10~13齿；额角后脊短。头胸甲具触角刺和前侧角刺。各腹节背面光滑而不成脊，第六腹节长度为第五腹节的2倍。尾节背面两侧和末端各具3对小刺。眼大，角膜比眼柄宽。第一步足纤细，不呈钳状，指节细长。第二步足呈小钳状，左右两侧不对称，左侧的步足极细长，其长度约为头胸甲的3倍，腕节特别细长，由80余小节构成，长节和座节前端也分成许多小节，钳小，末端钩曲；右侧的步足短小，腕节由10多小节构成，长节及座节前端不分节，钳比左侧的大，指节超过掌节的1/2。后3对步足基本相似，均细长，指节约为掌节的1/2。

生态习性 常群栖于浅海的软泥质海底。雌性在5月间抱卵。

地理分布 国内分布于浙江近海外侧海区，以及东海。舟山海域少见。标本采集于舟山普陀中街山列岛外侧海域。

东海红虾

55 滑脊等腕虾
Procletes levicarina (Spence Bate, 1888)

同物异名 *Dorodotes levicarina* Spence Bate, 1888; *Heterocarpoides levicarina* (Spence Bate, 1888); *Heterocarpus* (*Heterocapoides*) *glabrus* Zarenkov, 1971; *Heterocarpus* (*Heterocarpoides*) *levicarina* (Spence Bate, 1888); *Procletes biangulatus* Spence Bate, 1888

分类地位 十足目 Decapoda，腹胚亚目 Pleocyemata，长额虾总科 Pandaloidea，长额虾科 Pandalidae

形态特征 小型虾类，体长3 cm左右。甲壳光滑。身体半透明，呈白色或浅粉色。卵呈绿色。额角细长，稍长于头胸甲，末端尖，超过第二触角鳞片，上缘几乎与头胸甲相平而中部微向下曲，上缘具10齿左右，后方有4齿位于头胸甲上，下缘具5～6齿。头胸甲背面中线具有纵脊，头胸甲上具触角刺、颊刺，自两刺后方各成棱起。第一至五腹节背面具纵脊，其中第三至五腹节的纵脊向后突出成末端刺。尾节背面具浅纵沟，两侧各具3对刺，尾节与尾肢略等长。第二触角鳞片超过第一触角柄。第一步足短而简单；第二步足左右相称，腕节由6个小节构成；后3对步足形状相同；步足无外肢。

生态习性 近岸底栖。

地理分布 国内分布于东海、南海。舟山近岸海域广布。

滑脊等腕虾

八、异指虾总科 Processoidea Ortmann, 1896

(十)异指虾科 Processidae Ortmann, 1896

额角短,无齿。大颚不具门齿或大颚须。所有步足无外肢,或仅第一步足具外肢;步足不具肢鳃;第一步足一侧(通常右侧)呈钳状,另一侧简单,若两侧均为钳状,则额角顶端具缺刻;第二步足均呈钳状,但常不对称,腕节和长节分数小节。尾节具纵沟。

舟山记录1属1种,本书收录1属1种。

56 日本异指虾
Hayashidonus japonicus (De Haan, 1844)

同物异名 *Nika japonica* De Haan, 1844; *Processa japonica* De Haan, 1849

分类地位 十足目 Decapoda,腹胚亚目 Pleocyemata,异指虾总科 Processoidea,异指虾科 Processidae

形态特征 小型虾类,体长3~4 cm。全身呈粉红色,卵呈黄色。体略呈圆柱形,且头胸甲及腹部均无脊突。额角短而无齿,远不达眼的末端,背面呈三角形。第一触角上鞭比下鞭要长。第三颚足长大,远超过第二触角鳞片。第一步足短而粗壮,左右不对称,一侧为钳状,一侧简单呈指状;第二步足细长,为钳状,腕节和长节均由多数小节组成;第三步足比第二步足更为粗长,末节呈爪状。

生态习性 一般栖息于浅海的沙质海底。

地理分布 国内分布于东海、南海。浙江省有发现,但不常见。舟山海域罕见。标本采集于舟山普陀东福山岛近海及嵊泗北部近海。

日本异指虾

九、鼓虾总科 Alpheoidea Rafinesque, 1815

（十一）鼓虾科 Alpheidae Rafinesque, 1815

额角短小或全无，不呈锯齿状。头胸甲光滑，多无触角刺，有时具眼上刺及颊刺。大颚多有门齿部及臼齿部。第二颚足末端第一节接于第二节的侧面；第三颚足具外肢。第一步足呈钳状，强大，左右多不对称；第二步足细小，呈钳状，其腕节由3~5小节组成；后3对步足呈爪状。步足皆具肢鳃。尾节宽而短，呈舌状。

舟山记录3属8种，本书收录3属7种。

57 短脊鼓虾
Alpheus brevicristatus De Haan, 1844

同物异名 *Alpheus kingsleyi* Miers, 1879

分类地位 十足目 Decapoda, 腹胚亚目 Pleocyemata, 鼓虾总科 Alpheoidea, 鼓虾科 Alpheidae

形态特征 小型虾类，体长可达4 cm。甲壳光滑而坚硬，身体上的花纹似长指鼓虾，但较模糊不清。额角较短，仅伸达第一触角柄第一节的中部；额角后脊仅伸至眼柄基部。眼完全被头胸甲所覆盖。第一触角柄第二节较长，柄刺较宽而短。第一步足的大螯稍窄而长，钳长约为掌宽的3倍，可动指稍短于掌部，掌部外缘近可动指处有1横沟，但无缺刻，内缘完整无沟，背面和腹面皆无粒状突起；小螯细长，指长为掌部的2.5~3倍，两指内缘具稀疏的毛，小螯的背面和腹面均无小粒状突起，但有较稀疏的短毛。第二步足腕节由5小节构成。尾节宽而短，背面中央纵沟较宽深，沟之前部有短毛。

生态习性 一般栖息于潮线附近的泥沙中。

地理分布 国内分布于东部沿海各海区。舟山海域偶见。标本采集于舟山普陀桃花岛。

短脊鼓虾

58 双凹鼓虾
Alpheus bisincisus De Haan, 1849

同物异名 *Alpheus bis-incisus* De Haan, 1849; *Alpheus bisincisus malensis* Coutière, 1905; *Alpheus bis-incisus* var. *malensis* Coutière, 1905; *Alpheus bis-incisus* var. *stylirostris* Coutière, 1905; *Alpheus bisincisus* var. *variabilis* De Man, 1909

分类地位 十足目 Decapoda，腹胚亚目 Pleocyemata，鼓虾总科 Alpheoidea，鼓虾科 Alpheidae

形态特征 小型虾类，体长4 cm左右。身体呈橙红色，有明显的花纹。腹部各节有棕褐色斑点。额角尖锐，背面扁平，悬垂于侧沟上，终止于眼罩后方。第一触角柄第一节可见部分稍长于第三节，第二节长约为宽的2倍，为第三节长的1.5倍。大螯粗短，长约为宽的2.5倍，掌宽于指，指节的杵突较发达，长节内下缘末端具1强齿。小螯雌雄异形；雄性指节具刚毛环，长约为宽的4倍，指约与掌部等长；雌性指节不具刚毛环，长约为宽的4.5倍，指稍长于掌。第三步足座节具1枚刺；长节无刺；腕节约为长节长的1/2，上下缘末端稍突出；掌节约为长节的0.7倍，下缘约具8枚刺；指节简单，约为掌节长的2/5。尾节背刺较大，前对背刺约在3/7处，后对约在2/3处，后缘弓形。

生态习性 一般栖息于潮下带的砾石滩。

地理分布 我国沿海均有分布。舟山海域罕见。

双凹鼓虾

59 长指鼓虾
Alpheus digitalis De Haan, 1844

同物异名 *Alpheus distinguendus* De Man, 1909; 鲜明鼓虾

分类地位 十足目 Decapoda，腹胚亚目 Pleocyemata，鼓虾总科 Alpheoidea，鼓虾科 Alpheidae

形态特征 小型虾类，体长4～6 cm。身体颜色鲜艳，有明显的花纹，头胸甲胃区以后有3条棕黄色半环状斑纹。腹部各节有棕黄色纵斑，第四腹节近后缘处有3个棕黄色圆点。额角呈短刺状，额角后脊伸至头胸甲中部附近。头胸甲光滑无刺。腹部各节粗短而圆。尾节呈舌状，背面中央有1纵沟，其两侧前后各有1对活动刺，后侧角各有2枚活动小刺，尾节末缘有1列小刺。眼完全覆盖于头胸甲下。第一步足左右不对称，雄性较雌性强大；大螯扁平，外缘较内缘厚，表面多细颗粒状突起，指长为掌部的3/5，指长和掌宽相等；小螯较短，两指向内弯曲，内缘具丛生密毛，掌部表面有颗粒状突起。第二步足细长，指长为掌部的1.7倍，腕节由5个小节组成。后3对步足由前向后渐小，指节呈三棱形的尖叶片状，座节腹面各有1枚粗短的活动刺，第三步足掌节腹缘具3枚短刺，第四步足掌节腹缘具5枚短刺，第五步足掌节虽无刺，但在腹缘末半部具有排列整齐的短毛。

生态习性 一般栖息于低潮带及浅海的沙泥中或石块下。多在秋季繁殖。

地理分布 我国东部沿海均有分布。舟山海域很常见。

长指鼓虾

60 日本鼓虾
Alpheus japonicus Miers, 1879

同物异名 *Alpheus longimanus* Spence Bate, 1888

分类地位 十足目 Decapoda，腹胚亚目 Pleocyemata，鼓虾总科 Alpheoidea，鼓虾科 Alpheidae

形态特征 小型虾类，常见体长为3～4 cm。甲壳光滑而较坚硬，身体颜色不鲜艳，呈浅橙红或绿褐色。额角短而尖，达第一触角柄第一节的末端；额角后脊不明显，较宽而短，两侧具浅沟，仅至眼的基部。尾节背面圆滑无纵沟，具2对可动刺，尾节后缘呈弧形，后侧角各具2枚可动小刺。大螯细长，其长为宽的3～4倍，掌为指长的2倍左右，掌部的内、外缘在可动指基部后方各有1极深的缺刻，掌部外缘末端在可动指的基部背、腹两面各具1短刺，不动指背面切断缘中部突出，略成直角，可动指的内缘基部缺凹而狭窄；小螯细长，其长度与大螯相近，指节稍短于掌部，掌部近圆筒状，在外缘近活动指基部处，背面和腹面各具1刺。第二步足腕节由5个小节组成。第三至五步足的指较尖细，呈三棱状，第三、四步足掌节腹缘的活动刺较长。

生态习性 一般栖息于浅海的泥沙中。

地理分布 国内分布于东部各海区。舟山浅海广布。

日本鼓虾

61 叶齿鼓虾
Alpheus lobidens De Haan, 1849

同物异名 *Alpheus crassimanus* Heller, 1862; *Alpheus lobidens polynesica* Banner & Banner, 1975

分类地位 十足目 Decapoda，腹胚亚目 Pleocyemata，鼓虾总科 Alpheoidea，鼓虾科 Alpheidae

形态特征 小型虾类，成体体长4～5cm。甲壳光滑而坚硬，全身呈绿褐色，腹节侧缘呈蓝绿色，尾肢末半呈蓝绿色。额角尖三角形，伸至第一触角柄第一节近末端，侧沟较浅，额脊不甚明显。左右螯不等大，大螯长约为宽的2.4倍，指约为螯长的2/5，掌上缘邻近指关节处有1横沟，横沟分别向两侧面延伸形成三角形和四边形凹陷；掌部内侧面近端近下缘有1较窄的纵凹陷；长节内下缘近末端具1齿。小螯雌雄异形，雄性小螯指稍短于掌部，掌部的缺刻、凹陷与大螯相似，但稍退化；雌性小螯指约与掌部等长，掌部的缺刻几乎完全退化。长节内下缘近末端具1齿。第二步足腕节分5小节。第三步足座节具1枚刺，长节和腕节无刺，掌节下缘约具10枚刺，指节简单。尾节长大于宽，具2对背刺，后缘稍圆。

生态习性 常潜伏于低潮带及浅海的沙泥中或石块下。

地理分布 国内分布于渤海、东海、台湾、南海。舟山海域少见。标本采集于舟山普陀桃花岛、定海岙口等地岩礁潮间带。

叶齿鼓虾

62 日本角鼓虾
Athanas japonicus Kubo, 1936

同物异名 *Athanas lamellifer* Kubo, 1940

分类地位 十足目 Decapoda，腹胚亚目 Pleocyemata，鼓虾总科 Alpheoidea，鼓虾科 Alpheidae

形态特征 小型虾类，体长3 cm左右。新鲜个体全身散布点状红色色素。额角较鼓虾属长而大，可伸到第一触角柄第二节末端；额脊直伸，仅向后延伸到眼眶处；无眼上刺，眼后刺和眼下刺尖锐。螯肢可向后弯曲。头胸甲前侧角无尖锐刺。大螯细长，指节明显短于掌节，可动指背部具刀片状脊，切缘平整，不动指切缘具大小不规则齿；小螯腕节稍短于长节，约与座节和螯等长，指节稍短于掌节。第二步足腕节具5个小节。尾节背侧具2对刺，末缘也具2对刺。

生态习性 一般栖息于潮间带的泥滩、石块下、红树林根部和死珊瑚的洞中。

地理分布 国内分布于黄海、东海、南海。舟山海域偶见。

日本角鼓虾

63 粒螯乙鼓虾
Betaeus granulimanus Yokoya, 1927

同物异名 *Betaeus murayamai* Yokoya, 1936; *Betaeus yokoyai* Kubo, 1936

分类地位 十足目 Decapoda，腹胚亚目 Pleocyemata，鼓虾总科 Alpheoidea，鼓虾科 Alpheidae

形态特征 中小型虾类，体长可达8 cm。甲壳光滑，大小螯具颗粒状突起，身体呈灰绿色或淡橘红色。无额角。眼小，完全被头胸甲所覆盖。第一步足粗壮，从基节到钳部都具有小点状颗粒，左、右足大小不对称，右足大于左足；可动指位于下方；右钳两指内缘近基部各具2个齿突，闭合时中间呈不规则空隙，指节末端钩曲；左钳两指内缘平直，闭合时没有空隙，末端钩曲。各腹节背面光滑无脊。第六腹节在后侧角处具1活动板。尾节宽，背侧具2对可动刺，末缘呈弧形，生有长毛。

生态习性 一般栖息于潮下带的砾石滩。

地理分布 国内分布于浙江北部海域、东海。舟山海域罕见。标本采集于舟山普陀桃花岛。

粒螯乙鼓虾

（十二）藻虾科 Hippolytidae Spence Bate, 1888

额角较发达。大颚有臼齿，其接触面周围环以梳状短毛。第三颚足末部甚扁，通常有硬刺数枚。步足均不具外肢；第一步足小钳状；第二步足细长，腕节分许多小节，钳甚小。腹部第三及第四节间较屈曲。

舟山记录2属5种，本书收录2属3种。

64 水母深额虾
Latreutes anoplonyx Kemp, 1914

分类地位 十足目 Decapoda，腹胚亚目 Pleocyemata，鼓虾总科 Alpheoidea，藻虾科 Hippolytidae

形态特征 小型虾类，体长2～3 cm，雌性个体较雄性个体粗大。体短而粗，全身呈暗红色。额角侧面略呈三角形，雌性短而宽，上、下缘均膨凸，雄性长而狭，几近长三角形；额角的齿数变化较大，上缘具7～22齿，下缘具6～11齿。头胸甲前侧角呈锯齿状，具8～12个小齿；胃上刺小，距头胸甲前缘较近。眼甚短粗，眼柄宽于角膜。第一步足最短；第二步足细长，腕节由3个小节构成，以第二小节最长；第三至五步足细长，指节单爪，腹缘具4枚或5枚细刺，掌节腹缘具5枚或6枚小刺；前4对步足均具钩状肢鳃。雌性的腹部较雄性的粗而短，背面圆滑，无明显的纵脊。尾节背面近边缘处有2对可动小刺，两侧各有1对长短活动刺。

生态习性 一般栖息于泥沙底的浅海，常与海蜇共生，附着在其口腕上。繁殖季节多在每年9—10月。

地理分布 国内分布于东部沿海各海区。舟山海域少见。标本采集于舟山近岸海域。

水母深额虾

65 疣背深额虾
Latreutes planirostris (De Haan, 1844)

同物异名 *Hippolyte planirostris* De Haan, 1844; *Latreutes dorsalis* Stimpson, 1860

分类地位 十足目 Decapoda，腹胚亚目 Pleocyemata，鼓虾总科 Alpheoidea，藻虾科 Hippolytidae

形态特征 小型虾类，体长1~2 cm。甲壳光滑。全身呈粉红色，颚足颜色较深。卵呈绿色。额角为长三角形，雌性的短而宽，伸至第二触角鳞片末端附近，上缘末半稍向下斜，雄性的长而窄，超出第二触角鳞片末端，上缘平直；额角齿数变化大，上缘具7~15齿，下缘具6~11齿，且锯齿多在额角之末半部；雌性的锯齿通常较雄性的大。头胸甲前侧角通常具8~11齿；胃上刺较大，距头胸甲前缘较远，其尖端向下弯曲，刺后的脊起较高，延伸至头胸甲中部以后，脊后有1明显突起；雄性的胃上刺及其后方的突起较雌性的小，而且胃上刺的位置也较接近前缘。第一、二步足指节单爪；第三至五步足的指节末端为双爪，第二爪较小，腹缘具4~5枚活动刺，较水母深额虾稍粗大；前4对步足各具1肢鳃。第二、三腹节背面中央脊起明显。尾节和第六腹节较水母深额虾细长，其长度稍短于头胸甲或与之相等。

生态习性 一般栖息于底质为沙质、粉沙质黏土软泥的浅海的外侧海区，喜附着于其他物体上。繁殖季节在初夏。

地理分布 国内分布于渤海、黄海、东海。舟山海域偶见。标本采集于舟山近岸海域渔获堆中。

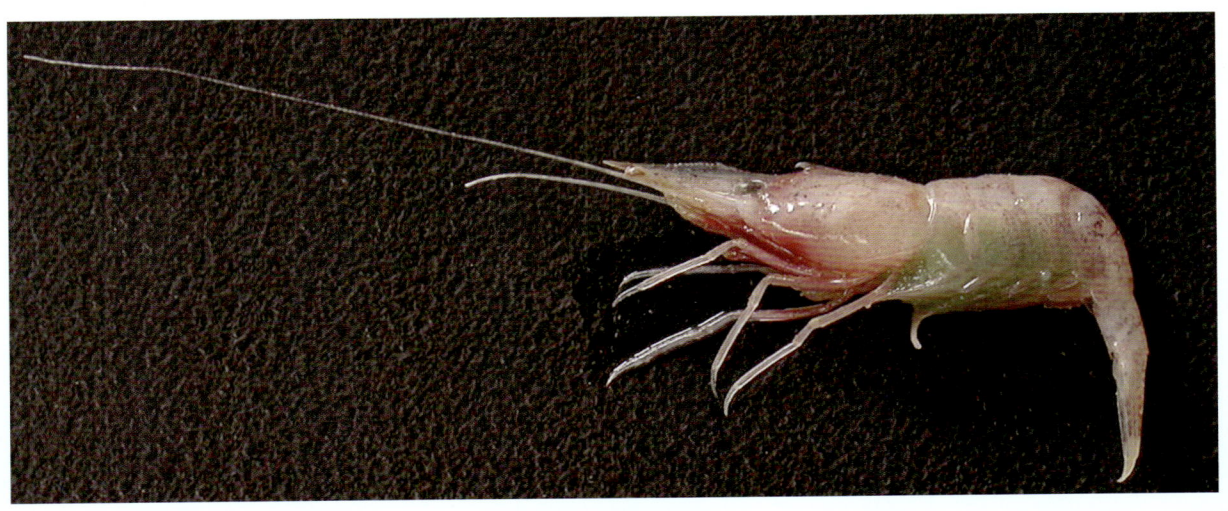

疣背深额虾

66 多齿船形虾
Tozeuma lanceolatum Stimpson, 1860

分类地位 十足目 Decapoda，腹胚亚目 Pleocyemata，鼓虾总科 Alpheoidea，藻虾科 Hippolytidae

形态特征 小型虾类，体长2～3 cm。全身呈浅褐色或草绿色。身体狭长。额角特别细长，上缘无齿，下缘38齿，靠近末部齿间距较大，额角近基部下缘扩展成三角形。第一步足粗壮；第二步足螯状，腕节分3小节；后3对步足形状相同。第三腹节背面末端向后下方弯曲突出；第四、五腹节末端突出成刺。尾节超过尾肢，有3对侧刺。

生态习性 一般栖息于近岸浅海的泥沙质海底。

地理分布 国内分布于东海、南海。舟山海域罕见。标本采集于舟山外海。

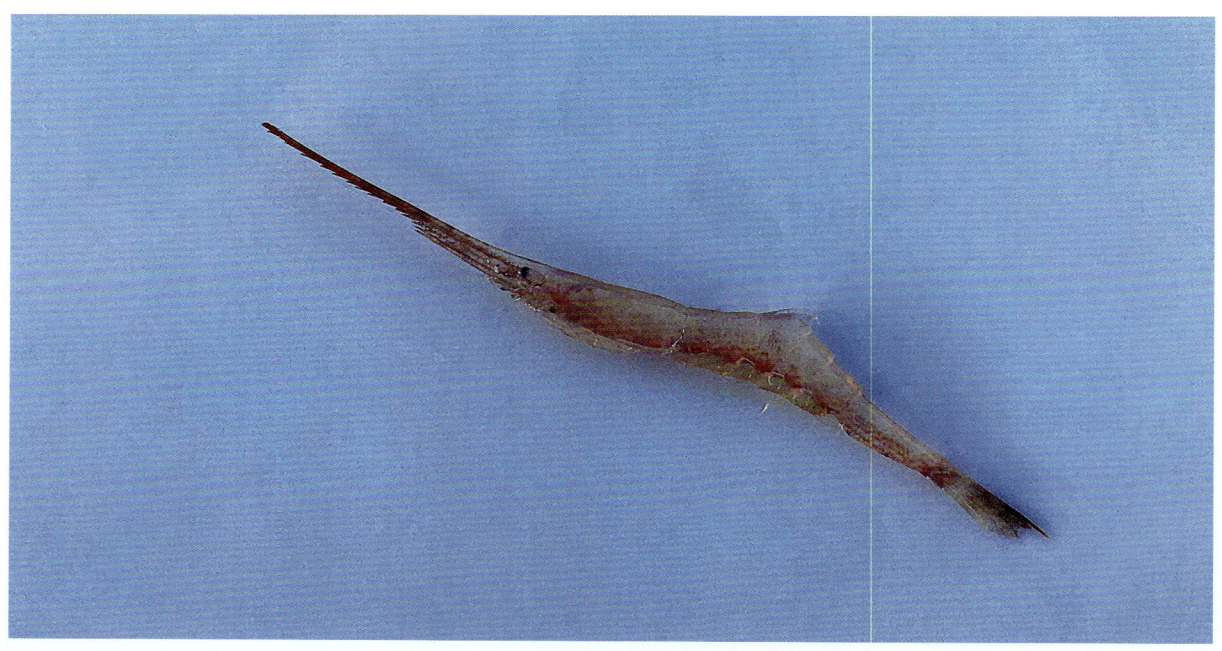

多齿船形虾（刘攀供图）

(十三)鞭腕虾科 Lysmatidae Dana, 1852

头胸甲具触角刺及胃上刺,无眼上刺。额角短于头胸甲,末端超过眼,具齿。第一触角具2鞭。大颚仅具臼齿部,无门齿部及触须。第三颚足具外肢。步足基部无关节鳃;前4对步足基部具肢鳃;第二对步足腕节分数节。腹部各节后缘中部无刺,侧甲边缘光滑无齿。

舟山原记录2属2种,新发现1种;本书收录2属3种。

67 长额拟鞭腕虾
Exhippolysmata ensirostris (Kemp, 1914)

分类地位 十足目Decapoda,腹胚亚目Pleocyemata,鼓虾总科Alpheoidea,鞭腕虾科Lysmatidae

形态特征 小型虾类,常见体长2~4 cm。甲壳光滑,头胸甲呈浅粉色,额角呈淡红色,腹甲呈白色。额角细长,其长度约为头胸甲的1.7倍,基部呈鸡冠状脊突,其上具11小齿,上缘前方具2齿,齿间隔较远,下缘具6~7齿。头胸甲上具触角刺、颊刺和胃上刺。尾节背面具2对小刺。第二步足腕节由12~17小节构成,长节分7~11小节,掌部短于腕节的最后一小节,而略长于指节;后3对步足形状相同,在长节的腹缘具若干小刺,指节后缘也具若干小刺。

生态习性 一般栖息于浅海的粉质黏土软泥底。

地理分布 国内分布于东海、南海。舟山海域少见。标本采集于舟山近岸海域。

长额拟鞭腕虾

68 红条鞭腕虾
Lysmata vittata (Stimpson, 1860)

同物异名 *Hippolysmata durbanensis* Stebbing,1921；*Hippolysmata vittata* Stimpson,1860；*Hippolysmata vittata* var. *subtilis* Thallwitz,1891；*Nauticaris unirecedens* Spence Bate,1888

分类地位 十足目 Decapoda，腹胚亚目 Pleocyemata，鼓虾总科 Alpheoidea，鞭腕虾科 Lysmatidae

形态特征 小型虾类，体长2～3 cm。身体呈粉红色，具粗细相间的鲜红色纵纹。额角短，稍向下曲，其长度为头胸甲的2/3，伸至第一触角柄第三节基部附近，上缘具7～8齿，下缘具3～5齿。头胸甲具触角刺、颊刺和胃上刺。眼柄较短。第一步足粗短，掌部较指节长，但短于腕节，两指的内缘弯曲，基部形成1空隙，仅末部能合拢；第二步足细长，腕节由19～22小节构成，长节由9～11小节构成，钳甚小，指节稍短于掌部；第三至五步足相似，指节呈双爪状，腹缘有4枚或5枚小刺；前4对步足皆具肢鳃。腹部各节光滑无脊。尾节基部甚宽，末端较窄，中央形成1小尖刺，其两侧各具2对活动刺，背面具2对背侧刺；尾肢比尾节长。

生态习性 一般栖息于近岸浅海的泥沙底或岩隙间，多混杂于脊尾白虾等虾群中。

地理分布 国内分布于东部沿海各海区。舟山近岸海域广布。

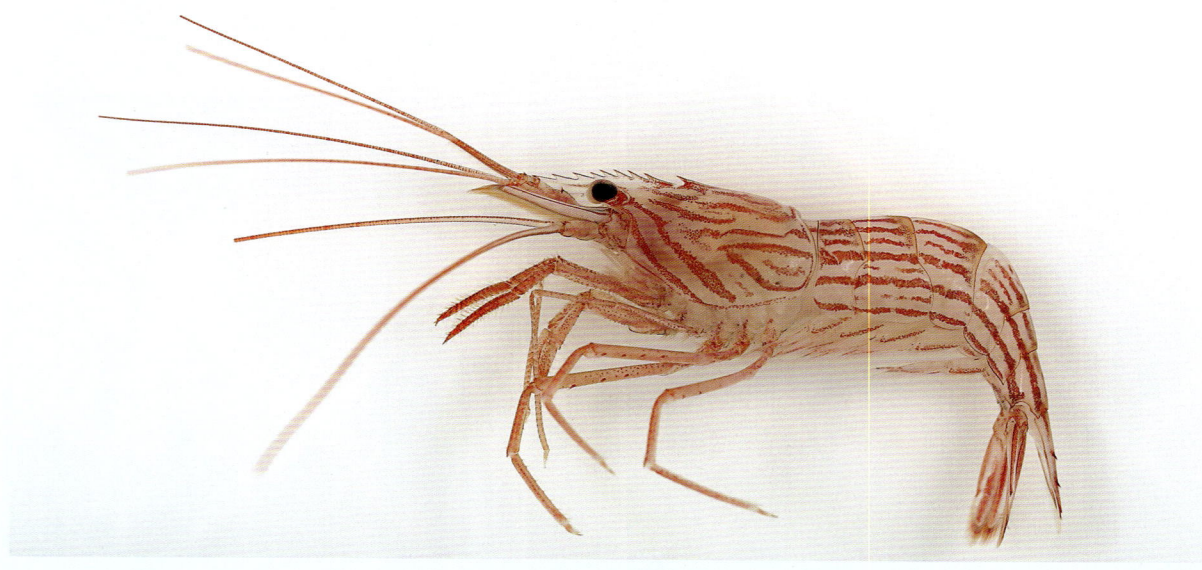

红条鞭腕虾

69 横斑鞭腕虾
Lysmata kuekenthali (De Man, 1902)

同物异名 *Hippolysmata kukenthali* (De Man，1902); *Hippolysmata marleyi* Stebbing，1919; *Hippolyte kuekenthali* De Man，1902; *Hippolyte kükenthali* De Man, 1902

分类地位 十足目 Decapoda，腹胚亚目 Pleocyemata，鼓虾总科 Alpheoidea，鞭腕虾科 Lysmatidae

形态特征 小型虾类，采集标本体长4 cm。身体呈粉红色，身上条纹较红条鞭腕虾更粗大，头胸甲条纹呈斑块状，腹部各节背面具粗大的红色横纹。额角上缘有4~6齿，头胸甲上最后一齿在胃区上方，下缘具1~3齿。触角上的刺极小。第二步足细长，腕节由17~20小节组成，形如鞭状。尾节的背侧缘、末缘各有2对刺。

生态习性 一般栖息于近岸浅海。

地理分布 国内原记录于南海北部。舟山海域罕见。标本采集于舟山普陀莲花洋岩礁，为舟山首次记录。

横斑鞭腕虾

（十四）长眼虾科 Ogyrididae Holthuis, 1955

额角退化或缺失。眼柄极细长，超过第一触角柄。前2对步足呈螯状，大小相近，不显著大于其他步足。第二步足腕节分成数节。

舟山记录1属1种，本书收录1属1种。

70　东方长眼虾
Ogyrides orientalis (Stimpson, 1860)

同物异名　*Ogyris orientalis* Stimpson, 1860

分类地位　十足目 Decapoda，腹胚亚目 Pleocyemata，鼓虾总科 Alpheoidea，长眼虾科 Ogyrididae

形态特征　小型虾类，体长2～3 cm。体半透明，体表散布浅红色斑点，在各腹节末缘集聚为红色横斑。额角短小，上下缘不具齿。头胸甲表面散布小凹点及短毛；背面中央前半部具纵脊，脊前部具3～5枚活动刺；具微小的触角刺。眼小，但眼柄特细长，眼柄基部较粗，向末端渐细，长约为头胸甲长的一半，略超过第一触角柄末端。第三颚足细长，呈棒状，具外肢。前2对步足细小，呈钳状；第二步足腕节分4节；后3对步足指节呈长叶片状。第三步足粗短，第五步足极纤细。腹部圆滑，第五和第六腹节间较弯曲，第六腹节背面前缘隆起。尾节约与第六腹节等长，略呈倒梯形，末缘弧形，背面两侧具2对活动小刺，侧缘后角具2对小刺。尾肢的内、外肢末端均很窄，外肢较长，其外缘向内曲，具短羽状毛。

生态习性　一般潜伏于浅海和深海的泥沙质海底。

地理分布　国内分布于渤海、黄海、东海、南海北部。舟山海域罕见。标本采集于舟山北部河口底泥中。

东方长眼虾

（十五）托虾科 Thoridae Kingsley, 1878

额角不可动，不具关节。头胸甲不具心侧缺刻。眼不被头胸甲覆盖。小触角背鞭短而粗壮，具嗅觉毛。第三颚足少于7节。第一和二步足具螯；第二步足腕节分6～7小节，长节一般不分小节。

舟山记录2属3种，本书收录2属3种。

71 中华安乐虾
Eualus sinensis (Yu, 1931)

同物异名	*Spirontocaris sinensis* Yu, 1931
分类地位	十足目 Decapoda，腹胚亚目 Pleocyemata，鼓虾总科 Alpheoidea，托虾科 Thoridae
形态特征	小型虾类，体长2～3 cm。体形粗短，身体上浓绿及棕黄色斑纹相间。卵呈棕色。额角较短，上缘具4～8齿，下缘仅近末端有2～3齿。头胸甲仅具触角刺。第一步足粗短，指短于掌部，腕节与掌部等长；第二步足细长，腕节由7小节构成，其中第三小节最长；第三、四步足指节宽而短，腹缘有3～4枚小刺，掌节腹缘具大约10枚小刺，长节外侧腹缘末端有3～5枚活动小刺；第五步足与前2对步足相似，但掌节腹缘末端有许多细刺毛，长节通常仅具1枚活动小刺；第三颚足及第一、二步足均具钩状肢鳃。第四、五腹节侧甲的后侧角呈刺状。尾节具4对活动背侧刺；尾肢外肢的外缘近末端有1枚活动刺。
生态习性	一般栖息于岩礁质潮下带。
地理分布	国内分布于黄海、东海。舟山海域偶见。标本采集于舟山普陀莲花洋潮池中。

中华安乐虾

72 长足七腕虾
Heptacarpus futilirostris (Spence Bate, 1888)

同物异名 *Nauticaris futilirostris* Spence Bate, 1888

分类地位 十足目 Decapoda，腹胚亚目 Pleocyemata，鼓虾总科 Alpheoidea，托虾科 Thoridae

形态特征 小型虾类，体长 2~3 cm。雄性个体大于雌性个体。头胸甲上具黄褐色与青绿色相间的斑纹，腹部为纵斑。卵呈褐绿色。额角侧扁，稍短于头胸甲，末部稍向下斜，上缘具 4~7 齿，其中 2 齿位于头胸甲上，下缘末部具 2~3 齿。头胸甲具触角刺和颊刺。腹部屈曲，第四至六腹节侧甲的后侧角呈尖刺状。尾节细长，背面有 4 对活动小刺，两侧有 2 对活动刺。雄性第三颚足特别粗大，长于体长，基部粗圆，末端稍扁，背面及边缘具 6~7 枚硬刺；雌性第三颚足的长度仅为体长的一半。雄性第一步足特别粗大，约与体长相等，掌部为指长的 3 倍，两指的尖端呈弯爪状，其两侧各有 1~2 枚较小的刺；雌性第一步足短小，不到体长的 1/2，掌部约为指长的 2 倍。第二步足细长，腕节由 7 小节构成，钳小。后 3 对步足形状相同，指节宽而短，末端呈双爪状，腹缘具 3 枚或 4 枚小刺。

生态习性 一般栖息于岩石或泥沙底的较清澈的浅海，多附着在海藻或其他物体上。产卵季节为 3~6 月。

地理分布 国内分布于黄海、渤海、东海。舟山海域偶见。标本采集于舟山潮下带。

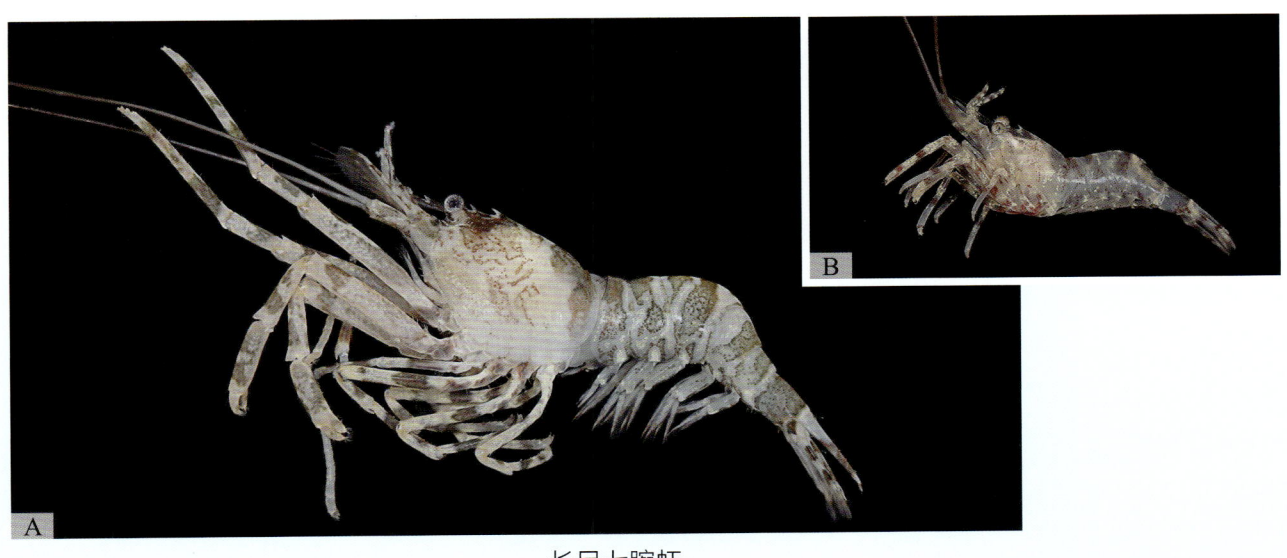

长足七腕虾
A. 雄性　B. 雌性

73 利刃七腕虾
Heptacarpus acuticarinatus Komai & Ivanov, 2008

分类地位 十足目 Decapoda，腹胚亚目 Pleocyemata，鼓虾总科 Alpheoidea，托虾科 Thoridae

形态特征 小型虾类，体长 2 cm 左右，体形较长足七腕虾小。身体透明，有红色斑点。额角长，平直前伸，上缘 4~7 齿，下缘 4~9 齿。额角长于头胸甲，额角后脊向后伸至头胸甲中部。触角刺发达。第一触角柄伸达第二触角鳞片中央，触角刺伸至第二柄节中部。步足无上肢，第一步足长节无刺；第三步足长节具 7~9 枚刺；第四步足长节具 5~7 枚刺；第五步足长节具 3~5 枚刺，指节后缘有 4~5 枚刺。第五腹节侧甲后缘有齿。尾节长约为第六腹节长的 1.3 倍，背面有 4~5 对活动刺，末端有 3 对刺。

生态习性 一般栖息于浅海的海底。在舟山，本种发现于近海水深 59 m 处的底泥中。

地理分布 国内分布于黄海、东海。舟山海域偶见。

利刃七腕虾
A. 原色照 B. 标本照

十、褐虾总科 Crangonoidea Haworth, 1825

（十六）褐虾科 Crangonidae Haworth, 1825

头胸甲常具不明显的雕刻纹。额角短，刺状。眼发达。第三颚足具外肢，上肢有或无。步足除第一对有时有外肢外，其他步足无上肢和外肢；第一步足强壮，有亚螯；第二步足短而纤细，腕节不分节；第三步足细；后2对步足较粗，指节有时膨大。鳃大多8对。

舟山记录3属6种，本书记录3属3种。

74 拉氏爱琴虾
Aegaeon lacazei (Gourret, 1887)

同物异名 *Aegeon brendani* Kemp, 1906; *Aegeon lacazei* (Gourret, 1887); *Crangon lacazei* Gourret, 1887; *Pontocaris habereri* Doflein, 1902; *Pontocaris lacazei* (Gourret, 1887)

分类地位 十足目 Decapoda，腹胚亚目 Pleocyemata，褐虾总科 Crangonoidea，褐虾科 Crangonidae

形态特征 小型虾类，身体纤细，成体头胸甲长1 cm左右。头胸甲前半部呈淡黄色，后半部为红褐色。各腹节呈红褐色，散有白色斑点。尾肢前部呈白色，后部为红褐色。额角分二叉，具1对侧刺。头胸甲有中央背齿4个，距中央背齿最近的第一侧脊有7～9齿，最前端的齿微小，并明显与其他齿分离；第二侧脊前段有1齿，后段有5～9齿；第三侧脊在鳃甲刺后有12～21齿。鳃甲刺通常不超过触角鳞片外缘的1/2。颊刺明显小于触角刺。腹甲具鳞片结构和不连续的脊，第二、三腹节背甲后缘中间处的缺刻一般较浅。第二腹节背脊前端具1锚状大刺，第六腹节一般有2对背侧刺。腹部侧甲的形状雄性有三角形、截形等，抱卵雌性则是阔三角形。尾节有2对背侧刺和3对末刺。

生态习性 一般栖息于浅海和深海的泥沙质海底。

地理分布 国内分布于黄海南部、东海和南海。舟山海域偶见。

拉氏爱琴虾

75 日本褐虾
Crangon hakodatei Rathbun, 1902

分类地位 十足目 Decapoda，腹胚亚目 Pleocyemata，褐虾总科 Crangonoidea，褐虾科 Crangonidae

形态特征 中小型虾类，常见体长为3～6 cm。甲壳表面粗糙，呈褐色，布满暗褐色斑点。头胸甲稍扁平，腹部侧扁。额角短小，稍平扁，无中间沟。头胸甲无带刺的脊，具1个背中央齿。腹节背部光滑，第三至五腹节均具背中央脊，第六腹节背面和腹面均具1条明显的中央沟。尾部背部有中央沟，侧后部有2对小刺。第四、五步足较第二、三步足粗壮，且指节稍平扁，末端呈爪状；第二步足细小，呈钳状。后4对腹肢的内肢甚短小。

生态习性 一般栖息于沙底或泥沙底的浅海，喜潜入海底的沙子中。

地理分布 国内分布于渤海、黄海、东海北部。浙江分布于舟山群岛以北海域。舟山北部海域偶有捕获，产量较少。

日本褐虾

76 污泥疣褐虾
Pontocaris pennata Spence Bate, 1888

同物异名 *Aegeon obsoletum* Balss, 1914

分类地位 十足目 Decapoda，腹胚亚目 Pleocyemata，褐虾总科 Crangonoidea，褐虾科 Crangonidae

形态特征 小型虾类，成体头胸甲长通常小于1 cm。身体呈红色，全身散有白色斑点，头胸甲中部和第一、三腹节及鳃甲刺上有窄的白色横带。腹部侧甲下缘呈白色。额角顶端分叉。头胸甲有中央背齿7～10个。第一侧脊具7～10齿。第二侧脊通常被肝沟分成两段，前段多数2齿，后段2～7齿。第三侧脊具1～10齿。鳃甲刺大，指向外部。颊刺与触角刺等大。第二步足腕节与螯几乎等长。抱卵雌性的第五步足指节呈桨状，外缘具刺。腹部刻画明显，第二、三腹节的侧脊多不连续。第四腹节背部具强刺。第五腹节具背侧齿1～2对，而第六腹节具背侧齿2～5对。第四腹节侧甲上的后末突起一般消失，而第五腹节上通常有后末突起。

生态习性 一般栖息于浅海的泥沙质海底。

地理分布 国内分布于东海、南海。舟山海域偶见。

污泥疣褐虾

阿蛄虾下目 Axiidea

腹部扁平，甲壳常柔软。额角不显著或三角形。眼常具色素，第一步足对称或近对称，螯状。第二步足螯状。雌性无交接器官，第二至五腹肢相近，双枝型。

（十七）美人虾科 Callianassidae Dana, 1852

头胸甲具鳃甲线，心区少具突起。额角尖突或不显著。眼柄一般平扁。第一步足不对称或近对称，第二步足呈螯状。第二腹肢与第三至五腹肢不同，具雌雄差异；第三至五腹肢宽。尾肢外肢边缘多具刚毛。

舟山记录1属1种，新发现1种；本书收录1属1种。

77 细颚美人虾
Callianassidae incertae sedis exilimaxilla (Sakai, 2005)

同物异名 *Callianassa exilimaxilla* Sakai, 2005; *Trypaea exilimaxilla* (Sakai, 2005)

分类地位 十足目 Decapoda，腹胚亚目 Pleocyemata，阿蛄虾下目 Axiidea，美人虾科 Callianassidae

形态特征 小型虾类，体长为1 cm左右。身体透明。额角刺状，伸至眼柄末端。眼柄三角形，末端渐尖。第二触角柄短于第一触角柄。第三颚足细，座节及长节自基部向末端渐细，掌节约为腕节长度的2倍，指节细，末端渐尖。雌性大螯座节下缘近末端具1个齿；长节下缘近基部具1个小齿；腕节三角形，长为宽的1.5倍，基部细；螯部长为腕节的1.8倍，不动指约与掌部等长，内缘近末端具2个圆齿；指节细长，末端弯曲，内缘无齿。小螯细长，无齿。第三至五腹肢为双肢型，内外肢呈宽叶片状。尾节梯形，宽大于长，后缘凹陷，无中刺。尾肢内肢圆，末端圆；外肢长，末端平截，长于内肢。

生态习性 一般栖息于沙底或泥沙底的浅海，喜潜入海底的沙子中。

地理分布 国内原记录于南海。舟山海域偶见。标本采集于舟山近岸海域底泥中。

细颚美人虾

A.标本照　B.原色照

螯虾下目 Astacidea

体呈圆柱形。额角发达，头胸甲不与口前板愈合。前3对步足呈螯状，后2对步足呈爪状。腹肢不具内附肢。尾肢的外肢有1横缝，中间一般有活动关节。

十一、海螯虾总科 Nephropoidea Dana, 1852

（十八）海螯虾科 Nephropidae Dana, 1852

胸部末节的腹甲与前方各节相愈合。第二至五步足的基节与座节不愈合；第一至四步足具片状上肢。上肢与足鳃分离，侧鳃4个。雄性第一、二腹肢具交接器。

舟山记录1属1种，新发现1种；本书收录1属2种。

78 红斑后海螯虾
Metanephrops thomsoni (Spence Bate, 1888)

同物异名 *Nephrops thomsoni* Spence Bate, 1888

分类地位 十足目 Decapoda，腹胚亚目 Pleocyemata，海螯虾总科 Nephropoidea，海螯虾科 Nephropidae

形态特征 大型虾类，成体体长12 cm以上。甲壳坚厚，身体背面呈微红色，第一步足除基部3节外，各节均具红色宽环纹。头胸甲上密布颗粒。额角末端尖锐，前半部显著向上弯曲，从弯曲处向后中间凹下而两侧棱起，延伸至颈沟附近；在额角上缘具2对尖刺，其后在头胸甲上也有2对尖刺，额角下缘仅有1枚刺。头胸甲上触角刺十分粗大，其后方有1枚短刺，其间有横沟。眼大，具色素。第一步足甚粗大，其长度略短于体长，各节扁平而无棱，掌部和指节大致等长，掌部的内缘有许多小齿。第二、三步足细小。尾节呈方形，短于尾肢，前半部的背面正中有1对并列的刺，后侧角各有1枚刺。

生态习性 一般栖息于浅海的泥沙质海底。
地理分布 国内分布于东海、南海。舟山外海常见。

红斑后海螯虾

79 胄甲后海螯虾
Metanephrops armatus Chan & Yu, 1991

分类地位 十足目 Decapoda，腹胚亚目 Pleocyemata，海螯虾总科 Nephropoidea，海螯虾科 Nephropidae

形态特征 大型虾类，体长可达 20 cm。鲜活个体通体呈橘黄色，大螯不具红斑，头胸甲背部的眼窝后缘有白斑。头胸甲上具 4~8 对额后齿，通常为 5~6 对齿，颈后脊与侧颈后脊皆有明显的颗粒列。大螯的脊起较其他种更为强壮明显，并具许多尖刺，可动指节基部外缘具刺，大螯指节尖端呈白色，掌节、腕节、长节等皆不具斑带。第三至五腹节背面中央脊明显，第六腹节背面之中央脊具有小刺。

生态习性 一般栖息于深海的泥质海底。

地理分布 国内分布于台湾东北部，原记录台湾特有。舟山偶见于菜市场的红斑后海螯虾堆中。

胄甲后海螯虾

龙虾下目 Palinura

体较平扁，头胸部比较发达。额角短小或缺。头胸甲前方两侧与口前板愈合。5对步足构造相同，简单或全为螯状，但末对常有变化。两性多不具第一腹肢，雌性具内附肢。尾肢的外肢不具横缝。

十二、龙虾总科 Palinuroidea Latreille, 1802

（十九）龙虾科 Palinuridae Latreille, 1802

身体呈半圆柱形。无眼眶。第二触角鞭较粗大。步足的座节与基节愈合，各步足大小相似，皆不呈钳状。

舟山记录2属3种，本书收录2属2种。

80 三角脊龙虾
Linuparus trigonus (von Siebold, 1824)

同物异名 *Palinurus trigonus* von Siebold, 1824
分类地位 十足目 Decapoda，腹胚亚目 Pleocyemata，龙虾总科 Palinuroidea，龙虾科 Palinuridae
形态特征 大型虾类，体长可达47 cm。体背部橙红色夹带浅黄色，腹部土灰色。头胸甲密布颗粒突起。颈沟前部胃区和肝区隆起，胃区前端横向列生3齿；后部正中线上有棱突。头胸甲前侧缘列生3齿；近后边缘沟中央和两侧一样宽。腹部背甲具凹点，前4节各有1横沟，背正中线上棱起明显，其上各具2枚短齿。第六腹节背面不呈棱，而具中央沟。侧甲腹缘除第一节仅1齿外，其后5节均有粗大的3齿。尾节呈长方形，短于尾肢。眼在头胸甲前端，无眼窝。第一触角柄细长，但不达第二触角柄末端。第二触角柄粗大，密生大小齿，触角鞭粗大呈棒状，不能弯曲，内外两侧列生短毛。口前板脊具细小颗粒和发育良好的前齿。所有步足指节简单，不呈钳状。第一步足最粗大，后3对步足细长，各指节末端前后两侧密生短刚毛。雄性生殖孔边缘具齿。雌性第一腹节无附肢。

生态习性 一般栖息于浅海和深海的泥沙质海底。

地理分布 国内分布于东海、台湾、南海大陆坡。舟山海域罕见。

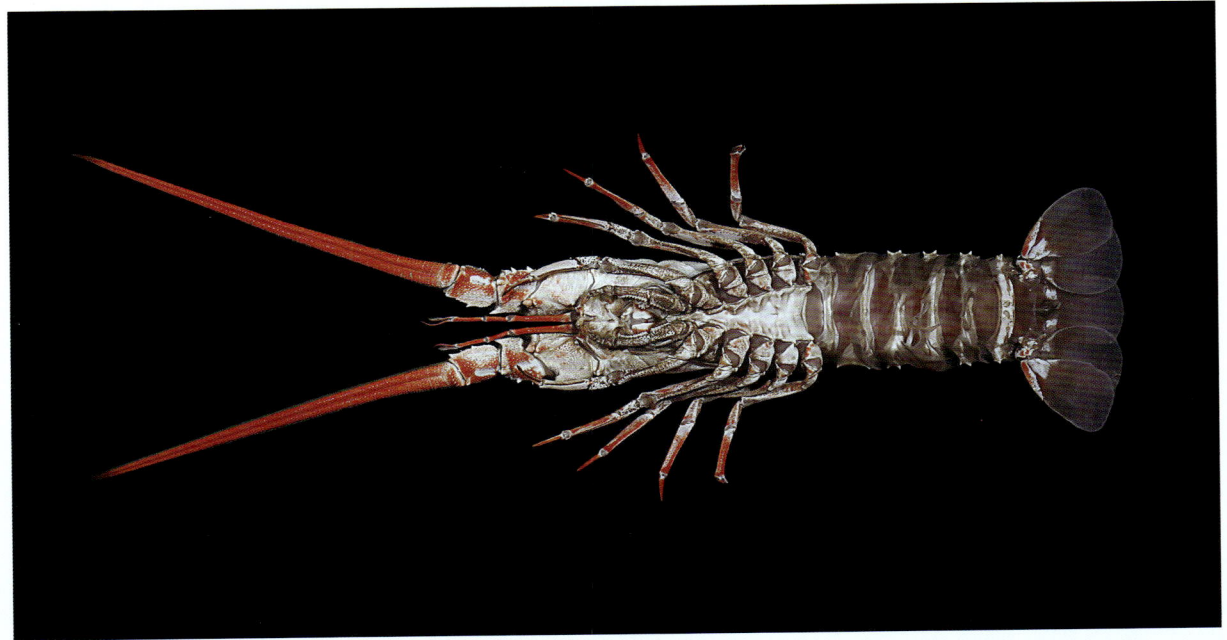

三角脊龙虾

81 锦绣龙虾
Panulirus ornatus (Fabricius, 1798)

同物异名 *Palinurus ornatus* Fabricius, 1798; *Palinurus sulcatus* H. Milne Edwards, 1837; *Senex ornatus*; *Senex ornatus* var. *laevis* Lanchester, 1902

分类地位 十足目 Decapoda，腹胚亚目 Pleocyemata，龙虾总科 Palinuroidea，龙虾科 Palinuridae

形态特征 大型虾类，成体体长在40 cm以上。头胸甲前部背面有美丽的五彩花纹。腹部背面有棕色斑。步足呈棕紫色，上有黄白色圆环。头胸甲呈圆柱形，无毛，刺少且短小。眼上刺粗大；触角有2对大刺，中间还有1对小刺，腹面前缘有3齿。无眼眶。第一步足粗短，其余4对步足稍细长，各步足指节腹侧列生刚毛。腹节背板光滑、无横沟，仅散有细小点刻，各侧甲末端除有1大棘以外，尚有不明显的数个锯齿。后节呈长方形，末缘呈圆弧形，尾节比尾肢长。

生态习性 一般栖息于浅海的多岩礁地带，或者在浅海的泥沙质海底活动。

地理分布 国内分布于浙江舟山群岛以南海域，以及东海、南海。舟山海域罕见。根据文献记载，该种曾在六横海域发现过。

注：野生种群为国家二级重点保护野生动物。

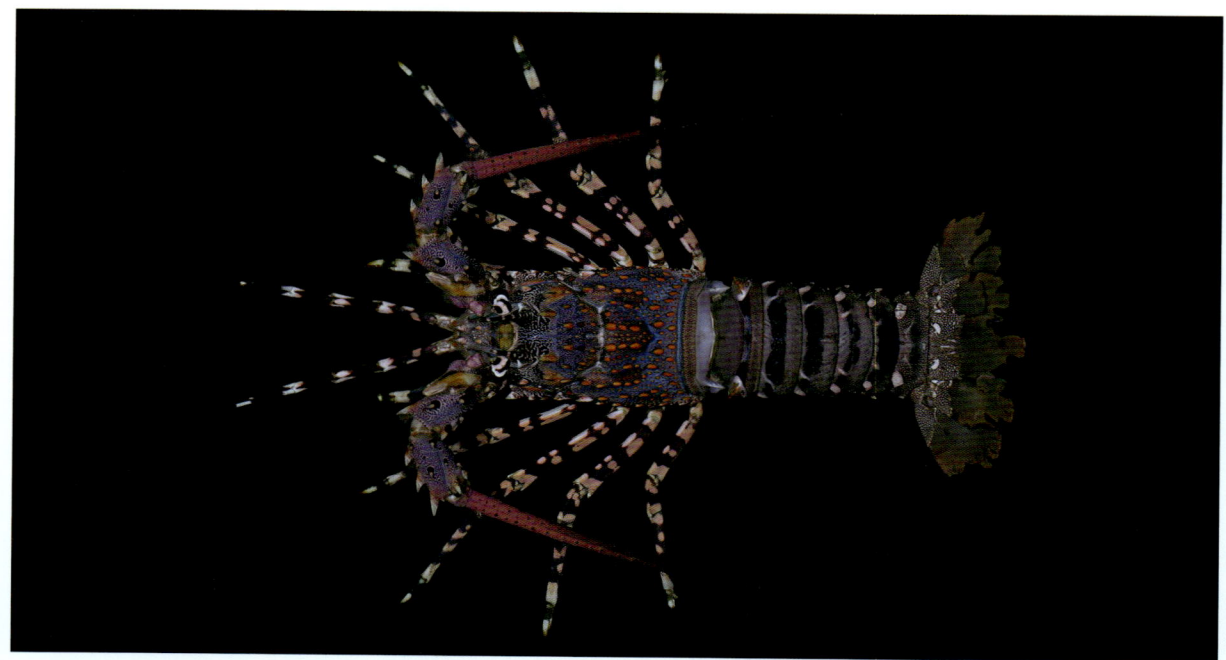

锦绣龙虾

（二十）蝉虾科 Scyllaridae Latreille, 1825

头胸甲背腹平扁，具明显侧缘。额角1齿或缺失。眼藏于眼窝内，位于头胸甲前缘或近前缘，眼上棘缺失。头胸甲具有多条沟、脊、齿和缺刻，颈沟横穿头胸甲背面且在中央向后弯曲。腹部体节分为前后两部分，前部一般光滑，在身体伸直时于前一体节之下不可见；后部常高于前部，具横沟。第二触角鞭退化成第二触角的第六节。

舟山记录4属5种，本书收录3属4种。

82 马氏艾蝉虾
Eduarctus martensii (Pfeffer, 1881)

同物异名 *Scyllarus martensii* Pfeffer, 1881

分类地位 十足目 Decapoda，腹胚亚目 Pleocyemata，龙虾总科 Palinuroidea，蝉虾科 Scyllaridae

形态特征 小型虾类，体长3 cm左右。全身呈黄褐色，甲壳粗糙，有鳞片状突起。腹节背面刻纹呈叶脉状。头胸甲宽略大于长，中间及两侧脊起显著，背中线在胃区有棘，前棘大致位于两眼眶后缘的连线上。第二至五腹节背面中央明显脊起，其中第三节最为突出；第一至四腹节的后缘中间具"V"形缺刻。胸部腹甲前缘平截；腹甲两侧靠近步足基部有1突起。两眼窝靠近前侧角。第一触角柄不达第二触角末端；第二触角第二节外缘3齿，前缘有7个或8个较钝的锯齿。第一步足粗短；第二步足纤细，指节和掌节大致等长。雄性第二腹肢的外肢向内逐渐变宽，在末端离基部1/3处突然变细；第三至五腹节的内肢退化呈芽状。雌性第二腹肢的内肢有1网状的内附肢，前端生毛；第三至五腹节的外肢呈叶状，内肢呈细长的棒状。

生态习性 一般栖息于浅海的多岩礁地带，或者在浅海的泥沙质海底活动。

地理分布 国内分布于东海、南海。舟山南部海域偶见。

马氏艾蝉虾

83 短角硬甲蝉虾
Petrarctus brevicornis (Holthuis, 1946)

同物异名 *Arctus rugosus* Yokoya, 1933; *Scyllarus brevicornis* Holthuis, 1946

分类地位 十足目 Decapoda，腹胚亚目 Pleocyemata，龙虾总科 Palinuroidea，蝉虾科 Scyllaridae

形态特征 小型虾类，体长3～4 cm。体表灰褐色，背表坚硬，颗粒突起呈瘤状。成体头胸甲长略大于宽，体中部隆起，背中间具2行颗粒组成的脊，心齿和胃齿不显著。颈沟在胃区两侧形成较深的凹陷；鳃区具许多大的颗粒突起，头胸甲后缘中部凹陷。第二至五腹节具中央脊，第二腹节背面横沟前后具突起；第二至四腹节后缘中部凹陷或呈缺刻，第五、六腹节后缘中部向外突出。两眼窝近前侧角。第一触角柄达第二触角柄末端；第二触角第二节外缘具3～4齿，第四节前缘具7尖齿。第一步足粗壮；第二至五步足细长，腕节末端均具1小刺。雌性第五步足螯状。

生态习性 一般栖息于浅海的泥沙质海底。

地理分布 国内分布于东海、台湾、南海。舟山海域偶见。

短角硬甲蝉虾

84 毛缘扇虾
Ibacus ciliatus (von Siebold, 1824)

同物异名 *Scyllarus ciliatus* von Siebold, 1824; *Phyllosoma utivaebi* Tokioka, 1954

分类地位 十足目 Decapoda，腹胚亚目 Pleocyemata，龙虾总科 Palinuroidea，蝉虾科 Scyllaridae

形态特征 大型虾类，体长可达 15 cm。头胸甲特别宽，表面具许多小凹点，中间脊起上的突起不明显；从眼眶内缘第二齿各有 1 斜向后方的脊起；前侧角粗大，后缘达头胸甲宽的 1/4 处，其上有数小齿，后侧缘具 11～12 大齿。眼眶周缘生毛，内缘有 2 齿，后缘沟较深。前额板的前缘为 1 对较大的钝齿。步足均较短，其中第二步足最长，第四、五步足的指节背缘扁平。雌性第五步足呈亚钳状，雄性的呈不完全亚钳状。腹节背面中部隆起，其中第二至五腹节成脊，且在第五腹节后端突出成尖齿；第四、五腹节侧甲后缘有锯齿，第五、六腹节后缘具锯齿。尾节宽大于长。腹肢均为双肢型，向后依次减小。

生态习性 一般栖息于浅海和深海的泥沙质海底。

地理分布 国内分布于东海、南海。舟山海域常见。舟山各大市场常见。

毛缘扇虾

85 九齿扇虾
Ibacus novemdentatus Gibbes, 1850

分类地位 十足目 Decapoda，腹胚亚目 Pleocyemata，龙虾总科 Palinuroidea，蝉虾科 Scyllaridae

形态特征 大型虾类，体长可超过13 cm。全身背面鲜红色。头胸甲中央脊上有4个明显的突起，前侧齿简单，后侧缘具7～8齿；头胸甲前缘中间呈1棘状突起。眼眶后部的缺刻小而浅。前额板的前线呈1对三角形。第二触角第四节背面绒毛不明显。胸部腹甲在各步足基部内侧的脊状突起比较缓和，后缘中间无瘤突。雄性第五步足不呈亚钳状。各腹节侧甲呈刀形，而前者呈锐三角形。尾节宽大于长。

生态习性 一般栖息于浅海和深海的泥沙质海底，在150～200 m的深度较为集中。

地理分布 国内分布于浙江南部海域，以及东海、南海。舟山海域常见。舟山各大市场常见。

九齿扇虾

异尾下目 Anomura

腹部长而较退化，或左右对称，弯曲在头胸部之下，或柔软不弯曲，扭转而左右不对称。步足第三对无钳，末1对或2对退化，向上弯曲。有尾肢，多不形成尾扇。

十三、铠甲虾总科 Galatheoidea Samouelle, 1819

（二十一）瓷蟹科 Porcellanidae Haworth, 1825

体扁平，蟹形。第一胸足螯状，显著大于其他4对步足。第四步足小，折叠在头胸甲后鳃区旁。腹部宽而扁平，完全折在头胸甲胸板之下。尾扇发达，分成节板。雄性通常在第二腹节具1对腹肢作为交接器，雌性通常在第三至五腹节具腹肢。

舟山共记录5属5种，本书收录5属5种。

86 日本岩瓷蟹
Petrolisthes japonicus (De Haan, 1849)

同物异名 *Porcellana japonicus* De Haan, 1849

分类地位 十足目 Decapoda，腹胚亚目 Pleocyemata，铠甲虾总科 Galatheoidea，瓷蟹科 Porcellanidae

形态特征 小型种。体色多变。头胸甲卵形，长大于宽，表面具细微的横纹，无刚毛着生。额窄、三角形，末端下弯。无眼窝外角。无前鳃刺，颈沟较明显。鳃区侧缘无棘刺。侧壁完整，前上部凹陷，下后部具脊线。螯足几等大，雌雄无差异。掌节宽而扁，外缘光滑无毛；内缘具斜褶线，表面有大量细微的横纹。可动指外缘具斜褶线，两指之间无空隙。步足各节前缘有稀疏的刚毛。第一、二步足长节后缘末端各有1枚小刺。腹部尾节具7块节板。雄性第二腹节具1对交接器。

生态习性 一般栖息于低潮带潮池、岩石缝隙中。

地理分布 国内分布于浙江、福建、台湾、香港、广西。舟山海域少见。标本采集于舟山嵊泗枸杞岛潮间带。

日本岩瓷蟹

87 锯额豆瓷蟹
Pisidia serratifrons (Stimpson, 1858)

同物异名 *Porcellana serratifrons* Stimpson, 1858；*Porcellana spinulifrons* Miers, 1879

分类地位 十足目 Decapoda，腹胚亚目 Pleocyemata，铠甲虾总科 Galatheoidea，瓷蟹科 Porcellanidae

形态特征 小型种。体色花纹多变。头胸甲近卵形，长宽近等，表面光滑，具褶纹。胃区隆起较明显。额宽、三叶型，边缘锯齿状，中叶稍向下弯曲，侧叶突出，短于中叶。眼窝外角尖锐。螯足不等大，雌雄有差异。座节前缘具1刺。长节内末角突出，小螯不动指末端双叉状。可动指扭曲明显，表面具褶线，两指切缘无齿，指间有隙，具浓密的羽状毛。雄性大螯掌节厚，表面光滑，切缘有1钝齿，可动指强烈扭曲，指间有隙，具羽状毛。螯足各节腹面具细褶纹。步足除指节外，具羽状毛。腹部尾节具7块节板。雄性第二腹节具1对交接器。

生态习性 一般栖息于潮间带岩石缝隙中或浅海礁石区，常隐匿于贻贝足丝中。

地理分布 国内分布于渤海、黄海、东海、南海、台湾。舟山海域常见。标本采集于舟山普陀茶壶甩岛潮间带及东极岛、嵊泗枸杞岛贻贝养殖架。

锯额豆瓷蟹
A. 成体　B. 亚成体　C. 生态照

88. 美丽瓷蟹
Porcellana pulchra Stimpson, 1858

分类地位 十足目 Decapoda，腹胚亚目 Pleocyemata，铠甲虾总科 Galatheoidea，瓷蟹科 Porcellanidae

形态特征 小型种。体白色，分布橙色花纹。头胸甲近椭圆形，长大于宽，后缘平直，表面具细小横纹。额分3叶，宽度近等，突出成指状，中叶最长，末端不向下弯曲，两侧叶稍短。眼窝外角向前突出成1锐角。侧壁完整，前端尖锐。螯足几等大，雌雄无差异。长节内末角突出，腕节前缘具1大齿。掌节窄，近外缘列生小刺，外缘圆齿状，密生羽状毛。可动指外缘具斜向脊线，两指切缘末端具羽状毛簇，大螯可动指切缘中部具1钝齿。螯足各节腹面分布有褶线。步足除指节外，列生长的羽状毛。腹部尾节具7块节板。雄性第二腹节具1对交接器。

生态习性 一般与寄居蟹共栖在海底的空螺壳内或独立生活在泥沙质浅海海底。

地理分布 国内分布于渤海、黄海、东海。舟山海域偶见。标本采集于舟山近海拖网渔获物，与艾氏活额寄居蟹共栖于螺壳内。

美丽瓷蟹

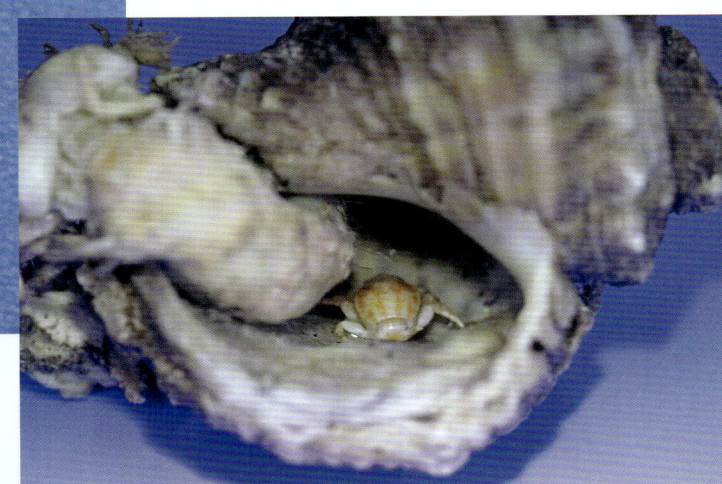

与寄居蟹共栖

89 斑纹小瓷蟹
Porcellanella triloba White, 1851

同物异名 *Porcellanella picta* Stimpson, 1858

分类地位 十足目 Decapoda，腹胚亚目 Pleocyemata，铠甲虾总科 Galatheoidea，瓷蟹科 Porcellanidae

形态特征 小型种。体白色，螯足及头胸甲具不规则棕色斑块。头胸甲长大于宽，表面无毛，具大量的横褶线。额分3叶，呈三叉状，中叶宽长、三角形，侧叶短窄。眼窝外角钝。侧缘较平滑，侧壁完整。螯足几等大，狭长，雌雄无差异。长节内末角无明显突起，腕节短。掌节狭长，表面圆鼓。可动指外缘具细褶纹，末端弯曲成钩状，两指切缘锯齿状，可动指基部及其邻近腹面具浓密的长羽状毛。螯足各节腹面光滑。步足长节短粗，近椭圆形，前缘光滑无刺，覆有羽状毛；腕节末端无刺；掌节前缘有羽状毛；指节具4爪，长短不一。腹部尾节具7块节板。雄性第二腹节具1对交接器。

生态习性 一般与翼海鳃共栖或独立生活在泥沙质海底。

地理分布 国内分布于东海、台湾、南海北部近海。舟山海域少见。标本采集于舟山近海拖网渔获物。

斑纹小瓷蟹

与海鳃共栖

90 绒毛细足蟹
Raphidopus ciliatus Stimpson, 1858

分类地位 十足目 Decapoda，腹胚亚目 Pleocyemata，铠甲虾总科 Galatheoidea，瓷蟹科 Porcellanidae

形态特征 小型种。体白色，体表覆有柔软纤细的羽状毛，常因沾染泥沙呈棕色。头胸甲宽卵圆形，宽大于长。额微突出，眼眶浅，前缘三叶状，中叶窄而下弯，中央沟明显。眼窝外角钝。颈沟明显。侧缘分3齿，圆钝。侧壁完整，具脊线，脊上着生细软的羽状毛。螯足不等大，雌雄无差异，各节均具浓密的羽状毛。掌节宽扁，外缘锯齿状，内缘有1纵脊。可动指纤细，末端钩状，两指切缘及邻近腹面具浓密的羽状毛。大螯指节切缘各具1齿，两指间具空隙；小螯两指切缘锯齿状。螯足各节腹面凹入，具横褶线。步足各节细长，前缘和后缘具浓密的细软羽状毛，指节细长、棒状，末端尖，无棘刺。腹部尾节具7块节板。雄性具1对交接器。

生态习性 一般栖息于浅海和低潮区的泥沙质海底。

地理分布 国内分布于渤海、黄海、东海和南海北部近海。舟山海域常见。标本采集于舟山近海拖网渔获物。

绒毛细足蟹

十四、蝉蟹总科 Hippoidea Latreille, 1825

(二十二) 管须蟹科 Albuneidae Stimpson, 1858

头胸甲长方形，背面凹凸不平，形成分区。第一胸足亚螯状。第三颚足有短外肢。尾节卵形、瓣状。第一触角鞭很长。

舟山记录1属1种，本书收录1属1种。

91 东方管须蟹
Albunea symmysta (Linnaeus, 1758)

同物异名 *Albunea edsoni* Calado, 1997; *Albunea symnista* (Linnaeus, 1767); *Cancer symmysta* Linnaeus, 1758; *Cancer symnista* Linnaeus, 1767

分类地位 十足目 Decapoda，腹胚亚目 Pleocyemata，蝉蟹总科 Hippoidea，管须蟹科 Albuneidae

形态特征 小型种。头胸甲"U"形，背面具浅沟，形成分区，前缘具刺状齿，中央深凹。额角小。眼柄细长、扁平瓣状，基部较宽，左右接近；角膜很小；眼鳞小。第一触角柄基部两节侧扁，第三节细长，触鞭远长于头胸甲，埋沙时左右2鞭合成1出水管。第二触角柄短于头胸甲，第二触角鳞片细长、棒状。第三颚足无外肢。第一胸足亚螯状，掌节宽大于长。第二至四胸足同形等大，指节弯螯状，第五胸足短小。尾节与尾肢呈扇形。

生态习性 一般栖息于潮间带到浅海的泥沙质海底，有埋沙习性。

地理分布 国内分布于黄海、东海。舟山海域罕见。标本采集于舟山近海拖网（浙江海洋大学自主航次调查）。

东方管须蟹

十五、寄居蟹总科 Paguroidea Latreille, 1802

（二十三）活额寄居蟹科 Diogenidae Ortmann, 1892

第三对颚足基部接近。螯足相等或近似相等，不相等时左螯较大。尾节通常左大右小。舟山记录4属16种，本书收录4属12种。

92　下齿细螯寄居蟹
Clibanarius infraspinatus (Hilgendorf, 1869)

同物异名　*Pagurus* (*Clibanarius*) *infraspinatus* Hilgendorf, 1869

分类地位　十足目 Decapoda，腹胚亚目 Pleocyemata，寄居蟹总科 Paguroidea，活额寄居蟹科 Diogenidae

形态特征　中大型种，体锈色。步足各节具橙色至白色条纹。楯部长大于宽。额角锐三角形，侧突小，短于额角。眼柄细长，几等于楯部，眼柄有时不等长；角膜略膨胀，很小；眼鳞基部接近，近三角形，顶端具2～4枚刺。第一触角柄几等长于眼柄；第二触角柄短，未达角膜基部；第二触角鳞片大。螯足相等或左螯略大，刺相似，长节腹缘具1明显的突起。步足指节长于掌节，具成行刚毛丛，长节腹缘锯齿状。尾节中缝小，左后叶大于右后叶，末缘均具角质尖刺。

生态习性　栖息环境比较多样，一般栖息于海口处的细沙质海底和潮间带泥沙质海底的空螺壳内。

地理分布　国内分布于东海、台湾、南海。舟山海域很常见。标本采集于舟山定海岙山岛潮间带及舟山近海拖网渔获物。

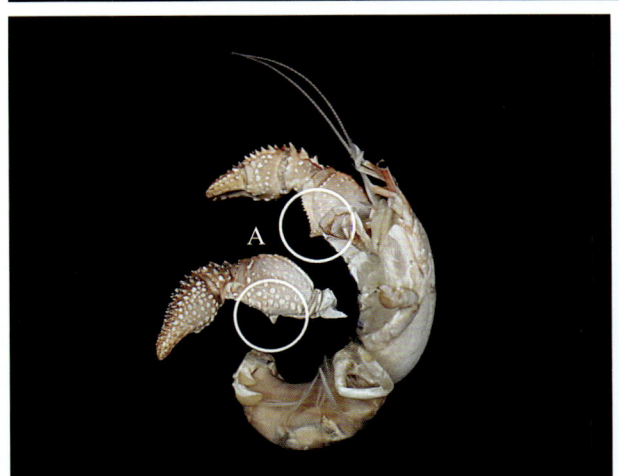

下齿细螯寄居蟹

A. 长节腹缘突起

93 蓝绿细螯寄居蟹
Clibanarius virescens (Krauss, 1843)

同物异名 *Clibanarius philippinensis* Estampador, 1937；*Clibanarius sachalinicus* Kobjakova, 1955；*Pagurus virescens* Krauss, 1843

分类地位 十足目 Decapoda，腹胚亚目 Pleocyemata，寄居蟹总科 Paguroidea，活额寄居蟹科 Diogenidae

形态特征 小型种。体以蓝绿色为主，不同生长阶段体色具差异，第二触角鞭蓝色。楯部长略大于宽。额角尖锐、三角形，超过侧突。眼柄细长，短于或等长于楯部；角膜不膨胀；眼鳞略宽、三角形，顶端具刺及毛。第一触角柄几等长于眼柄；第二触角柄未达角膜基部；第二触角鳞片细长，侧缘刺少。两螯几等大，右螯稍长；两指闭拢时具间隙。左第三步足指节短于掌节。尾节左右后叶略不对称，末缘均具小刺，并延伸至侧缘，左后叶的刺更大。

生态习性 栖息环境比较多样，一般栖息于潮间带至潮下带海底的空螺壳内。

地理分布 国内分布于东海、台湾、南海。舟山海域偶见。标本采集于舟山嵊泗枸杞岛潮间带。

注：本种系舟山首次发现，可能为本种在国内最北的记录。

蓝绿细螯寄居蟹

A. 成体　B. 亚成体　C. 生态照

94 鳞纹真寄居蟹
Dardanus arrosor (Herbst, 1796)

同物异名 *Aniculus chiltoni* Thompson, 1930; *Cancer arrosor* Herbst, 1796; *Eupagurus striatus* (Latreille, 1803); *Pagurus arrosor* (Herbst, 1796); *Pagurus incisus* Olivier, 1812; *Pagurus striatus* Latreille, 1803; *Pagurus strigosus* Bosc, 1801; *Petrochirus arrosor* (Herbst, 1796)

分类地位 十足目 Decapoda，腹胚亚目 Pleocyemata，寄居蟹总科 Paguroidea，活额寄居蟹科 Diogenidae

形态特征 大型种。体深红色，眼柄具两条红色条带。楯部长大于宽。额角退化，短于侧突。眼柄圆柱形，角膜略膨胀；眼鳞顶端分叉，具2～5枚刺。第一、二触角柄超过眼柄；第二触角鳞片细长，顶端具1～3枚刺。两螯不相等，左螯显著大于右螯；角质指尖黑色、匙状；腕节和螯的外侧面具横纹，为鳞片状。第二、三步足指节稍长于掌节，指节、掌节及腕节两侧具横纹，横纹末端具稠密的鳞纹状短刚毛。左第三步足指节、掌节和腕节侧缘扁平，长节光滑。尾节中缝较浅，左后叶略大于右后叶，末缘均具5或6枚大刺和长刚毛。

生态习性 一般栖息于浅海和深海的泥沙质海底的阔口螺内，幼体有寄居掘足纲的特例。

地理分布 国内分布于东海、台湾、南海。舟山海域常见。标本采集于舟山近海拖网渔获物。

鳞纹真寄居蟹
A. 雌性　B. 雄性背面观　C. 雄性腹面观

95　红星真寄居蟹
Dardanus aspersus (Berthold, 1846)

同物异名　*Pagurus aspersus* Berthold, 1846; *Pagurus watasei* Terao, 1913

分类地位　十足目 Decapoda，腹胚亚目 Pleocyemata，寄居蟹总科 Paguroidea，活额寄居蟹科 Diogenidae

形态特征　大型种。体粉红色，头胸甲表面密布红色小圆斑，眼柄蓝紫色。楯部长大于宽，背面散布短刚毛丛。额角宽圆，侧突三角形，长于额角。眼柄短粗，短于楯部；角膜稍膨胀，眼鳞宽，近三角形，顶端具3枚小刺。第一触角柄超过角膜末缘，第二触角柄达角膜末缘；第二触角鳞片细长，具刺。左螯显著大于右螯，掌部外侧面密布突起，每个突起上具1～2枚黑尖刺并覆以稠密的刚毛丛。第二、三步足指节长于掌节，左第三步足指节及掌节较宽。尾节中缝宽大，左后叶大于右后叶，末缘均具刺。

生态习性　一般栖息于浅海的泥沙质海底的空螺壳内，螺壳外通常覆有海葵。

地理分布　国内分布于东海、台湾、南海。舟山海域常见。标本采集于舟山近海拖网渔获物。

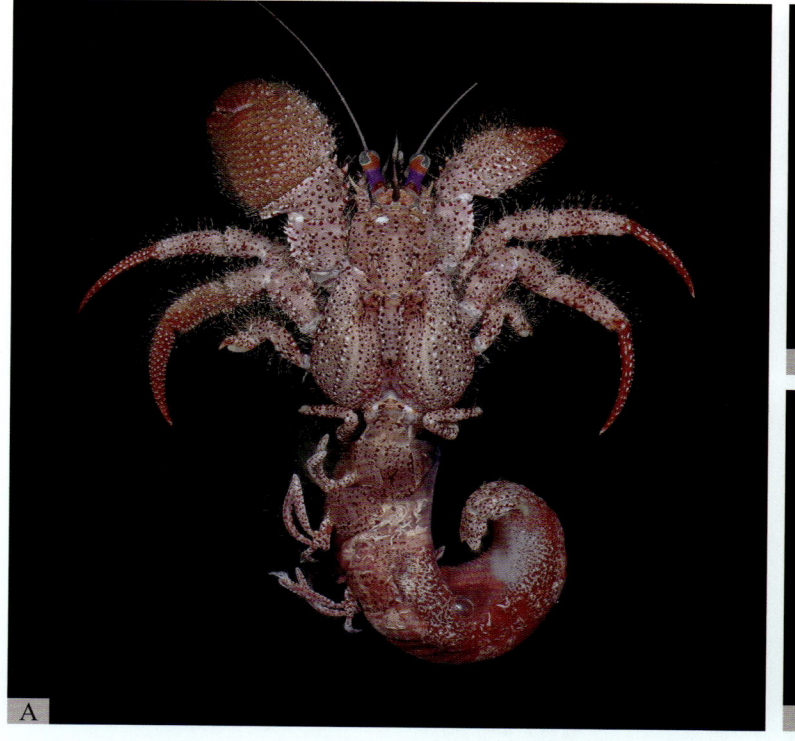

红星真寄居蟹
A. 成体　B. 亚成体背面观　C. 亚成体腹面观

96 刺足真寄居蟹
Dardanus hessii (Miers, 1884)

同物异名 *Pagurus hessii* Miers, 1884; *Pagurus semilimanus* Henderson, 1888; *Pagurus similimanus* Henderson, 1888

分类地位 十足目 Decapoda，腹胚亚目 Pleocyemata，寄居蟹总科 Paguroidea，活额寄居蟹科 Diogenidae

形态特征 中小型种。体浅棕色，螯足指节深红色，第二、三步足腹侧浅红色，眼柄背面金色。楯部长大于宽，背面散布短刚毛丛。额角宽圆，侧突近三角形，超过额角。眼柄短于楯部，背面具刚毛丛；角膜膨胀，眼鳞大，近矩形，顶端具3～5枚刺。第一触角柄长于眼柄，第二触角柄几等长于眼柄；第二触角鳞片细长，内侧缘具2～5枚刺。两螯几相等，角质指尖黑色、匙状。步足指节、掌节和腕节背缘多刺。左第三步足指节显著长于掌节。尾节中缝明显，左后叶大于右后叶，末缘均具成行的角质刺延伸到侧缘，左后叶的刺大于右后叶。

生态习性 栖息环境比较多样，一般栖息于浅海的淤泥、沙质海底的空螺壳内。

地理分布 国内分布于东海、台湾、南海。舟山海域少见。标本采集于舟山近海拖网渔获物。

刺足真寄居蟹

97 长螯活额寄居蟹
Diogenes avarus Heller, 1865

分类地位 十足目 Decapoda，腹胚亚目 Pleocyemata，寄居蟹总科 Paguroidea，活额寄居蟹科 Diogenidae

形态特征 小型种。体灰棕色，左螯常具深色斑块。楯部长略大于宽，前外侧缘具小刺，背面具锯齿状横纹，伴生刚毛。额角宽。额突简单、细长，顶端刺状，超过眼鳞一半，未达眼鳞顶端；侧突发达，顶端尖。眼柄短粗，短于楯部；角膜不膨胀；眼鳞较宽，近扇形，前缘具刺。第一、二触角柄几相等且超过角膜，第二触角鳞片较大。左螯大于右螯；左螯细长，长约为楯部的2倍，掌部外侧面正中央具1隆起。左第三步足指节长于掌节。尾节中缝小，左右后叶末缘均具刺。

生态习性 一般栖息于礁坪、海草床、泥底、沙底的潮间带至潮下带浅水区的空螺壳内。

地理分布 国内分布于东海、台湾、南海。舟山海域偶见。标本采集于舟山普陀茶壶甩岛、桃花岛潮间带。

长螯活额寄居蟹

98 艾氏活额寄居蟹
Diogenes edwardsii (De Haan, 1849)

同物异名 *Pagurus edwardsii* De Haan, 1849

分类地位 十足目 Decapoda，腹胚亚目 Pleocyemata，寄居蟹总科 Paguroidea，活额寄居蟹科 Diogenidae

形态特征 中型种。体浅灰色，各足具深色斑块。楯部长大于宽，前侧缘呈锯齿状，背面具横向或倾斜的锯齿条纹，散布刚毛丛。额角宽、三角形，短于侧突，侧突锐三角形。额突细长，末端尖锐，短于眼鳞。眼柄较短，短于楯部；角膜不膨胀；眼鳞扇形，末缘锯齿状。第一、二触角柄几等长且超过角膜末缘，第二触角鳞片长。左螯显著大于右螯；左螯上常附有海葵，去除海葵可见不动指中央具1锯齿状隆起，可动指背缘具2~3行尖锐的刺，外侧面具2行刺。步足细长，左第三步足指节长于掌节。尾节具中缝，左后叶大于右后叶，末缘均具多枚刺，延伸至侧缘。

生态习性 栖息环境比较多样，一般生活在潮间带浅滩至浅海的淤泥、沙质海底的阔口螺内。

地理分布 国内分布于渤海、黄海、东海、台湾、南海。舟山海域很常见。标本采集于舟山嵊泗枸杞潮间带及舟山近海拖网渔获物。

艾氏活额寄居蟹

99 宽带活额寄居蟹
Diogenes fasciatus Rahayu & Forest, 1995

分类地位 十足目 Decapoda，腹胚亚目 Pleocyemata，寄居蟹总科 Paguroidea，活额寄居蟹科 Diogenidae

形态特征 小型种。楯部长宽相等。额角退化，短于侧突。额突近卵圆形，顶端具尖刺。眼柄短粗；角膜不膨胀；眼鳞近三角形，末缘倾斜，具3~4枚小刺。第一、二触角柄几等长且超过角膜末缘；第二触角鳞片顶端具单刺，内侧缘具6枚刺。左螯大于右螯，内侧缘具突起；可动指背缘具2行锯齿状的刺，外侧面散布小刺；掌部外侧面均密布颗粒。步足指节长于掌节，左第三步足腕节仅末端具小刺。尾节中缝小，左后叶大于右后叶，末缘均具刺，左后叶的刺延伸至侧缘。

生态习性 栖息环境比较多样，一般栖息于潮间带或浅海的泥沙质海底的空螺壳内。

地理分布 国内分布于渤海、东海。舟山海域罕见。标本采集于舟山普陀桃花岛潮间带。

注：本种系东海首次发现。

宽带活额寄居蟹

100 拟脊活额寄居蟹
Diogenes paracristimanus Wang & Dong, 1977

分类地位 十足目 Decapoda，腹胚亚目 Pleocyemata，寄居蟹总科 Paguroidea，活额寄居蟹科 Diogenidae

形态特征 小型种。体灰白色。楯部长大于宽，前外侧缘倾斜，呈锯齿状。额角宽圆，几退化，侧突顶端具1或2枚小刺，前侧缘呈锯齿状内凹。额突达眼鳞末端，基部较宽，顶端尖锐。眼柄短粗，短于楯部；角膜略膨胀；眼鳞较大，近扇形，前缘锯齿状。第一、二触角柄超过角膜；第二触角鳞片较宽，顶端单刺或二分裂。左螯大于右螯，左螯掌部具2行不规则的刺状小突起构成的纵脊，右螯较短，可动指外侧面具2行不规则小刺；掌部外侧面散布小刺和小突起。左第三步足指节长于掌节。尾节中缝小，左后叶大于右后叶，末缘均具成行的刺，左后叶的刺延伸至侧缘。

生态习性 栖息环境比较多样，一般栖息于潮间带至浅海的泥沙质海底的空螺壳内。

地理分布 分布于我国渤海、黄海、东海；国外未见报道。模式产地：中国山东烟台。舟山海域常见。标本采集于舟山普陀朱家尖岛近海拖网渔获物。

拟脊活额寄居蟹

101 毛掌活额寄居蟹
Diogenes penicillatus Stimpson, 1858

分类地位 十足目Decapoda，腹胚亚目Pleocyemata，寄居蟹总科Paguroidea，活额寄居蟹科Diogenidae

形态特征 中小型种。体黄棕色。楯部长宽几相等，前缘具小刺。额角钝圆形，侧突三角形，顶端尖锐。额突尖锐、刺状，短于眼鳞。眼柄短粗，短于楯部；角膜不膨胀，眼鳞宽、扇形，末端具1或2枚大刺。第一触角柄长于眼柄，第二触角鳞片短、三角形，第二触角鞭短，腹侧具长刚毛。左螯短宽，显著大于右螯，外侧面具稠密的细绒毛，两指指尖白色；可动指背缘锯齿状；右螯腕节外侧面具2行刺。左第三步足指节略长于掌节，步足外侧面均覆盖绒毛。尾节中缝较小，左后叶大于右后叶，末缘均具数枚小刺，并延伸至侧缘。

生态习性 一般栖息于浅海的泥沙质海底的空螺壳内。

地理分布 国内分布于东海、台湾。舟山海域常见。标本采集于舟山嵊泗列岛近海拖网渔获物。
注：王复振等（1980）根据采自舟山嵊山的标本而描述的新种绒螯活额寄居蟹 *Diogenes tomentosus* 应为本种的同物异名。

毛掌活额寄居蟹

102 直螯活额寄居蟹
Diogenes rectimanus Miers, 1884

分类地位 十足目 Decapoda，腹胚亚目 Pleocyemata，寄居蟹总科 Paguroidea，活额寄居蟹科 Diogenidae

形态特征 小型种。体浅褐色，左螯白色，指尖常呈紫色。楯部长略大于宽，背面具小刺或突起形成的横纹。额角宽圆形，侧突具1刺，前侧缘内凹。额突超过眼鳞中部，顶端尖锐。眼柄短粗，短于楯部；角膜不膨胀；眼鳞内缘直，前外侧宽圆形，具3枚显著的刺和几枚小刺。第一、二触角柄均超过角膜前缘，第一触角柄较长。第二触角鳞片末端具二分裂的刺，内侧缘具3或4枚刺。左螯显著大于右螯，两指闭拢紧密，可动指背缘具锯齿状刺。步足具长刚毛。尾节中缝小，左后叶略大于右后叶，外侧刺延伸至左侧缘后半部分。

生态习性 栖息环境比较多样，一般栖息于混合相潮间带至浅海泥质海底的空螺壳内。

地理分布 国内分布于黄海、东海、台湾、南海。舟山海域常见。标本采集于舟山普陀茶壶甩岛潮间带及近海拖网渔获物。

直螯活额寄居蟹

103 中华长眼寄居蟹
Paguristes sinensis Tung & Wang, 1966

分类地位 十足目 Decapoda，腹胚亚目 Pleocyemata，寄居蟹总科 Paguroidea，活额寄居蟹科 Diogenidae

形态特征 小型种。体棕黄色，眼柄蓝紫色。楯部长大于宽，具丛毛。额角尖三角形，达眼鳞基部。眼柄细长，短于楯部；角膜不膨胀；眼鳞近三角形，顶端具小刺。第一触角柄长于角膜，第二触角柄不达角膜基部；第二触角鳞片大，顶端具二分裂的刺，内侧缘具6～7枚刺。左右螯足相等，外侧面具长柔毛，内侧缘具圆钝的齿，角质指节末端黑色、匙状；可动指背缘具成行的黑色角质尖刺，外侧面散布刺状突起。左第三步足指节短于或等长于掌节，腕节、长节背缘具刺。尾节后叶末缘具刺。

生态习性 一般栖息于潮间带或浅海的沙石质海底的空螺壳内。

地理分布 国内分布于浙江，国外无报道，可能为我国特有种。模式产地：中国浙江舟山东极青浜岛。舟山海域罕见。标本采集于舟山普陀茶壶甩岛潮间带及舟山近海拖网渔获物。

中华长眼寄居蟹

（二十四）寄居蟹科 Paguridae Latreille, 1802

螯足相等或近似相等，不相等时右螯较大。第一对颚足外肢具鞭。第三对颚足基部分开。舟山记录3属9种，本书收录2属7种。

104 长毛寄居蟹
Pagurus brachiomastus (Thallwitz, 1891)

同物异名	*Eupagurus brachiomastus* Thallwitz, 1891
分类地位	十足目 Decapoda，腹胚亚目 Pleocyemata，寄居蟹总科 Paguroidea，寄居蟹科 Paguridae
形态特征	中型种。楯部长宽几相等，额角呈钝三角形；侧突较平，末端具刺，低于额角。眼柄长约为楯部长的一半，背面具纵向的丛状刚毛，角膜不膨胀。第一、二触角柄均超过角膜末缘。右螯明显大于左螯，螯长大于宽；右螯可动指稍长于掌节，背面具1排刺。第二步足腕节背面具2排刺，第三步足腕节背面具1排刺。尾节深裂，左后叶稍大于右后叶，各具1排大的角质刺，角质刺弯向侧缘。
生态习性	栖息环境比较多样，一般栖息于潮间带或浅海的泥沙质海底的空螺壳内。
地理分布	国内分布于黄海、东海。舟山海域罕见。标本采集于舟山近海拖网渔获物。

长毛寄居蟹

105 同形寄居蟹
Pagurus conformis De Haan, 1849

同物异名 *Eupagurus megalops* Stimpson, 1858; *Pagurus megalops* (Stimpson, 1858)

分类地位 十足目 Decapoda，腹胚亚目 Pleocyemata，寄居蟹总科 Paguroidea，寄居蟹科 Paguridae

形态特征 小型种。体浅粉色。楯部宽大于长，额角宽圆，短于侧突。角膜明显膨胀，眼鳞近卵圆状。第一、二触角柄超过角膜末缘。螯明显不等，右螯大于左螯，螯表面均具长刚毛；两螯可动指背面有成行的刺；掌部背缘具小刺；腕节的背面有分散的小刺，腹面中央都具1针孔状凹陷。步足长且相似，掌节和腕节背缘具成排小刺。尾节中缝明显，左后叶稍大于右后叶，末缘均具排刺并延伸至侧缘。

生态习性 一般栖息于浅海的泥沙质海底的空螺壳内。

地理分布 国内分布于黄海、东海、台湾、南海。舟山海域少见。标本采集于舟山近海拖网渔获物。

注：作者认为浙江海域原记录的斑粒腕寄居蟹 *P. carpoforminatus* 系本种误鉴。

同形寄居蟹

106 长腕寄居蟹
Pagurus sp.

分类地位 十足目 Decapoda，腹胚亚目 Pleocyemata，寄居蟹总科 Paguroidea，寄居蟹科 Paguridae

形态特征 小型种。螯足及步足指尖白色，步足各节具红色条纹。楯部长略大于宽。额角锐三角形，超过侧突，侧突明显、宽三角形。角膜略膨胀；眼鳞末缘具小刺。第一、二触角柄均超过角膜末缘，第三颚足嵴齿上具1个附齿。右螯具成排的小刺，雄性右螯腕节明显伸长；左螯具不规则的几排刺。步足相似，指节短于掌节，掌节腹缘具排刺；左第三步足指节和掌节的侧面近腹缘具不规则的排刺。尾节左右后叶对称，中缝浅，近中缝处各具1枚大刺，侧缘具1~3枚大刺，大刺间具很多小刺。

生态习性 栖息环境比较多样，一般栖息于岩相潮间带或砾石滩的空螺壳内。

地理分布 国内分布于东海、台湾、南海。舟山海域很常见。标本采集于舟山普陀朱家尖、嵊泗枸杞岛潮间带。

注：本种和窄小寄居蟹 *P. angustus* 最为相似，但本种第三颚足嵴齿上仅具1个附齿，*P. angustus* 具3个附齿；且本种尾节后叶对称等大，*P. angustus* 尾节后叶左大右小。

长腕寄居蟹

107 海德里寄居蟹
Pagurus hedleyi (Grant & McCulloch, 1906)

同物异名 *Eupagurus hedleyi* Grant & McCulloch, 1906；*Eupagurus kirkii* Miers, 1884

分类地位 十足目 Decapoda，腹胚亚目 Pleocyemata，寄居蟹总科 Paguroidea，寄居蟹科 Paguridae

形态特征 小型种。头胸甲楯部黄色，螯足深黄绿色，螯足和步足具棕色色斑及条带。眼柄及第一触角呈橙色、蓝色、橙色交替的色带。楯部长略大于宽，额角钝圆，侧突发达，稍长于额角。眼柄基部及角膜略膨胀，眼鳞三角形，末端具1尖刺，侧缘光滑。第一、二触角柄均超过角膜末端。螯不相等，右螯长且粗壮，掌节背面密布颗粒状结节；左螯指节长于掌节。第二步足等长于第三步足。尾节左右分叶明显，左后叶大于右后叶，末缘均有1排刺延伸至侧缘，边缘密布长刚毛。

生态习性 一般栖息于岩相潮间带或近海海底的空螺壳内。

地理分布 国内分布于浙江、福建、广东、广西、海南的沿海。舟山海域罕见。标本采集于舟山普陀茶壶甩岛、庙子湖岛潮间带。

注：本种系舟山首次发现，此前仅见于温州南麂列岛及以南。

海德里寄居蟹

108　小形寄居蟹
Pagurus minutus Hess, 1865

同物异名　*Eupagurus dubius* Ortmann, 1892; *Pagurus dubius* (Ortmann, 1892)

分类地位　十足目 Decapoda，腹胚亚目 Pleocyemata，寄居蟹总科 Paguroidea，寄居蟹科 Paguridae

形态特征　小型种。体色多变，常呈灰褐色。楯部长大于宽。额角钝三角形，长于侧突。眼柄略短于楯部，角膜略膨胀；眼鳞末缘具小刺。第一、二触角柄均达到或超过角膜末缘。螯显著不等，右螯大于左螯；雄性右螯更长，雌性右螯掌部背中缘具成排刺，雄性则无；右螯掌部背面具许多分散的刺，左螯掌部背面凸圆，中央具排刺。步足指节长于掌节，第二步足腕节具成行小刺。尾节中缝宽，左后叶略大于右后叶，末缘均具2或3枚大刺。

生态习性　一般栖息于潮间带的空螺壳内，河口区域也有发现，冬季有垂直迁徙习性。

地理分布　国内分布于渤海、黄海、东海、台湾、海南。舟山海域很常见。标本采集于舟山普陀桃花岛、朱家尖岛潮间带。

小形寄居蟹

109 大寄居蟹
Pagurus ochotensis Brandt, 1851

同物异名 *Eupagurus* (*Eupagurus*) *alaskensis* Benedict, 1892；*Eupagurus ortmanni* Balss, 1911；*Pagurus alaskensis* (Benedict, 1892)；*Pagurus bernhardus* var. *granulo-denticulata* Brandt, 1851；*Pagurus bernhardus* var. *granulodenticulata* Brandt, 1851；*Pagurus bernhardus* var. *spinimana* Brandt, 1851

分类地位 十足目 Decapoda，腹胚亚目 Pleocyemata，寄居蟹总科 Paguroidea，寄居蟹科 Paguridae

形态特征 大型种。体黄褐色，螯足中央深褐色。楯部长宽几相等；额角宽圆；侧突发达，等长于额角。眼柄短粗，具1排丛毛；角膜膨胀；眼鳞近卵圆形，顶端尖锐，末缘具1刺。第一、二触角柄显著超过角膜末缘，第二触角鳞片顶端具1刺，内侧缘具不明显的小刺。螯显著不相等，右螯明显大于左螯，两螯的刺相似；可动指的背缘具2~3行刺并延伸至背腹侧；掌节和腕节的背缘有几排不规则的刺。第三步足指节长于掌节。尾节基本对称，左后叶略长于右后叶，侧缘有横缺刻，末缘凹陷，一般具8枚大刺。

生态习性 一般栖息于潮下带到浅海的软泥或沙质海底。喜冷水，其螺壳中常有环唇沙蚕共栖。

地理分布 国内分布于黄海、东海北部。舟山海域偶见。标本采集于舟山近海拖网渔获物。

大寄居蟹

110 旋刺寄居蟹
Spiropagurus spiriger (De Haan, 1849)

同物异名 *Pagurus spiriger* De Haan, 1849

分类地位 十足目 Decapoda，腹胚亚目 Pleocyemata，寄居蟹总科 Paguroidea，寄居蟹科 Paguridae

形态特征 小型种。楯部宽大于长；额角宽三角形；侧突发达，略高于额角，额角和侧突之间的楯部前缘内凹。眼柄短粗，背面具有横排短刚毛，角膜膨胀；眼鳞近卵圆形。第一、二触角柄几等长，明显长于眼柄；第二触角鳞片细长，超过眼柄。两螯相似，细长，长度相等或右螯略长于左螯；螯边缘具有长刚毛；掌节背面具大量刚毛鳞片；腕节背面具横纹的刚毛鳞片。步足的指节背缘都具 1 排长刚毛。雄性左交接管钝长，呈盘绕状。尾节三角形，中缝深，左后叶略长于右后叶。

生态习性 一般栖息于浅海的泥沙质海底。常居住于玉螺壳中，可背负贝壳游泳。

地理分布 国内分布于东海、台湾、南海。舟山海域常见。标本采集于舟山近海拖网渔获物。

旋刺寄居蟹

短尾下目 Brachyura

头部与胸部各节已经愈合,形成非常发达的头胸部。与发达的头胸部相反,它们的腹部十分退化,卷折,贴附在头胸部的腹面。雌、雄性的尾肢已缺失,或在个别类群具退化的尾肢。

十六、绵蟹总科 Dromiidea De Haan, 1833

(二十五)绵蟹科 Dromiidae De Haan, 1833

头胸甲通常呈卵形或近圆形,少数种类为五角形。额分3齿,中齿常退化,位置较低。第二触角鞭长短于头胸甲。第三颚足完全覆盖口框。螯足对称,一般较步足粗壮。第一、二对步足强壮,第三、四对步足短小,位于背部,执握状。鳃14对,为叶鳃。

舟山记录4属5种,本书收录4属5种。

德汉劳绵蟹
Lauridromia dehaani (Rathbun, 1923)

同物异名 *Dromia dehaani* Rathbun, 1923

分类地位 十足目 Decapoda,腹胚亚目 Pleocyemata,绵蟹总科 Dromiidea,绵蟹科 Dromiidae

形态特征 中大型蟹类,成体头胸甲宽可达8 cm以上。身体密被绒毛,整体呈棕褐色,大螯指节粉红色。头胸甲近球形,表面密布短软毛和成簇硬刚毛。鳃心沟和鳃沟明显,胃区、心区具1"H"形沟。额具3齿,中齿较侧齿小且低位。前侧缘具4齿。螯足粗壮、等大,长节呈三棱形,腕节外末缘具2个疣突。可动指长于掌节,两指基部具绒毛,末部光滑无毛,内缘具8~9个钝齿。第一对步足最长,第三对步足最短。前2对步足瘦长,掌节与指节等长。后2对步足短小,位于背面,末2节各具1枚小刺,相对呈钳状。雄性腹部窄长,雌性腹部呈卵圆形。雄性第一腹肢粗壮,雌性腹肢5对。

生态习性 一般栖息于浅海的沙泥质、碎壳质海底。

地理分布 国内分布于浙江、福建、台湾、广东、广西及海南。舟山海域较常见。标本采集于舟山嵊泗沿海。

德汉劳绵蟹

112 小区上绵蟹
Epigodromia areolata (Ihle, 1913)

同物异名 *Cryptodromia areolata* Ihle, 1913; *Cryptodromia ihlei* Balss, 1921

分类地位 十足目 Decapoda，腹胚亚目 Pleocyemata，绵蟹总科 Dromiidea，绵蟹科 Dromiidae

形态特征 小型蟹类，成体头胸甲宽1 cm左右。头胸甲隆起，侧缘齿不明显。全身密布珠状、颗粒状突起。雄性头胸甲长稍大于宽，雌性则宽稍大于长，分区明显。额沟、鳃沟及颈沟均明显，中胃区、尾胃区及鳃区有大小不等的突起，每个突起由珠状颗粒组成。额分3齿，中齿小而低，侧齿大而突出，齿端指向两侧。前侧缘甚凸，具2枚颗粒叶，每叶具5~6枚尖颗粒。雄性螯足粗大，约为头胸甲2倍长；外侧面及其他各节均有珠状颗粒；腕节具2个疣突。前2对步足粗壮，表面密具尖颗粒。两性腹部均有颗粒，中部隆起，但无明显疣突，第六腹节均有退化的尾肢。后2对步足瘦小，不背负海绵。

生态习性 一般栖息于浅海、深海的细沙、泥质沙和碎壳质海底。

地理分布 国内分布于东海、南海。舟山海域偶见。标本采集于舟山近岸泥样中。

小区上绵蟹

113 擎天平壳蟹
Conchoecetes atlas McLay & Naruse, 2019

同物异名 *Conchoecetes artificiosus* (Fabricius, 1798)

分类地位 十足目 Decapoda，腹胚亚目 Pleocyemata，绵蟹总科 Dromiidea，绵蟹科 Dromiidae

形态特征 小型蟹类，成体头胸甲宽2～3 cm。头胸甲背面呈污白色，常具人脸状花纹，各足颗粒多呈蓝紫色。头胸甲宽稍大于长，近五边形，背面凸起不明显。额区除额沟外均光滑，心区明显，颈沟较宽，鳃沟较窄。鳃沟后具1明显凹入，用于收纳第五步足。额分3齿，呈三角形，中齿小、低位，侧齿大。上眼窝齿小，无外眼窝齿，下眼窝齿小，背面不可见。前侧缘近弧形，具结节状突起，颈沟后外侧具1侧齿。前侧齿后的头胸甲边缘向后收敛，鳃沟与后侧缘未形成明显的侧齿。肝下区大部光滑，下缘具1排不规则的小颗粒，朝向侧齿倾斜。第三颚足座节内侧呈齿状，具11个左右小齿。螯足粗壮，掌节内侧面具刚毛，外侧面具成行珠状颗粒，腕节表面有颗粒，外缘近掌节处具2枚疣状突起。可动指末部光滑，基部具粗大珠状颗粒。指节均具8个小钝齿，可互相嵌合。前2对步足短于螯足，第一对步足最长，掌节及腕节末端具钝的突起，指节长而锋利，上缘具长刚毛，内缘具许多小刺。后2对步足较短，第三对步足最粗壮，指节弯曲成爪状，用于抓住双壳类的壳缘。第四对步足瘦而短小，位于头胸甲背面，长节瘦长，末3节短小，指节也弯曲成爪状。两性腹部中线隆起，均分7节。雄性腹部呈三角形，雌性腹部呈长卵圆形。

生态习性 一般栖息于浅海的泥沙质海底，常背负双壳类的半壳生活。

地理分布 国内分布于东海（浙江、福建、台湾）、南海（广东、香港）。舟山海域偶见。标本采集于舟山近岸泥样中。

注：本种长期被误鉴为干练平壳蟹 *Conchoecetes artificiosus*。COLIN L. McLAY 等（2019）将平壳蟹属原有的3个物种修订为10个有效种（包括本种在内的5个长期被误鉴为干练平壳蟹的新种），和其他平壳蟹属种类最大的区别是本种前侧齿明显，后侧齿退化，螯足背面近可动指基部具2枚大而相似的疣状突起。本种模式产地为菲律宾海域，其种名 *atlas* 来自希腊神话中擎天巨神 Άτλας，在此中文名暂译为擎天平壳蟹。

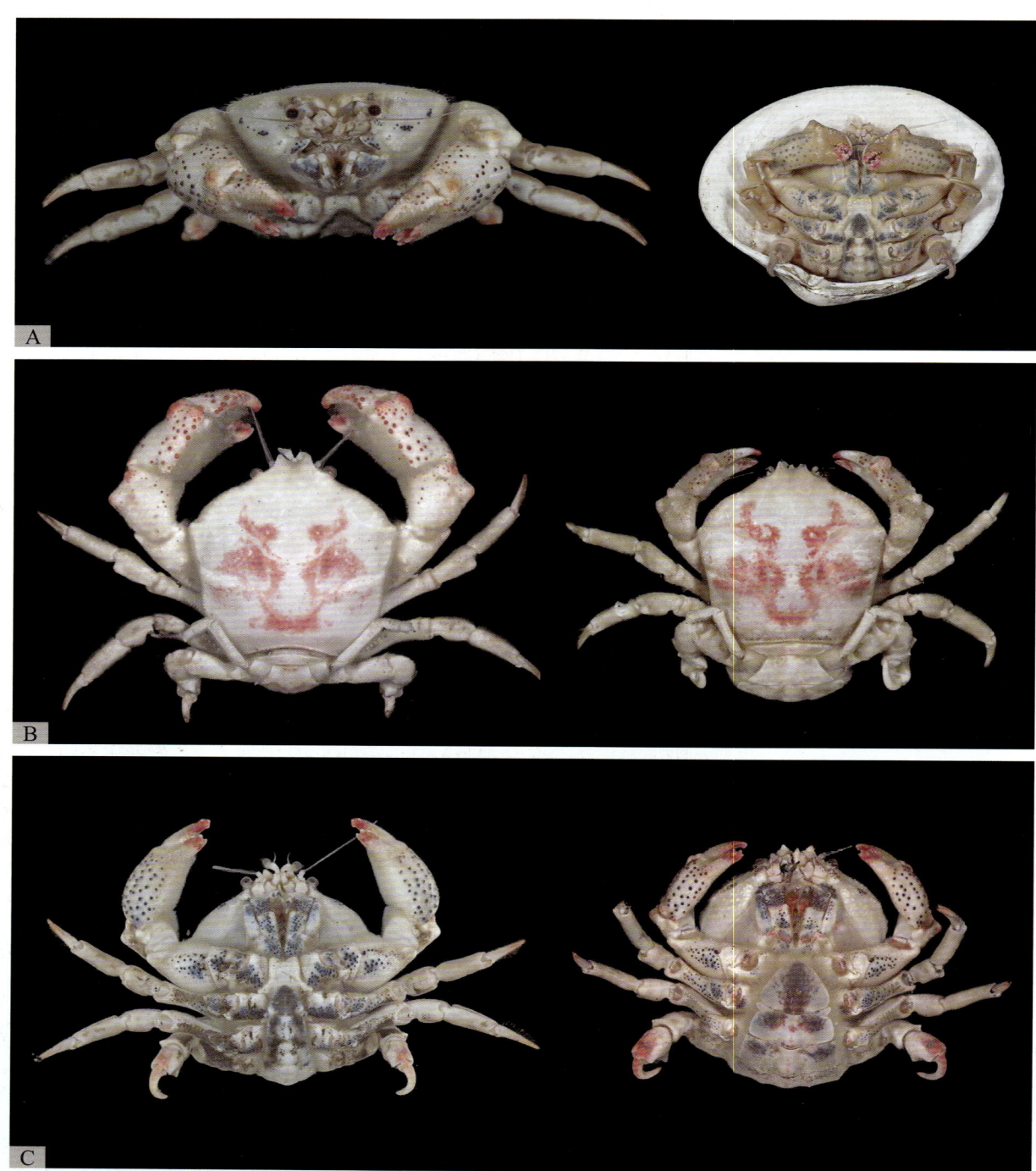

擎天平壳蟹

A.正面观、负壳观　B.雄性背面观、雌性背面观　C.雄性腹面观、雌性腹面观

114 陈氏平壳蟹
Conchoecetes chanty McLay & Naruse, 2019

同物异名 *Conchoecetes artificiosus* (Fabricius, 1798)

分类地位 十足目 Decapoda，腹胚亚目 Pleocyemata，绵蟹总科 Dromiidea，绵蟹科 Dromiidae

形态特征 小型蟹类，成体头胸甲宽可达 4 cm 左右。头胸甲背面呈粉红色，后侧齿明显，各足颗粒多为粉红色。头胸甲长宽几等，背面凸起明显，表面光滑，密被细柔毛。颈沟、心沟和鳃沟明显。额沟向后延伸达胃区。额分3齿，呈三角形，各齿边缘具小颗粒，中齿小、低位，侧齿大。前侧缘不规则，外眼窝后具若干不规则颗粒，延伸至颈沟前。前侧齿突出，肩状。肝下区大部光滑，下缘止于前外侧齿前部下方，颗粒状，下弯。前侧齿后的头胸甲边缘向后收敛，鳃沟与后侧缘形成明显的后侧齿。第三颚足座节内侧呈齿状，具8～10个发达的小齿。螯足粗壮，大个体雄性特别壮大，掌节内侧面具刚毛，背侧具十几枚大的颗粒状突起，外侧面具几行平行的珠状颗粒。腕节背外侧具1明显疣突，远端外侧具1不明显疣突，有时呈细颗粒状。指节具7～8个小钝齿，可互相嵌合，两指节闭合时有空隙。步足短于螯足，表面密被刚毛，指节具2排长刚毛。第三对步足最粗壮，腕节前缘具1排小而钝的颗粒，指节弯曲成爪状，用于抓住双壳类的壳缘。第四对步足最短，位于头胸甲背面，指节也弯曲成爪状。雄性腹部呈窄三角形，腹肢2对。雌性腹部呈宽三角形，具退化的第一腹肢及4对抱卵肢。

生态习性 一般栖息于浅海的泥沙质海底，常背负双壳类的半壳生活。

地理分布 仅分布于我国东海（浙江、福建、台湾）、南海。舟山海域少见。标本采集于舟外渔场。

注：和前种 *C. atlas* 一样，本种长期被误鉴为干练平壳蟹 *C. artificiosus*，与 *C. artificiosus* 不同的是本种前侧缘具颗粒状突起，螯足掌节和腕节具明显的疣突。本种和前种的区别在于本种头胸甲前、后侧齿均发达，螯足掌节的2枚疣突大小不等。*C. chanty* 模式标本采自我国台湾宜兰大溪渔港。其种名用来表彰我国台湾海洋大学陈天任（Chan Tin-Yam）教授对十足目动物学的贡献，在此中文名暂译为陈氏平壳蟹。

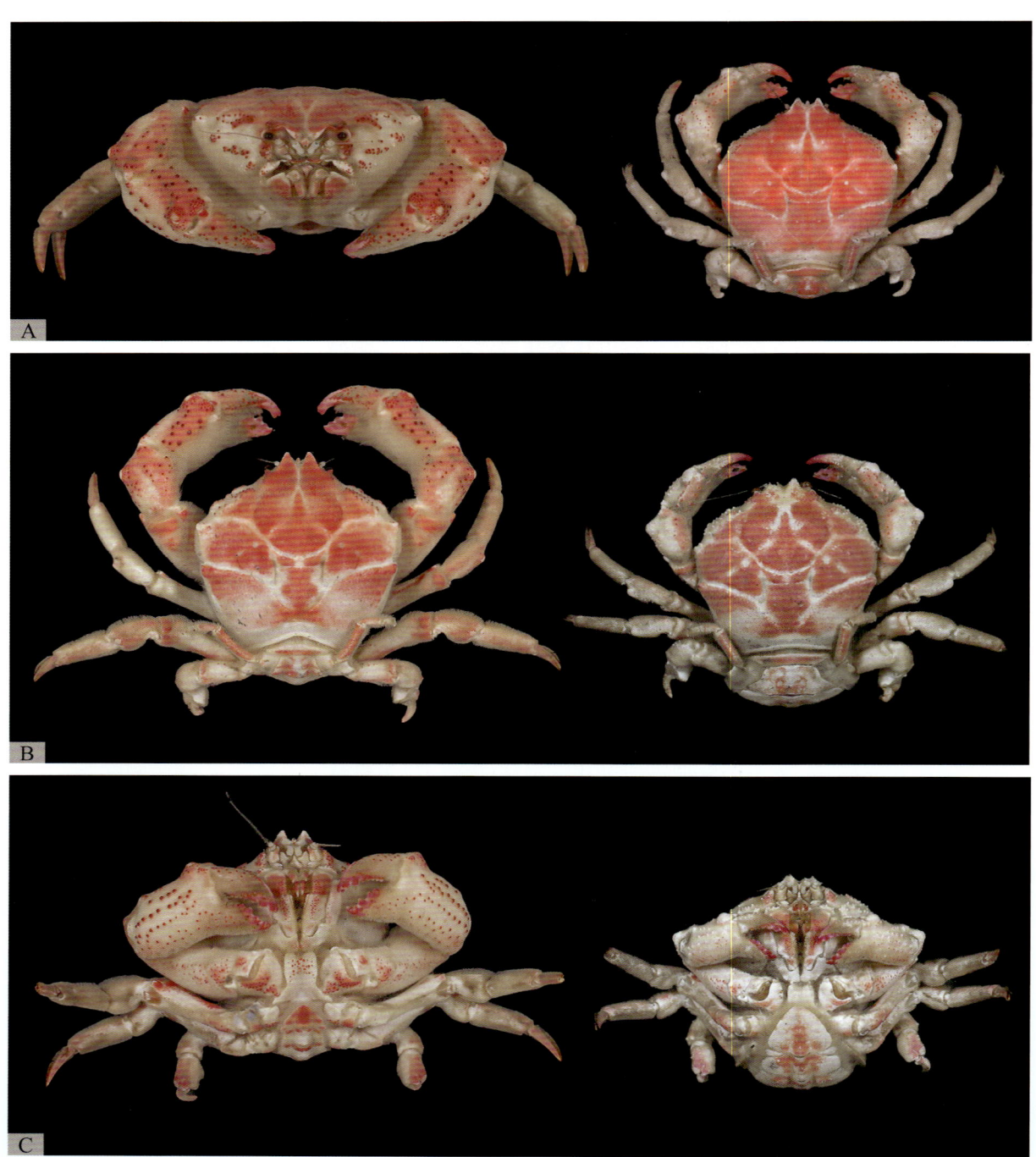

陈氏平壳蟹

A.正面观、雄性亚成体背面观　B.雄性背面观、雌性背面观　C.雄性腹面观、雌性腹面观

115 颗粒板蟹
Petalomera granulata Stimpson, 1858

分类地位 十足目 Decapoda，腹胚亚目 Pleocyemata，绵蟹总科 Dromiidea，绵蟹科 Dromiidae

形态特征 小型蟹类，体呈黄褐色，头胸甲宽 4 cm 左右。头胸甲长大于宽，螯足及前 2 对步足长节有脊片状突起，全身密布颗粒。头胸甲略呈五角形，背面隆起，分区明显，颈沟、鳃沟深，并与胃心沟相连。除沟外，到处密布颗粒。额分 3 齿，中齿小而低位，侧齿尖锐。前侧缘具不明显的 3 齿，后侧缘无齿。螯足粗壮、对称，长节内侧面扁平而光滑，背缘呈片状隆脊；腕节表面具锐颗粒，末端具 2 个突起；掌节长大于宽；两指短于掌，基部有密毛，末部光裸。前 2 对步足长度近等，较粗壮，长节内侧面扁平，背缘呈隆脊状；后 2 对步足短小，指呈钩状，与掌刺相对呈钳状，掌节末对有 1 枚小刺。雄性腹部窄长，分为 7 节，第六节宽为长的 2 倍，尾节末对呈截形。雄性第一腹肢粗壮，第二腹肢瘦长，末端呈针状。

生态习性 一般栖息于浅海的泥沙、碎壳质海底。

地理分布 国内分布于东海、南海。舟山海域偶见。

颗粒板蟹

十七、蛙蟹总科 Raninoidea De Haan, 1839

(二十六) 蛙蟹科 Raninidae De Haan, 1839

头胸甲长大于宽,最宽处位于前1/3处。腹板窄,绝大部分从背面可见。口框长形,完全被第三颚足所覆盖。螯足粗壮,掌部宽而扁,两指与掌部几成直角。步足指节一般扁平,呈叶片状或披针形。末对步足退化,呈长条形。

舟山新发现1属1种,本书收录1属1种。

116 窄琵琶蟹
Lyreidus stenops Wood-Mason, 1887

同物异名 *Lyreidus integra* Terazaki, 1902; *Lyreidus politus* Parisi, 1914

分类地位 十足目 Decapoda,腹胚亚目 Pleocyemata,蛙蟹总科 Raninoidea,蛙蟹科 Raninidae

形态特征 小型蟹类,头胸甲长可达5 cm。成体头胸甲多呈橘红色,各足橘红色与白色相间。头胸甲呈长卵圆形,前窄后宽,表面光滑,侧缘无刺。额甚窄,呈锐三角形。外眼窝齿尖锐,向前突出。侧缘无齿。螯足长节粗短,表面有细颗粒,末端两侧各具1个突起;腕节背面有2刺,前后排列,前者较后者大;掌节宽扁,外缘近末端有1枚锐刺,内缘有3~5齿;可动指背面具1锐脊,两指内缘有钝齿。步足第一对最长,末对细而短,位于背面。前3对步足长节粗短,前缘拱形呈脊状;腕节背缘具1锐脊;掌节宽扁,后缘均有锐脊。前2对指节呈匕首状,第三对指节甚宽,呈叶片状。两性腹部均窄长,共分7节,形状相似,第四节有1枚刺。雄性第一腹肢分叉,第二腹肢末端呈尖刺状。

生态习性 一般栖息于浅海的泥质沙、沙质泥或碎壳质海底。

地理分布 国内分布于东海、南海。舟山海域偶见。

各论

窄琵琶蟹

十八、奇净蟹总科 Aethroidea Dana, 1851

（二十七）奇净蟹科 Aethridae Dana, 1851

头胸甲呈横卵形，侧缘隆脊形，侧部扩张，边缘上翘，遮掩步足。
舟山记录1属1种，本书收录1属1种。

117 桑椹蟹
Drachiella morum (Alcock, 1896)

同物异名 *Actaeomorpha morum* Alcock, 1896

分类地位 十足目 Decapoda，腹胚亚目 Pleocyemata，奇净蟹总科 Aethroidea，奇净蟹科 Aethridae

形态特征 小型蟹类，成体头胸甲宽仅1 cm左右，全身被红褐色泡状颗粒。头胸甲近圆形，背面甚为隆起，表面具泡状颗粒。额后区及沿边缘处具1环绕的深沟，胃区、心区与鳃区以及肠区之间均有深沟相隔。额宽而厚，前缘弯向下方，中部突出，被1浅凹分成两叶。眼窝小而圆，与第一触角窝完全隔离。前侧缘具2叶，前叶近三角形，后叶呈双叶形；后侧缘亦具2三角形叶，后缘圆钝。雌性螯足各节密具泡状颗粒，腕节、掌节背面的颗粒甚为突出，可动指纤细，两指内缘具圆钝的小齿。各对步足长节具珠状颗粒，末对步足长节后缘的颗粒突出成齿形，腕节背面具锐突的齿，指节细长，具细绒毛。雄性腹部十分窄长，呈锐三角形，分5节。雌性腹部呈卵形，分7节，尾节呈三角形。

生态习性 一般栖息于浅海的沙质或泥沙质海底。

地理分布 国内分布于东海、南海。舟山海域罕见。标本采集于舟山北部近海泥样中。

桑椹蟹

十九、关公蟹总科 Dorippoidea MacLeay, 1838

（二十八）关公蟹科 Dorippidae MacLeay, 1838

头胸甲短，近方形。背面可见前3腹节，口腔向前延长，眼窝不完整。后2对步足退化并位于背部，很短小。鳃数少于9对。雄性生殖孔位于末对步足底节上，雌性生殖孔位于步足底节或腹甲上。

舟山记录3属5种，本书收录3属4种。

118 中华关公蟹
Dorippe sinica Chen, 1980

同物异名 *Dorippe (Dorippe) sinica* Chen, 1980

分类地位 十足目 Decapoda，腹胚亚目 Pleocyemata，关公蟹总科 Dorippoidea，关公蟹科 Dorippidae

形态特征 中小型蟹类，成体头胸甲宽4 cm左右。头胸甲宽稍大于长，前侧缘光滑无齿。全身除螯足及前2对步足的掌节、指节外，均具浓密的短刚毛。背面分区明显，具16～17个疣状突起，心区、肠区具1"Y"形突起。额齿呈三角形，背面见不到内口沟脊。内眼窝齿呈短三角形，外眼窝齿锐而长，较额齿突出。前侧缘光滑，末端具1齿突，后侧缘及后缘均光滑。雄性螯足常不对称，外侧面具颗粒，掌节光滑。腹部第二、三节各具3突起，第四节中部具1刺状突起，尾节呈圆钝的三角形。雌性腹部呈卵圆形，第三至五节中部具1横行锯齿形隆脊，尾节呈半圆形。雄性第一腹肢粗壮，末端几丁质突起弯向腹外方。

生态习性 一般栖息于浅海的泥质、沙质海底。

地理分布 国内分布于东海、南海。舟山海域偶见。

中华关公蟹

119 四齿关公蟹
Dorippe quadridens (Fabricius, 1793)

同物异名 *Dorippe rissoana* Desmarest, 1817; *Dorippe quadridentata* (Fabricius, 1793); *Dorippe Nodosa* Desmarest, 1817; *Dorippe atropos* Lamarck, 1818; *Cancer quadridens* Fabricius, 1793

分类地位 十足目 Decapoda，腹胚亚目 Pleocyemata，关公蟹总科 Dorippoidea，关公蟹科 Dorippidae

形态特征 中小型蟹类，成体头胸甲宽3～4 cm。头胸甲宽稍大于长，前侧缘具齿。全身大部分覆盖密毛，幼体的毛显著，成体的毛较少。较大雄性个体的背面突起较高，具光滑疣。雌性个体突起较低，年幼个体突起上还有颗粒。头胸甲背面凹凸不平，分区显著，具约17枚疣状突起。雄性心区具1"Y"形颗粒脊，雌性心区具1"V"形颗粒脊。额窄小，具2个三角形齿，外眼窝齿锐长，长于额齿，下眼窝齿大而弯，齿的外侧具5～6个小齿。前侧缘具齿。螯足对称或不对称，掌节膨大，座节、长节、腕节及掌节的基部表面具颗粒，两指内缘均有小齿。步足以第二对最长，第一对次之，后2对短小，位于近背面，腕节瘦长，末2节呈钳状。两性腹部均分为7节，雄性第二至四节各有3枚突起，居中者大而圆；雌性腹部第三至五节各具1横列齿状隆脊。雄性第一腹肢粗短而直，第二腹肢短小。

生态习性 一般栖息于浅海的泥质、泥沙质海底，通常用后2对步足勾住海绵或贝壳半壳背在头胸甲上。

地理分布 国内分布于东海、南海。舟山海域偶见。

四齿关公蟹

120 日本拟平家蟹
Heikeopsis japonica (von Siebold, 1824)

同物异名 *Doripe japonica* von Siebold, 1824; *Heikea japonica* von Siebold, 1824; *Neodorippe* (*Neodorippe*) *japonicum* (von Siebold, 1824); *Neodorippe* (*Neodorippe*) *japonicum* var. *taiwanensis* Serène & Romimohtarto, 1969

分类地位 十足目 Decapoda，腹胚亚目 Pleocyemata，关公蟹总科 Dorippoidea，关公蟹科 Dorippidae

形态特征 小型蟹类，头胸甲宽3 cm左右。头胸甲和步足常呈紫色，全身密被短毛。头胸甲宽稍大于长，中等隆起，前宽后窄，表面较光滑，分区显著，肝区较凹。前鳃区周围具深沟，中、后鳃区隆起。心区凸，其前缘具1"V"形缺刻。额分两齿，内眼窝齿钝，外眼窝齿呈三角形，下内眼窝齿短，齿端指向外方。雄性螯足不等大，雌性螯足较小、对称，掌不膨大。前2对步足瘦长，第二对长于第一对，掌节边缘及指节前、后缘的基部有刚毛。后2对步足短小，位于背面，具短绒毛。第四对步足较第三对瘦长，掌节后缘基部突出，具1撮短毛，指呈钩状。雌性腹部呈长卵圆形，分为5节，尾节呈钝三角形。

生态习性 一般栖息于潮间带至百余米深的浅海泥沙质海底。

地理分布 国内分布于渤海、黄海、东海和南海。舟山海域偶见。

日本拟平家蟹

121 颗粒拟关公蟹
Paradorippe granulata (De Haan, 1841)

同物异名 *Dorippe granulata* De Haan, 1841

分类地位 十足目 Decapoda，腹胚亚目 Pleocyemata，关公蟹总科 Dorippoidea，关公蟹科 Dorippidae

形态特征 小型蟹类，成体头胸甲宽 3 cm 左右。头胸甲和步足常呈红褐色。头胸甲宽大于长，前窄后宽，分区明显，背面的粗颗粒尤以鳃区稠密。各区不很隆起，沟浅，但明显，沟里不具颗粒。额稍突出，密具软毛，其前缘凹陷，分为 2 个三角形齿。内眼窝齿钝而弱小，外眼窝齿锐长，下内眼窝齿呈三角形，末端尖，短于额齿。雌性螯足对称，雄性螯足常不对称，其长度稍长于头胸甲，较大螯足掌膨大。不动指短，约为可动指的 1/2，两指内缘有齿。第二对步足最长，长节和腕节具粗颗粒和短毛。后 2 对步足短小，位于近背面。雄性腹部表面具颗粒和刚毛，雌性腹部呈长卵圆形，表面具颗粒和短毛。尾节近三角形，边缘有短毛。雌性生殖孔位于胸部腹甲，呈卵圆形。雄性第一腹肢基部粗壮。

生态习性 一般栖息于潮间带至百余米深的浅海海底，多栖息于水深 50 m 以内。

地理分布 国内分布于渤海、东海、黄海。舟山海域较常见。

颗粒拟关公蟹

(二十九)四额齿蟹科 Ethusidae Guinot, 1977

头胸甲呈四方形、椭圆形或心形。额通常具4齿,入水孔位于头胸甲腹面螯足前外方,末两对步足的指节短,呈爪状。雄性生殖孔位于底节上。雄性第一腹肢粗短,第二腹肢细长。

舟山记录1属2种,本书收录1属1种。

122 六齿四额齿蟹
Ethusa sexdentata (Stimpson, 1858)

同物异名 *Dorippe sexdentatus* Stimpson, 1858

分类地位 十足目 Decapoda,腹胚亚目 Pleocyemata,关公蟹总科 Dorippoidea,四额齿蟹科 Ethusidae

形态特征 小型蟹类,成体头胸甲长2 cm左右。整体呈黄褐色,螯足颜色稍深。头胸甲长大于宽,鳃区具细颗粒,分区不显著,胃区、肠区及鳃区微微隆起。大部分身体光滑无毛且具光泽。眼柄长,外眼窝齿与额齿末端几乎在同一水平。眼窝及额齿中央缺刻为"V"形。额具4齿,中齿与侧齿之间具1浅缺刻,中齿稍长于侧齿。成体雄性螯足右大左小,各节均光滑无毛。较大螯足各节均较粗壮,掌部尤甚,两指无齿,合拢时有空隙。较小螯足各节瘦长,两指无齿,合拢时有空隙。幼体雄性螯足对称,与雌性螯足相似。前2对步足较长大,光滑无毛。后2对步足短小,腕节、掌节后缘末端具1撮短毛,指节短而弯。雄性腹部分5节,尾节呈钝圆形。雌性腹部较雄性腹部宽大,分7节,尾节呈钝三角形。雄性第一腹肢粗壮,第二腹肢瘦长。

生态习性 一般栖息于浅海、深海的泥沙质海底。

地理分布 国内分布于东海、南海。舟山海域罕见。

六齿四额齿蟹

二十、玉蟹总科 Leucosioidea Samouelle, 1819

(三十) 精干蟹科 Iphiculidae Alcock, 1896

头胸甲和附肢体外均被短毛。头胸甲呈椭圆形，前侧缘具4个棘齿，后侧缘具2个疣突。螯足掌节短于指节。

舟山记录1属1种，本书收录1属1种。

123 海绵精干蟹
Iphiculus spongiosus Adams & White, 1849

分类地位 十足目 Decapoda，腹胚亚目 Pleocyemata，玉蟹总科 Leucosioidea，精干蟹科 Iphiculidae

形态特征 小型蟹类，成体头胸甲宽2 cm左右。体呈粉白色，全身密覆海绵状短绒毛。头胸甲呈横椭圆形，背面有短绒毛和短软毛，具颗粒，心区和肠区隆起。额窄，中央有1浅沟，分成2个钝突起。外眼窝齿突出。前侧缘具4刺，自前至后依次增大，末刺锐长；后侧缘具2个突起；后缘中部平直，两侧各具1个突起，雄性较雌性明显。螯足长节粗短，略呈三棱形；腕节小；掌节膨肿，短于指节。两指甚长，呈镰刀状，约为掌节长度的2倍，末端交叉，内缘具小齿，间有3～4个大齿。第一对步足最长，依次渐短，各对指节长于掌节，边缘具短刚毛。雄性腹部呈锐三角形，分为5节，尾节呈锐三角形。雌性腹部呈长卵圆形，共分7节，尾节呈三角形。雄性第一腹肢基半部较粗。

生态习性 一般栖息于潮下带几十米到百余米深的沙质泥或软泥质海底。

地理分布 国内分布于东海、南海。舟山海域罕见。

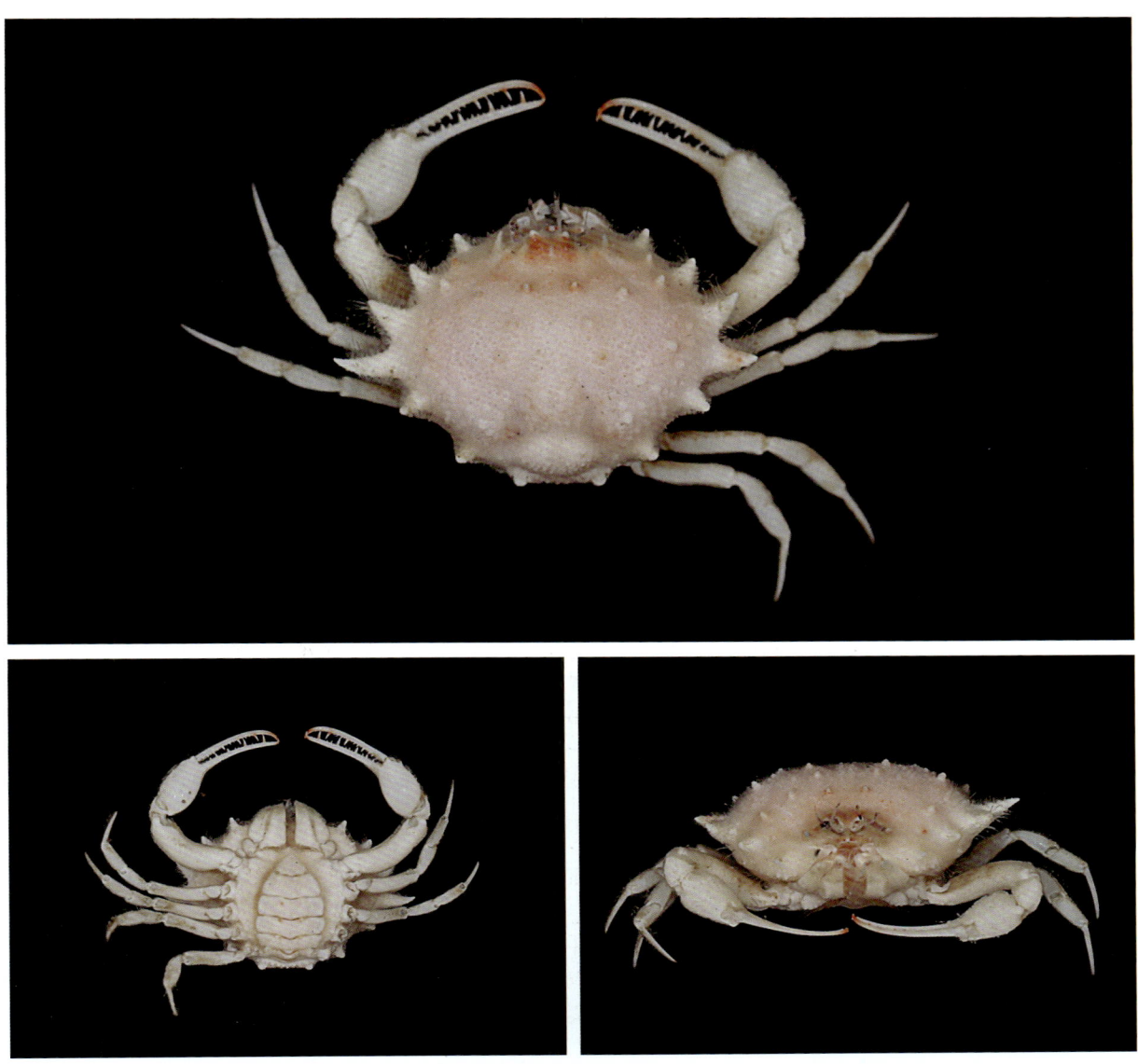

海绵精干蟹

（三十一）玉蟹科 Leucosiidae Samouelle, 1819

头胸甲近圆形、卵形或多角形，壳厚而坚实，眼窝及眼很小。第三颚足呈长形，完全覆盖口框。鳃数少于9对。雄性生殖孔位于腹甲，第二腹肢短。

舟山记录12属19种，本书收录6属8种。

124 斜方五角蟹
Nursia rhomboidalis (Miers, 1879)

同物异名 *Ebalia rhomboidalis* Miers, 1879

分类地位 十足目 Decapoda，腹胚亚目 Pleocyemata，玉蟹总科 Leucosioidea，玉蟹科 Leucosiidae

形态特征 小型蟹类，成体头胸甲宽2 cm左右。头胸甲的宽大于长，呈五角形，表面光滑，但镜下可见均匀微细颗粒，中部隆起，由此有4条隆脊向前后左右伸展。额部突出，背视观圆钝。眼窝小，眼柄短。第三颚足及腹甲均有细颗粒。前侧缘近平直，与后侧缘相接处约成直角，此角在雌体较为圆钝。后侧缘中部在鳃区的隆脊之后稍内凹，后缘具1横行隆脊，在较低的位置上具2个半圆形叶状突出，雌性则不分为明显的两叶。螯足长稍大于头胸甲长的1.5倍，掌节背、腹缘锋锐，指节较掌节短。步足侧扁，腕节背面具2隆线，指节密具刚毛及粗糙颗粒。雄性腹部窄长，尾节呈长三角形。雌性腹部呈圆形，尾节呈长卵形。

生态习性 一般栖息于浅海的沙质泥或软泥质海底。

地理分布 国内分布于黄海、渤海、东海北部。舟山海域偶见。标本采集于舟山北部近海泥样中。

斜方五角蟹

125 长形栗壳蟹
Arcania elongata Yokoya, 1933

同物异名 *Arcania undecimspinosa* var. *elongata* Yokoya, 1933

分类地位 十足目 Decapoda，腹胚亚目 Pleocyemata，玉蟹总科 Leucosioidea，玉蟹科 Leucosiidae

形态特征 小型蟹类，成体头胸甲宽2～3 cm。全身呈橘黄色，各足末端呈白色。头胸甲呈长卵圆形，背面密覆近等大的尖颗粒，肝区稍隆起，心区、肠区与鳃区之间有浅沟。额分2钝齿，背面具小而锐的颗粒。侧缘齿共11个，后5个较大，前2个小而不明显，各刺的边缘又有颗粒状小刺。第三颚足表面密具细颗粒，外肢瘦长，内肢长节小，呈钝三角形。螯足长节呈圆柱形；腕节小；掌节粗短，其最大宽度为长节的2倍；指节长而细，约为掌节长度的1.5倍，两指表面光滑而有光泽，内、外缘均有刚毛，内缘有细锯齿。雄性腹部呈长三角形，表面具细颗粒。雌性腹部呈长卵圆形。雄性第一腹肢瘦长。

生态习性 一般栖息于浅海的泥质沙或软泥质海底。

地理分布 国内分布于东海、南海。舟山海域少见。

长形栗壳蟹

126 七刺栗壳蟹
Arcania heptacantha (De Man, 1907)

同物异名 *Iphis heptacantha* Herklots, 1861

分类地位 十足目 Decapoda，腹胚亚目 Pleocyemata，玉蟹总科 Leucosioidea，玉蟹科 Leucosiidae

形态特征 小型蟹类，成体头胸甲宽 2.5 cm 左右。全身呈橘红色，各足末端呈白色。头胸甲呈菱形，长宽略等，表面粗糙，密布细颗粒。额分两叶。肝区隆起，肠区显著，与鳃区之间有浅沟。前侧缘中部微凹，与后侧缘交接处有 1 枚大刺，后缘及后侧缘具大小相近的 5 枚刺。螯足瘦长，表面有细颗粒。长节呈圆柱形，外缘近基部有 1 突起；腕节呈三角形；掌部前 1/3 纤细，基部 2/3 逐渐变粗；指节长于掌节，两指内缘均有细锯齿。步足瘦长，除长节粗糙外，其余各节均较光滑，指节边缘有短刚毛。雄性腹部呈锐三角形，分为 5 节。雌性腹部呈卵圆形。雄性第一腹肢呈棒状。

生态习性 一般栖息于浅海的软泥、泥质沙或沙质泥海底。

地理分布 国内分布于东海、南海。舟山海域偶见。

七刺栗壳蟹

127 十一刺栗壳蟹
Arcania undecimspinosa De Haan, 1841

同物异名 *Arcania granulosa* Miers, 1877

分类地位 十足目 Decapoda，腹胚亚目 Pleocyemata，玉蟹总科 Leucosioidea，玉蟹科 Leucosiidae

形态特征 小型蟹类，成体头胸甲宽 3 cm 左右。全身呈橘红色，各足末端呈白色。头胸甲近圆形，长稍大于宽。背面隆起，密具锐颗粒，分区可辨。额缘中央有 1 "V" 形缺刻，分成 2 个锐三角形齿，各齿表面密具细小泡状颗粒。眼大，呈圆形，近内侧具 1 小齿。侧缘与后缘各具 11 枚刺，第二枚最小，后部 5 枚刺较大，各刺表面及边缘有小齿或颗粒。螯足瘦长，长节呈圆柱形；掌节基部膨肿，向末端逐渐趋细；指节纤细，垂直张开，内缘具细锯齿。步足细长，各节均具细颗粒，指节边缘具短刚毛。两性腹部及胸部腹甲均密具尖颗粒。雄性腹部呈三角形，雌性腹部呈圆形，均分为 5 节。雄性第一腹肢长而细。

生态习性 一般栖息于浅海、深海的泥沙或软泥海底。

地理分布 国内分布于渤海、黄海、东海、南海。舟山海域少见。

十一刺栗壳蟹

128 迅速长臂蟹
Myra celeris Galil, 2001

分类地位 十足目 Decapoda，腹胚亚目 Pleocyemata，玉蟹总科 Leucosioidea，玉蟹科 Leucosiidae

形态特征 小型蟹类，成体头胸甲宽 3 cm 左右。头胸甲呈长卵圆形，背面隆起，具细颗粒，分区不明显，肝区膨大。额部上翘，中央具"V"形缺刻，分为2窄齿。眼小，眼窝圆，第一触角基部膨大，第二触角短小。前侧缘在螯足基部上方具1缺刻。肠区突出1枚长刺，位于后缘中央。两侧各有1枚三角形刺。第三颚足末端有软毛。两螯等长，成体雄性螯足长约为头胸甲长的3倍，长节呈圆柱形，表面3/4密布颗粒，腕节末端膨大，掌节瘦长，中部较细，指节约为掌节1/2长，指间具细齿。雌性螯足较短。步足瘦长，长节及腕节近圆柱形，末2节扁平。雄性腹部第三至六节愈合，雌性腹部第四至六节愈合。雄性第一腹肢扁直，末端尖细，分2节向前延伸，幼体第二节较不明显。

生态习性 一般栖息于浅海的泥沙质海底。

地理分布 国内分布于东海、南海、台湾。舟山海域少见。

注：舟山海域原记录的遁形长臂蟹 *M. fugax* 实为本种误鉴。据 Galil（2001）和施宜佳（2016）原浙江历史文献中记录的 *M. fugax* 仅分布于我国台湾以南及印度洋海域。两者的主要区别为本种雄性螯足长节的长约为头胸甲宽的1.5倍以上，螯足掌节可达不动指2倍长，雄性第一腹肢末端向外侧弯曲；*M. fugax* 雄性螯足长节的长约为头胸甲宽的1.1倍，螯足掌节与不动指等长，雄性第一腹肢末端向外侧弯曲，略呈"C"形。

迅速长臂蟹

129 豆形肝突蟹
Pyrhila pisum (De Haan, 1841)

同物异名 *Philyra pisum* De Haan, 1841

分类地位 十足目 Decapoda，腹胚亚目 Pleocyemata，玉蟹总科 Leucosioidea，玉蟹科 Leucosiidae

形态特征 小型蟹类，成体头胸甲宽 2.5 cm 左右。全身呈浅红褐色。头胸甲近圆形，长稍大于宽，分区明显，背面中部隆起，胃区、心区及鳃区均有颗粒群，颗粒大小不一。额短，前缘中部稍凹，从背面可见口前板及口腔末端，两侧角稍突出。雄性的后缘较平直，雌性稍突出。螯足可动指中部及不动指基部无大突起。螯足粗壮，雄性较雌性长，长节呈圆柱形，具颗粒；掌节短于指节，背面中央隆起，具 1 颗粒脊。近内缘及内缘各有 1 条颗粒脊延伸至不动指的基半部。雌性掌部长宽相等。两指内缘均有小齿，雄性不动指内缘中部稍隆起，雌性中部不隆起。步足瘦小、光滑，长节呈圆柱形，掌节的前缘具光滑隆脊，后缘有细颗粒。雄性腹部呈锐三角形，分为 3 节，尾节呈舌状。雌性腹部呈长卵圆形，分为 4 节。雄性第一腹肢呈棒状。

生态习性 一般栖息于潮间带到潮下带几十米深的泥沙质海底。

地理分布 国内分布于渤海、黄海、东海、南海。舟山海域常见。

豆形肝突蟹

130 橄榄拳蟹
Ovilyra fuliginosa (Targioni Tozzetti, 1877)

同物异名 *Philyra fuliginosa* Targioni Tozzetti, 1877; *Philyra olivacea* Rathbun, 1909

分类地位 十足目 Decapoda，腹胚亚目 Pleocyemata，玉蟹总科 Leucosioidea，玉蟹科 Leucosiidae

形态特征 小型蟹类，成体头胸甲宽 1.5 cm 左右，整体呈青灰色。头胸甲长大于宽，呈橄榄形，表面光滑，但镜下可见细颗粒。额后中线具 1 条纵行细颗粒脊，背面稍隆起，尤以肝区、心区、肠区及鳃区较明显，心区、肠区两侧有细沟。额突出于口前板，额部周围有短软毛。前侧缘有粗颗粒，下缘基部有 1 大齿；后侧缘长于前侧缘。胸部腹甲具颗粒。第三颚足外肢末端呈宽卵圆形，表面有细颗粒；内肢的长节呈锐三角形。雄性螯足的长度约为头胸甲的长度的 1.5 倍，雌性较短。螯足长节呈圆柱形，边缘具细颗粒；腕节小，具颗粒脊；掌较光滑，外缘直，内缘隆突；两指稍长于掌，内缘均有小齿。步足瘦长，较光滑，但边缘有细颗粒，末 2 节具短毛。雄性腹部窄长，分为 5 节，尾节呈三角形。雌性腹部呈长卵圆形，分为 4 节。雄性第一腹肢长。

生态习性 一般栖息于低潮线至潮下带浅海的泥沙质或泥质海底。

地理分布 国内分布于浙江、福建、广东和广西沿岸。舟山海域常见。

橄榄拳蟹

131 双角转轮蟹
Ixoides cornutus MacGilchrist, 1905

分类地位 十足目 Decapoda，腹胚亚目 Pleocyemata，玉蟹总科 Leucosioidea，玉蟹科 Leucosiidae

形态特征 小型蟹类，头胸甲宽 5 cm 左右。亚成体头胸甲近菱形，成体头胸甲呈宽菱形，各区隆起，前侧缘末端具 1 圆柱形突起，后缘每边各具 1 大乳突，分界可辨。肠区中部具 1 指向后方的突起，有时无。突起两侧各具 1 较大圆形突起，形状有变异。侧缘具 1 壮大侧刺，基部有颗粒，侧刺长度为体宽的 1/2。刺的形状随个体而变异，顶端尖或圆，成体为圆柱形。螯足瘦长，掌节基部的宽度与腕节相近，但其末端趋细；指节呈针状，长度不及掌节的 1/2。步足纤细，指节前、后缘具刚毛。

生态习性 一般栖息于浅海的泥沙、细沙质海底。

地理分布 国内分布于东海、南海。舟山海域偶见。

注：属名采纳施宜佳（2016）基于形态聚类分析和分子标记的研究结果。

双角转轮蟹

二十一、馒头蟹总科 Calappoidea De Haan, 1833

（三十二）馒头蟹科 Calappidae De Haan, 1833

头胸甲多少呈卵圆形或半圆形，一般在前侧缘和后侧缘相接处有1齿或壮刺。额的宽度与眼窝等宽。第一触角斜折，第二触角小。螯足大，左右对称（但两指的形状不对称），掌部大，弯曲度恰好相对地遮盖颊区。鳃9对。雄性生殖孔位于第四对步足的底节。

舟山记录1属2种，本书收录1属2种。

132　逍遥馒头蟹
Calappa philargius (Linnaeus, 1758)

同物异名　*Calappa cristata* Fabricius, 1798; *Cancer inconspectus* Herbst, 1794; *Cancer philargius* Linnaeus, 1758

分类地位　十足目 Decapoda，腹胚亚目 Pleocyemata，馒头蟹总科 Calappoidea，馒头蟹科 Calappidae

形态特征　中型蟹类。头胸甲宽可达10 cm。亚成体体色及花纹多变，成体全身呈浅红褐色，眼窝具环形深褐色色斑，螯足腕节基部及掌节背缘各具红褐色圆斑。头胸甲很宽，背部隆起，具5个不明显纵列疣状突起，中部两侧有浅沟。额窄，分两齿。头胸甲后缘具7个锐齿，前侧缘具细锯齿。螯足粗壮、不对称，长节呈倒三角形，腕节基部很宽，掌节粗壮，背缘具齿。较大螯足两指合拢时空隙较大，内缘有钝齿。较小螯足两指合拢时无空隙，内缘有小齿。步足侧扁，第一对最长，末对最短，各节表面光滑，指呈爪状。雄性腹部分为5节，尾节呈锐三角形。雌性腹部较雄性宽，分为7节。雄性第一腹肢基部粗壮。

生态习性　一般栖息于浅海的泥质沙、沙质泥或碎壳沙海底。

地理分布　国内分布于海南、广东、广西、福建、东海、南海。舟山海域较常见。

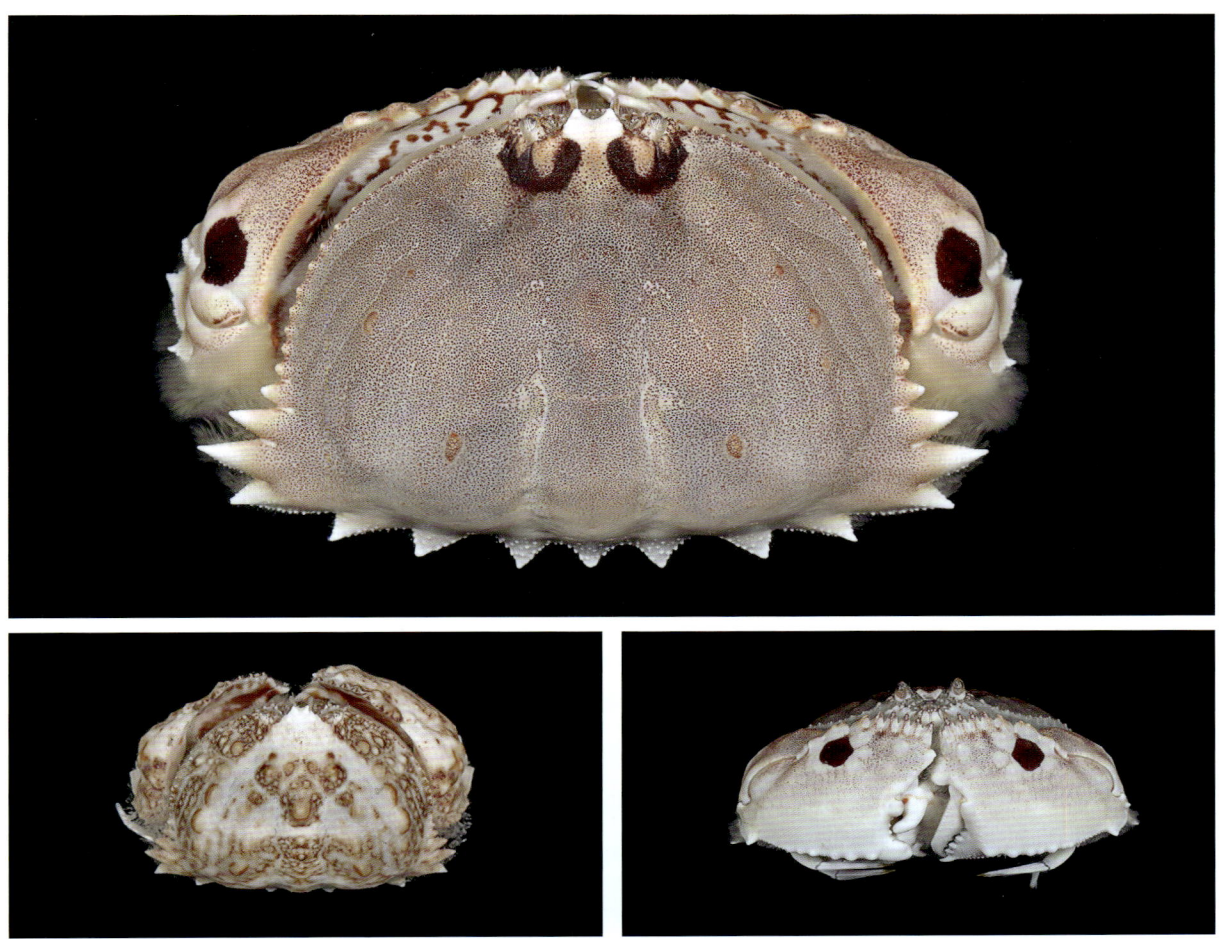

逍遥馒头蟹

133 卷折馒头蟹
Calappa lophos (Herbst, 1782)

同物异名 *Cancer lophos* Herbst, 1782

分类地位 十足目 Decapoda，腹胚亚目 Pleocyemata，馒头蟹总科 Calappoidea，馒头蟹科 Calappidae

形态特征 中型蟹类，头胸甲宽可达 13 cm。亚成体花纹多变，成体整体呈淡红褐色，头胸甲背面、螯足掌节内外侧及腕节均具紫红色斑纹和圆斑。头胸甲宽大于长，背部隆起，表面光滑。前半部具一些小突起，中部各区的两侧有纵沟。额窄，分两个齿突。头胸甲后缘齿为7个钝齿，齿缘具颗粒。眼窝缘有颗粒齿及两条缝，眼柄粗短。前侧缘长，呈弧形，具细锯齿，齿缘具颗粒。螯足不对称，长节近末端具1环形隆脊，腕节边缘尖锐有颗粒，掌节背缘有7～9个锐齿。较大螯足两指合拢时基部有空隙，可动指基部具1枚指状突起，不动指基半部有3个臼齿。较小螯足两指合拢时无空隙，内缘均有钝齿。步足侧扁、短小，各节表面光滑。两性腹部均为锐三角形。

生态习性 一般栖息于浅海的泥沙、细沙或碎壳质海底。

地理分布 国内分布于海南、广东、广西、福建、东海、南海。舟山海域少见。

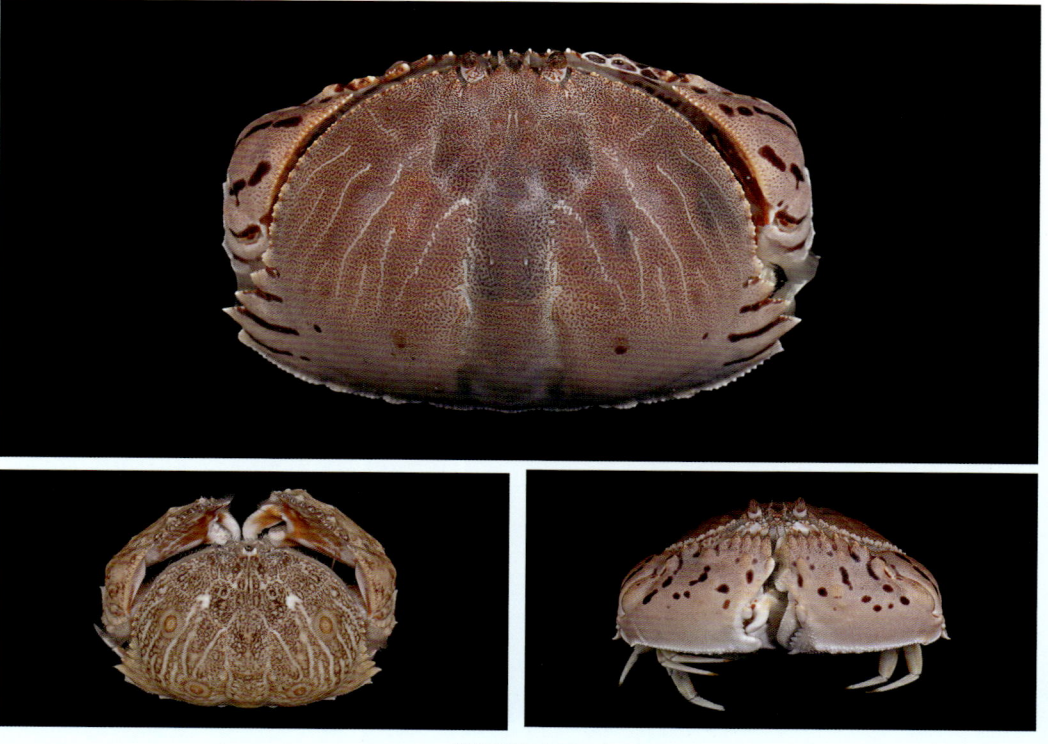

卷折馒头蟹

(三十三)黎明蟹科 Matutidae De Haan, 1835

头胸甲呈圆形,后侧缘向后缘急斜,前侧缘与后侧缘相交处有1枚向侧方突出的大棘。头胸甲表面平坦。螯足完全在头胸甲的前方盖住口框,步足的掌节和指节呈平板状。有埋沙习性。

舟山记录1属2种,本书收录1属2种。

134 红线黎明蟹
Matuta planipes Fabricius, 1798

同物异名 *Cancer americanus* Seba, 1758; *Cancer lunaris* Herbst, 1783; *Matuta appendiculata* Bosc & Desmarest, 1830; *Matuta flagra* Shen, 1936; *Matuta laevidactyla* Miers, 1880; *Matuta lineifera* Miers, 1877; *Matuta rubrolineata* Miers, 1877

分类地位 十足目 Decapoda,腹胚亚目 Pleocyemata,馒头蟹总科 Calappoidea,黎明蟹科 Matutidae

形态特征 小型蟹类,成体头胸甲宽4 cm左右。头胸甲整体呈浅黄绿色,紫红色网纹连成大小不一的红圈。各足黄绿色与紫红色相间。头胸甲近圆形,背面中部有6枚小突起,表面有细颗粒。额分两齿。前侧缘有不等大的小齿,侧齿壮,末端尖。颊区表面密具短绒毛,具突起及1列发声响脊。螯足粗壮、对称,长节呈三棱形,光滑有绒毛,后腹缘有1列小突起;腕节外侧面有不明显突起;掌节前缘有5个齿,外侧面上部具2纵列7枚突起;两指内缘有钝齿。末对步足呈桨状,善于游泳和掘沙潜伏。前3对步足长节后缘有锯齿,末对步足长节后缘无齿,但边缘有密毛。雄性腹部分为5节,呈锐三角形。雌性腹部呈长卵圆形,共分7节。雄性第一腹肢末端钝圆。

生态习性 一般栖息于潮间带至几十米深的浅海海底。常潜沙于沙滩低潮区,掘沙迅速。

地理分布 国内分布于渤海、黄海、东海、南海。舟山海域常见。标本采集于舟山普陀桃花岛、舟山岱山岛等沙滩。

红线黎明蟹

135 胜利黎明蟹
Matuta victor (Fabricius, 1781)

同物异名 *Cancer victor* Fabricius, 1781; *Matuta Lesueurii* Leach, 1817; *Matuta Peronii* Leach, 1817; *Matuta victrix* (Fabricius, 1781); *Matuta victrix* var. *annulifera* Henderson, 1887; *Matuta victrix* var. *crebrepunctata* Miers, 1877

分类地位 十足目 Decapoda，腹胚亚目 Pleocyemata，馒头蟹总科 Calappoidea，黎明蟹科 Matutidae

形态特征 小型蟹类，成体头胸甲宽4 cm左右。头胸甲背面密布红色小斑点，不连成网状。头胸甲近圆形，中部有6个不明显的小突起，壳面散布细颗粒。额稍宽于眼窝前缘，中部突出，由1小"V"形缺刻分成2齿。前侧缘短于后侧缘，侧刺粗壮，末端尖。后缘小，呈圆形。颊区密具短绒毛，有突起及1列发声响脊。螯足掌部前缘具3齿，内侧面近边缘有2个不等大的突起，可动指外侧具1纵列隆脊，两指内缘均有钝齿。步足指节均呈片状。第一对步足最长，前3对步足长节后缘有锯齿，末对步足长节无齿而有浓密的短毛；掌节后缘扩大，呈叶状突出；指节呈宽扁卵圆形。雄性腹部呈锐三角形，尾节呈长三角形。雌性腹部呈卵圆形。雄性第一腹肢粗壮。

生态习性 一般栖息于中、低潮带或潮下带十几米深的泥沙或碎壳质海底。善于游泳，也可掘沙藏身。

地理分布 国内分布于东海、南海。舟山海域少见。

胜利黎明蟹

二十二、黄道蟹总科 Cancroidea Latreille, 1802

（三十四）黄道蟹科 Cancridae Latreille, 1802

头胸甲呈宽卵圆形。额通常分3齿，中齿窄小。第一触角纵折，第二触角鞭短。第三颚足封闭口腔。

舟山记录1属1种，本书收录1属1种。

136 隆背体壮蟹
Romaleon gibbosulum (De Haan, 1835)

同物异名 *Cancer gibbulosus* (De Haan, 1833); *Corystes* (*Trichocera*) *gibbosulum* De Haan, 1833; *Trichocarcinus affinis* Miers, 1879

分类地位 十足目 Decapoda，腹胚亚目 Pleocyemata，黄道蟹总科 Cancroidea，黄道蟹科 Cancridae

形态特征 中小型蟹类，成体头胸甲宽7 cm左右。亚成体体色多变，成体全身呈土黄色。头胸甲呈圆扇形，宽稍大于长，分区明显，各区均隆起，具颗粒。额窄，分3齿，中齿窄而突。前侧缘包括外眼窝齿在内共具9齿，大小相间，各齿边缘均具细锯齿；后侧缘凹入，其前部具1小齿。螯足对称，腕节背面具成列的细刺，内末角呈锐角形；掌节具纵行排列的细刺，延伸至不动指的外侧面；可动指的背、外侧面亦具排成纵列的细刺；两指内缘具大小不等的三角形钝齿。步足瘦长，各节表面具颗粒，前、后缘具绒毛，指节细长，长于掌节。腹部呈窄三角形，尾节细长。

生态习性 一般栖息于浅海的泥沙质或贝壳与沙质相混的海底。

地理分布 国内分布于黄海、渤海、东海北部。舟山海域偶见。标本采集于舟山北部近海泥沙底。

隆背体壮蟹（王举昊供图）

A.亚成体背面观　B.成体背面观

二十三、盔蟹总科 Corystoidea Samouelle, 1819

（三十五）盔蟹科 Corystidae Samouelle, 1819

头胸甲呈长卵形，隆起，分区不明显。额分2~3齿，眼窝不完全。第二触角鞭长，有毛。无口前板。步足均适于步行或末对步足变形，适于游泳。腹甲及腹部窄。雄性腹部分5节。两性的第一腹甲从背面可见到。雄性生殖孔位于步足底部。

舟山记录1属1种。本书收录1属1种。

137. 显著琼娜蟹
Jonas distinctus (De Haan, 1835)

同物异名 *Corystes* (*Oeidea*) *distinctus* De Haan, 1835; *Gomeza distincta* (De Haan, 1835)

分类地位 十足目 Decapoda，腹胚亚目 Pleocyemata，盔蟹总科 Corystoidea，盔蟹科 Corystidae

形态特征 小型蟹类，成体头胸甲长3~4 cm。头胸甲呈橘红色，各步足呈粉红色。头胸甲呈纵椭圆形，前宽后窄，表面分区明显，有细沟相隔，密布颗粒和绒毛。额窄而突出，末端分两叉，呈锐齿状。第二触角鞭很长，羽状。内眼窝齿尖锐，较额齿稍低。眼窝大，眼肿胀，肾形。两侧缘向后稍靠拢，连外眼窝齿在内共具9齿，前4齿锐而突，后5齿锐而小，亚成体侧齿更为发达。后缘短平直，两端各具1突齿。螯短，密覆短毛，具颗粒及锐刺，两指内缘具钝齿。步足各节前、后缘具长绒毛，指节呈披针形，长于掌节。腹部呈三角形。雄性第一腹肢基部粗壮，末部细长。

生态习性 一般栖息于浅海的泥沙质海底。

地理分布 国内分布于东海、南海。舟山海域少见。标本采集于舟山近海拖网渔获物中。

中华虎头蟹

二十五、蜘蛛蟹总科 Majoidea Samouelle, 1819

（三十七）膜壳蟹科 Hymenosomatidae MacLeay, 1838

头胸甲扁平，壳薄，额突出。无眼窝，眼暴露在外，很少收缩。第二触角基节纤细，第一触角窝浅，界线不明。螯足不很长。雄性生殖孔位于腹甲上。发育过程中无自由游泳期。幼蟹孵出后附于母腹下。

舟山记录1属1种，本书收录1属1种。

139 篦额尖额蟹
Rhynchoplax messor Stimpson, 1858

同物异名	*Halicarcinus messo*r (Stimpson, 1858)
分类地位	十足目 Decapoda，腹胚亚目 Pleocyemata，蜘蛛蟹总科 Majoidea，膜壳蟹科 Hymenosomatidae
形态特征	小型蟹类，成体头胸甲宽仅 0.5 cm 左右。身体较软，整体呈黄褐色。头胸甲扁平，背面稍隆，心区、胃区隆起。无眼窝。额分3齿，状若笔架，中齿大，篦形，向上方弯曲，末端具长毛，侧齿小锐，眼窝后齿小。前侧缘具2个齿，前齿小于后齿。雄性螯足长节和腕节均有少数具毛的瘤状突起；掌部较指节短，内侧面密具绒毛；两指内缘具小齿。步足瘦长，第一对最长，其长度约为头胸甲长的2.5倍。长节、腕节及掌节前缘上均具小突起和短毛。指节细长，弯曲呈镰刀状，末端尖锐，后缘具1尖锐的齿列。雄性腹部呈塔形，共分7节。
生态习性	一般栖息于低潮线的海藻上或岩石下。
地理分布	国内分布于浙江、福建北部沿海。舟山海域偶见。标本采集于舟山普陀桃花岛、舟山嵊泗枸杞岛。

篦额尖额蟹

（三十八）尖头蟹科 Inachidae MacLeay, 1838

眼不具眼窝，眼柄一般较长，或者收缩靠近头胸甲两侧或靠近尖锐的后眼窝刺，但不能隐藏。第二触角基节细长。

舟山记录1属1种，本书收录1属1种。

140　有疣英雄蟹
Achaeus tuberculatus Miers, 1879

分类地位　十足目 Decapoda，腹胚亚目 Pleocyemata，蜘蛛蟹总科 Majoidea，尖头蟹科 Inachidae

形态特征　小型蟹类，成体头胸甲宽1 cm左右。头胸甲呈圆三角形，前半部窄小，后半部钝圆。胃区、心区中部各具1疣状突起，心区突起较大而宽，末端圆钝，有时具颗粒。额突出，分为2个圆钝的角状齿，边缘具细锯齿。肝区隆起，向两侧突出成乳峰状。头胸甲沿后侧缘及后缘内侧具1浅沟。雄性螯足壮大，雌性螯足瘦长，长节背面具细颗粒；腕节背面及外侧面具隆脊；掌节表面具颗粒；两指细长，长于掌节。步足细长，圆柱形，具分散的长刚毛，后2对步足指节呈镰刀状，后缘具微细齿。雌性腹部圆大，分7节。雄性腹肢简单。

生态习性　一般栖息于浅海的泥质、泥沙质、碎壳质海底。

地理分布　国内分布于黄海、东海。舟山海域偶见。标本采集于舟山近海泥样中。

有疣英雄蟹

（三十九）卧蜘蛛蟹科 Epialtidae MacLeay, 1838

不具真正的眼窝，眼柄很短甚至退化，有时具1后眼窝刺或突起。第二触角基节呈钝三角形。第三颚足座节、长节等宽。后3对步足明显短于第一对步足。雄性第一腹肢通常纤细，稍弯曲，开口于末端。

舟山记录2属3种，本书收录2属2种。

缺刻矶蟹
Pugettia incisa (De Haan, 1839)

同物异名 *Pisa* (*Menoethius*) *incisa* De Haan, 1839; *Pugettia cristata* Gordon, 1930

分类地位 十足目 Decapoda，腹胚亚目 Pleocyemata，蜘蛛蟹总科 Majoidea，卧蜘蛛蟹科 Epialtidae

形态特征 小型蟹类，成体头胸甲宽2 cm左右。全身呈浅黄色，具红褐色斑纹。头胸甲呈菱形，各区均隆起，胃区具1疣状突起，心区具1锥形突起，肠区的突起小而圆钝，表面盖有短毛及刚毛。额突出分两刺，前眼窝刺锐而突出。肝叶突出，前端锐，后端稍钝，与鳃区边缘相接处具1大缺刻。鳃区隆起，向后侧方伸出1钝齿。螯足长节呈棱柱形，腕节及掌节的隆脊明显。步足扁平，第一对最长，向后渐短，长节前缘具1隆脊，其余各节的前、后缘具大头棒状刚毛。雄性腹部呈长三角形。雌性腹部呈卵圆形。雄性第一腹肢直立，末部分三角形叉状。

生态习性 一般栖息于浅海的泥或泥沙质海底。

地理分布 国内分布于东海。舟山海域罕见。标本采集于舟山近海拖网渔获物中。

缺刻矶蟹

142 导师互敬蟹
Hyastenus ducator Lee & Ng, 2020

分类地位 十足目 Decapoda，腹胚亚目 Pleocyemata，蜘蛛蟹总科 Majoidea，卧蜘蛛蟹科 Epialtidae

形态特征 中小型蟹类，成体头胸甲宽5 cm左右。头胸甲呈长梨形，全身密具绒毛，绒毛棒状或弯曲。肝区、前胃区、后胃区均具1小突起，中胃区沿中线具2个突起。心区圆而隆起，肠区具1指向后方的锐齿。前鳃区、中鳃区各具2个突起。中鳃区后1刺位于前侧缘与后侧缘间，成体更为发达。额刺2个，长度约为头胸甲长的1/3。两螯对称，较第一步足稍短，两指小于掌部背缘长，可动指基部具1小齿突，指间空隙大。步足呈圆柱形，第一对最长，除指节外，均具硬而卷曲的刚毛。雄性第一腹肢粗壮，腹部呈壶形，分7节，尾节呈钝三角形。雌性腹部呈卵圆形。

生态习性 一般栖息于浅海泥底或藻丛中。

地理分布 国内分布于胶州湾、福建、广东。舟山海域少见。标本采集于舟山普陀朱家尖岛。

导师互敬蟹

二十六、菱蟹总科 Parthenopoidea MacLeay, 1838

(四十) 菱蟹科 Parthenopidae MacLeay, 1838

头胸甲通常呈三角形或五角形。有明显的眼窝。眼小，圆形。第二触角小，基节位于眼窝内角及第一触角窝之间，不与口前板、额愈合。螯足活动受限，通常较步足大。雄性生殖孔位于步足底节。

舟山记录2属2种，本书收录1属1种。

143 切缘武装紧握蟹
Enoplolambrus laciniatus (De Haan, 1839)

同物异名 *Lambrus intermedius* Miers, 1879; *Lambrus laciniatus* (De Haan, 1839); *Lambrus laciniatus enoshimanus* Parisi, 1915; *Parthenope* (*Lambrus*) *laciniatus* De Haan, 1839

分类地位 十足目 Decapoda，腹胚亚目 Pleocyemata，菱蟹总科 Parthenopoidea，菱蟹科 Parthenopidae

形态特征 中小型蟹类，成体头胸甲宽4 cm左右。头胸甲呈菱形，表面具颗粒及突起，胃区、心区与鳃区隆起，间有深沟相隔。各区隆起处具大小不等的疣状突起，鳃区的疣状突起多呈纵行排列，但疣粒形态因个体而有差异。额角基部较宽，中央表面凹陷，末部突出成锐三角形或刺状，具个体差异。肝区与鳃区边缘之间具1缺刻。前侧缘具7~8个棘齿，末齿大而锐，齿缘具锯齿，亚成体侧齿排列紧密；后侧缘具大小不等的2~3个齿；后缘中部略向后突，中部具圆形突起，两侧突起较大。螯足长而强壮，雄性比雌性更为显著，掌节末部稍宽，两指末端呈黑色。步足扁平，长节的前、后缘及腕节、掌节的前缘均具锯齿。雄性第一腹肢末端略弯向腹外，基半部显著粗壮，尾节近三角形。雌性腹部呈卵形，尾节呈宽三角形。

生态习性 一般栖息于潮间带到浅水区的泥沙底。

地理分布 国内分布于黄海、渤海、东海、南海。舟山海域少见。标本采集于舟山近海拖网渔获物中。

注：本种常被误鉴为强壮武装紧握蟹 Enoplolambrus validus。本种和 E. validus 的主要区别：(1) 本种广布于我国沿海潮间带及近岸浅水；而 E. validus 为深水种类，一般只发现于200m以下的东南外海深处。(2) 本种体型相对较小，头胸甲宽一般不超过5cm；E. validus 的成体雄性甲宽可达12cm以上。(3) 本种雄性第一腹肢外侧刚毛较长，整体分布区域狭窄，仅局限于末端且刚毛总数少；E. validus 的雄性第一腹肢外侧刚毛较短，整体分布区域面积大，刚毛数目多，两者腹肢整体形态差距不大。(4) 本种额角较长，边缘平滑，整体较钝；而 E. validus 的额角较短而尖锐。(5) 本种的步足腕节、掌节边缘具扁平片状脊，较锋利，掌节内侧光滑，指节较为尖细；而 E. validus 的步足腕节、前节边缘具结节状大齿，且掌节内侧具细密绒毛，指节相对宽钝。

切缘武装紧握蟹

二十七、梭子蟹总科 Portinoidea Rafinesque, 1815

（四十一）圆趾蟹科 Ovalipidae Spiridonov, Neretina & Schepetov, 2014

头胸甲呈卵圆形，表面强烈隆起。额分4齿。前侧缘具5齿，末齿不特别大。第二触角基节可动。雌性、雄性腹部均分7节。末对步足指节呈长圆形桨状。

舟山记录1属1种，本书收录1属1种。

144 细点圆趾蟹
Ovalipes punctatus (De Haan, 1833)

同物异名 *Corystes (Anisopus) punctatus* De Haan, 1833; *Platyonichus bipustulatus* H. Milne Edwards, 1834

分类地位 十足目 Decapoda，腹胚亚目 Pleocyemata，梭子蟹总科 Portinoidea，圆趾蟹科 Ovalipidae

形态特征 中大型蟹类，成体头胸甲宽可达10 cm以上。全身密布紫褐色细点，第四步足末端呈蓝紫色。头胸甲呈卵圆形，宽大于长，表面隆起，在胃区、心区之间有1"H"形深沟。分区不明显，背面密布细颗粒。背眼窝缘有细锯齿及1壮齿。额具4齿，尖突。前侧缘具5齿（包括外眼窝齿），第一齿最大，依次渐小；后侧缘长于前侧缘，具细锯齿。螯足粗壮、近等，长节前缘无刺或突起，有软毛；腕节内角具1枚长的壮刺；指节粗壮，末端尖，内缘有钝齿。步足以第一对最长而宽扁。第四步足呈桨状。

生态习性 一般栖息于沙质、泥沙质或碎壳质海底浅滩。

地理分布 国内分布于黄海南部、东海。舟山海域很常见。标本采集于舟山近海泥样中。

细点圆趾蟹

（四十二）梭子蟹科 Portunidae Rafinesque, 1815

头胸甲横宽，扁平或稍隆起。额宽，常分成齿或叶。前侧缘通常具5～9齿，最末齿常为头胸甲最宽处。末对步足呈扁平桨状，至少最后2节扁平，边缘具毛，适于游泳。雄性生殖孔开口于步足底节。

舟山原记录7属18种，新发现蟳属1种；本书收录7属19种。

145 不等狼牙蟹
Lupocyclus inaequalis (Walker, 1887)

同物异名 *Goniosoma inaequale* Walker, 1887

分类地位 十足目 Decapoda，腹胚亚目 Pleocyemata，梭子蟹总科 Portinoidea，梭子蟹科 Portunidae

形态特征 小型蟹类，成体头胸甲宽约2 cm。头胸甲窄，体被细绒毛，背面隆起，有细颗粒及颗粒脊；前侧缘具5个大齿，每大齿之间插入1小齿，末齿小而锐。螯足粗壮，座节内末缘具1刺；长节外缘具2锐刺，内缘具5～6枚弯刺；掌瘦长，表面有纵行颗粒脊及鳞片状颗粒，内、外末角各具1锐刺，在基部与腕节交接处有1锐刺。可动指长约等于掌长；两指表面也有纵行颗粒脊，内缘有宽的钝齿，几个小齿间有1个较大的齿。前3对步足指节边缘有短软毛，末对步足呈桨状，长节后缘末端有1锐刺，掌宽扁，指呈卵圆形。雄性腹部呈三角形，分5节（第三至五节愈合）。雌性腹部呈宽三角形。两性腹部第一、二节均具1条锐脊。尾节呈三角形。

生态习性 一般栖息于浅海的沙、泥、碎壳质海底。

地理分布 国内分布于东海、南海。舟山海域罕见。

不等狼牙蟹

146 纤手狼环孔蟹
Lupocycloporus gracilimanus (Stimpson, 1858)

同物异名 *Achelous whitei* A. Milne-Edwards, 1861; *Amphitrite gracilimanus* Stimpson, 1858; *Portunus*（*Lupocycloporus*）*gracilimanus* (Stimpson, 1858)

分类地位 十足目 Decapoda，腹胚亚目 Pleocyemata，梭子蟹总科 Portinoidea，梭子蟹科 Portunidae

形态特征 中小型蟹类，成体头胸甲宽 4 cm 左右。头胸甲表面隆起，具绒毛，具多条横行颗粒隆脊。额缘分4齿，居中2个较突出。内眼窝角钝切，背面具1条颗粒隆脊，背眼窝缘具2裂缝。前侧缘分9齿，第一齿较平钝，末齿长而锐；后缘与后侧缘相连处呈弧形。螯足细长，长节内侧缘有4～6枚刺；腕节与掌节纤细；腕节内、外末角各具1锐刺；掌节具3枚锐刺；指节瘦长、扁平，内缘具大小不等的壮齿，指端稍向外弯曲。步足较扁平，游泳足长节后末缘具1刺。雄性第一腹肢粗壮。雄性腹部呈锐三角形。雌性腹部呈宽三角形。

生态习性 一般栖息于浅海的沙质或沙泥质海底。

地理分布 国内分布于浙江、福建、广西、海南等。舟山海域常见。

纤手狼环孔蟹

147 拟曼赛因青蟹
Scylla paramamosain Estampador, 1950

同物异名 *Scylla serrata var. paramamosain* Estampador, 1950

分类地位 十足目 Decapoda，腹胚亚目 Pleocyemata，梭子蟹总科 Portinoidea，梭子蟹科 Portunidae

形态特征 大型蟹类，成体头胸甲可达13 cm以上。体色多呈青绿色，螯足和游泳足具浅网纹状色斑。头胸甲表面光滑。头胸甲胃心区具1宽"H"形沟，沟的两侧附近隆起，其他较低平。额齿尖，细而长，呈三角形。前侧缘具9齿（包括外眼窝齿），齿宽，末齿最细小。螯足粗壮、不对称，右螯稍大于左螯，长节前缘具3弯齿；腕节略呈菱形，内末角具1壮齿，外末角具1小齿；掌膨大，内侧中部隆起，近末端具1小突起。可动指稍大于不动指，基部具1大臼齿，其他具小钝齿；不动指基部具臼齿，末部具钝齿。腹部分为5节，雄性尾节长宽约相等，雌性尾节宽大于长，均呈三角形。

生态习性 一般栖息于近岸或河口附近、温暖且盐度较低的浅海。全年产卵，盛产期5—7月。

地理分布 国内分布于东海（浙江、福建、台湾）、南海（广东、广西）。舟山海域很常见。

拟曼赛因青蟹

148 远海梭子蟹
Portunus pelagicus (Linnaeus, 1758)

同物异名 *Cancer cedonulli* Herbst, 1794; *Cancer pelagicus* Linnaeus, 1758; *Cancer pelagicus* Forskål, 1775; *Lupa pelagica* (Linnaeus, 1758); *Neptunus pelagicus* (Linnaeus, 1758); *Portunus* (*Portunus*) *pelagicus* (Linnaeus, 1758); *Portunus* (*Portunus*) *pelagicus* var. *sinensis* Shen, 1932; *Portunus denticulatus* Marion de Procé, 1822

分类地位 十足目 Decapoda，腹胚亚目 Pleocyemata，梭子蟹总科 Portinoidea，梭子蟹科 Portunidae

形态特征 大型蟹类，成体头胸甲宽可达15 cm。甲面具有明显的花白云纹，雄性成体尤为明显。雄性个体呈深蓝色，雌性呈深紫色。头胸甲呈梭形，稍隆起，各区分界明显。头胸甲面被有较粗颗粒，颗粒之间具有软毛，无疣状突起。中胃区、前鳃区各具1对颗粒隆脊，后胃区有1条不太显著的隆脊，心区及中鳃区有低的颗粒隆脊。额具4齿，中间1对稍小。前侧缘具9齿，齿端尖，末齿最大，向两侧突出。螯足长而粗大，两螯不等大，表面有花白云纹。螯足长节前缘具3~4枚刺；腕节内、外末角各具1枚刺；掌节背面有3条隆线，中间及内面隆脊末端各具1枚刺；可动指背面具隆脊，两指间有不等大的钝齿。雄性腹部呈三角形。雌性成体腹部呈圆形。

生态习性 一般栖息于浅海的泥质或沙质海底。

地理分布 国内分布于东海、南海。舟山海域偶见。

远海梭子蟹

149 三疣梭子蟹
Portunus trituberculatus (Miers, 1876)

同物异名 *Neptunus trituberculatus* Miers, 1876; *Portunus (Portunus) trituberculatus* (Miers, 1876)

分类地位 十足目 Decapoda，腹胚亚目 Pleocyemata，梭子蟹总科 Portinoidea，梭子蟹科 Portunidae

形态特征 大型蟹类，成体头胸甲宽可达17 cm，舟山记载最重个体约2500 g。甲面无花白云纹，步足末端呈紫红色。头胸甲呈梭形，宽为长的2倍，稍隆起，各区分界明显。胃区、鳃区各具1对横行的颗粒隆线。中胃区具1个、心区具2个疣状突起。额具2锐齿，略小于内眼窝齿。螯足壮大，长节呈棱柱形，前缘具4枚锐棘；腕节内、外末缘各具1锐刺，后侧面具有颗粒隆线。末对步足呈桨状，长节、腕节宽且短。雄性腹部呈三角形，尾节圆钝。雌性成体腹部呈宽圆形。

生态习性 一般栖息于浅海的泥沙质海底。

地理分布 国内南北沿海均有分布。舟山海域很常见。

三疣梭子蟹

150 红星梭子蟹
Portunus sanguinolentus (Herbst, 1783)

同物异名 *Callinectes alexandri* Rathbun, 1907; *Cancer gladiator* Fabricius, 1793; *Cancer raihoae* Curtiss, 1938; *Cancer sanguinolentus* Herbst, 1783; *Lupa sanguinolentus* (Herbst, 1783); *Portunus* (*Portunus*) *sanguinolentus* (Herbst, 1783); *Portunus* (*Portunus*) *sanguinolentus sanguinolentus* (Herbst, 1783); *Portunus sanguinolentus sanguinolentus* (Herbst, 1783)

分类地位 十足目 Decapoda，腹胚亚目 Pleocyemata，梭子蟹总科 Portinoidea，梭子蟹科 Portunidae

形态特征 大型蟹类，成体头胸甲宽可达11 cm。甲面有3个近圆形的红色斑点，斑外有白圈；步足末端呈紫红色。头胸甲呈梭形，宽大于长的2倍。甲面前部具有微细颗粒，后部几乎光滑。中胃区有1对隆脊，向后突出成弧状；前鳃区和后胃区各有1对隆脊。额具4锐齿，侧齿稍大于中央2齿。内眼窝齿较额齿大。前侧缘具9齿，末齿长而大，向侧方突出。螯足强壮，长为头胸甲长的2倍多。螯足长节前缘有3枚锐刺，后缘末端具1短齿；腕节背面具有2条细小隆线，其末端各具1刺；掌节具有6条隆脊；指节长，可动指基半部具1血红色斑点。末对步足呈桨状。雄性腹部呈三角形，尾节末端圆钝，长约等于宽。

生态习性 一般栖息于浅海的泥、沙质海底。

地理分布 国内分布于东海、南海。舟山海域少见。

红星梭子蟹

151 微异类梭蟹
Eodemus subtilis (Nguyen & Ng, 2021)

同物异名 *Xiphonectes subtilis* Nguyen & Ng, 2021

分类地位 十足目 Decapoda，腹胚亚目 Pleocyemata，梭子蟹总科 Portinoidea，梭子蟹科 Portunidae

形态特征 小型蟹类，成体头胸甲宽4 cm左右，整体呈褐绿色。头胸甲扁平，分区清楚。甲面密覆细绒毛，具颗粒团组成的隆起。额具4齿，中间2齿较小。前侧缘连外眼窝齿在内共9齿，末齿最长大，呈棘状横向突出。头胸甲后侧缘与后缘相交处呈齿状突出。螯足长节宽大，前缘具4棘，后缘末端具2棘；腕节内、外末角各具1锐刺；掌节的外侧面基部及背末端各具1尖棘；指节较纤细，内缘具大小不等的钝齿。前3对步足细长，各节边缘具毛，第四对步足为游泳足，长节末缘具细锯齿，掌节边缘列生有小齿，指节末部具1黑色斑点。雄性腹部第三至五节愈合，尾节小于第六节长的1/2。雄性第一腹肢末端上翘较为明显。

生态习性 一般栖息于几十米深的泥沙质海底。

地理分布 国内分布于东海、台湾、南海。舟山海域偶见。标本采集于舟山普陀东极岛、舟山嵊泗浪岗山列岛附近海域。

注：浙江历史文献中记录的矛形类梭蟹 *E. hastatoides*（矛形梭子蟹 *Portunus hastatoides*）为本种误鉴。据Nguyen & Ng（2021）研究，矛形类梭蟹仅分布于印度洋中部到东南亚部分地区。两者的主要区别：本种中央两额齿明显短于两侧额齿，头胸甲后侧缘与后缘相交角度为锐角；头胸甲后缘两侧明显上翘且与第二腹节几等宽。通过检视采集于舟山海域的20余只标本，整体形态特征最为符合本种形态描述，但仍存在微小差异，如：雄性第一腹肢基部不如 *E. subtilis* 模式标本的瘦长，且末端上翘不甚明显，还需进一步论证。

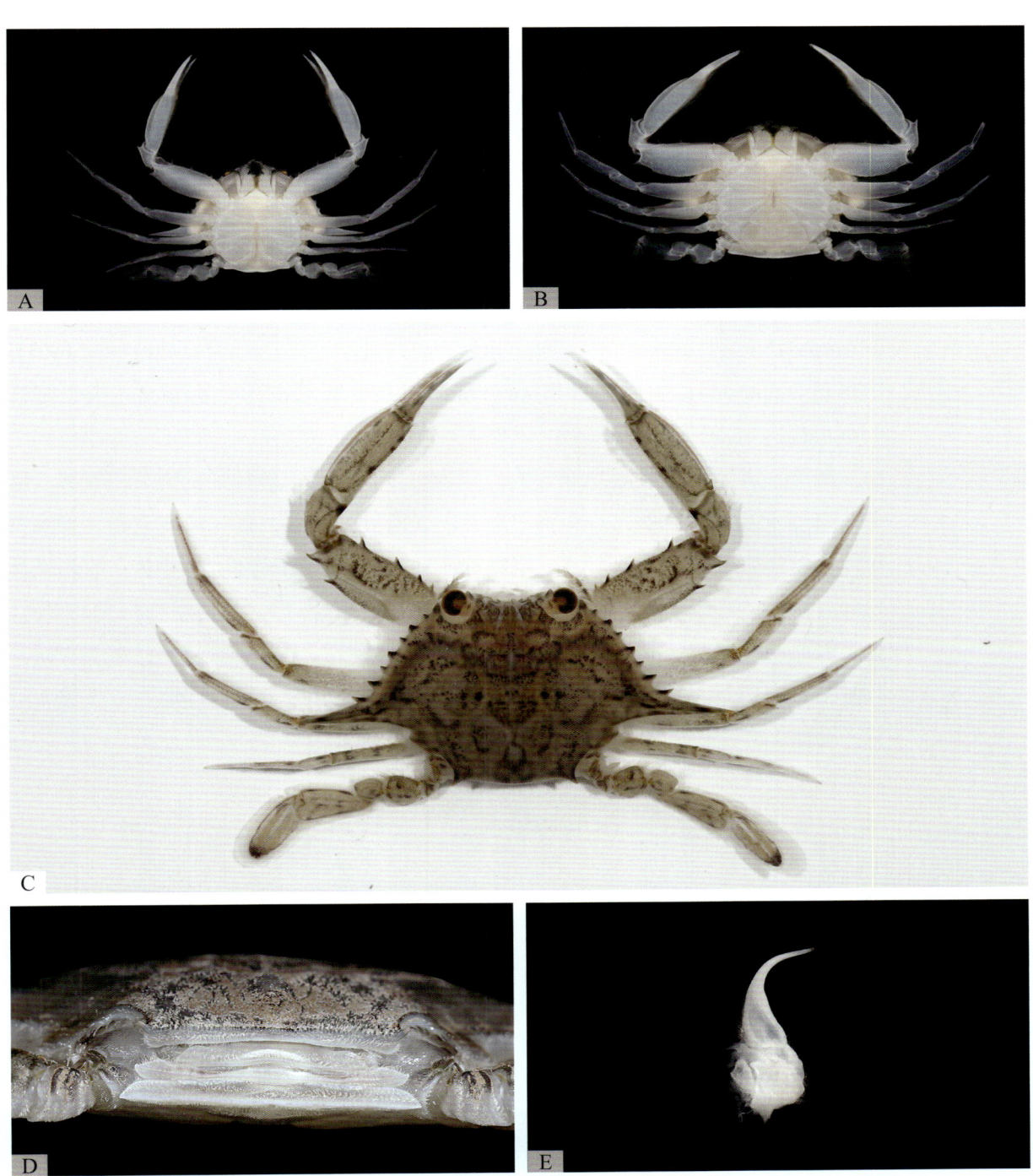

微异类梭蟹

A.雄性腹面观　B.雌性腹面观　C.雄性背面观　D.后侧缘及腹节　E.雄性第一腹肢

152 银光单梭蟹
Monomia argentata (A Milne-Edwards, 1861)

同物异名 *Amphitrite argentata* White, 1847; *Monomia argentata argentata* (A. Milne-Edwards, 1861); *Neptunus* (*Amphitrite*) *argentatus* (A. Milne-Edwards, 1861); *Neptunus argentatus* A. Milne-Edwards, 1861; *Portunus* (*Monomia*) *argentatus* (A. Milne-Edwards, 1861); *Portunus* (*Monomia*) *argentatus argentatus* (A. Milne-Edwards, 1861)

分类地位 十足目 Decapoda，腹胚亚目 Pleocyemata，梭子蟹总科 Portinoidea，梭子蟹科 Portunidae

形态特征 小型蟹类，成体头胸甲宽 3 cm 左右。第四对步足指节末端具红色斑点，腹部、螯足及口器末端具银色反光。头胸甲扁平，表面分区明显，覆有细绒毛和显著的颗粒团。额分4齿，中间2齿较小。眼窝背缘具1小锐齿，腹缘也具1小齿。前侧缘具9齿，各齿尖锐，末齿最大，向侧方伸出，末端略上翘。后侧缘与后缘相交处圆钝。螯足表面覆有细毛，具鳞形颗粒，长节前缘有4棘刺，腕节具2棘刺，掌节背面有3条纵脊。末对步足呈桨状，其长节的后末缘具细锯齿。雄性腹部第六节长稍大于宽，尾节呈钝三角形。雌性腹部呈三角形，末端钝圆。

生态习性 一般栖息于浅海、深海的泥沙质海底。

地理分布 国内分布于东海、南海。舟山海域少见。

银光单梭蟹

153 汉氏单梭蟹
Monomia haani (Stimpson, 1858)

同物异名 *Amphitrite haanii* Stimpson, 1858；*Monomia pseudoargentatus* (Stephenson, 1961)；*Portunus* (*Monomia*) *pseudoargentatus* Stephenson, 1961；*Portunus haani* (Stimpson, 1858)；*Portunus pseudoargentatus* Stephenson, 1961

分类地位 十足目 Decapoda，腹胚亚目 Pleocyemata，梭子蟹总科 Portinoidea，梭子蟹科 Portunidae

形态特征 中型蟹类，成体头胸甲宽可达8 cm。头胸甲呈红褐色，密布红色颗粒，甲缘、螯足指节及刺均为红色，步足基部呈橘色，末端呈紫红色，第四步足长节、掌节末端各有1个鲜红色斑点。头胸甲扁平，表面密覆短细绒毛，各区隆起，隆起面具有细小颗粒。后胃区、前鳃区各具1对颗粒隆线。额具4锐齿，中间2齿小而低，其间可见口前板的齿状突出。前侧缘具9齿，末齿强大。后侧缘与后缘相接处圆钝。螯足较壮大，长节前缘具4棘刺；腕节内、外末角各具1刺突；掌节与腕节相接处及背前端各具1棘刺，掌节背面及外侧面共具3条隆脊；指节末端稍内弯。末对步足为游泳足，长节粗短，掌节长大于宽，指节呈长圆形。雄性第一腹肢末端纤细。

生态习性 一般栖息于浅海的泥、沙质海底。

地理分布 国内分布于东海、南海。舟山海域罕见。

汉氏单梭蟹

154 日本蟳
Charybdis (*Charybdis*) *japonica* (A. Milne-Edwards, 1861)

同物异名 *Charybdis* (*Goniohellenus*) *peichihliensis* Shen, 1932; *Charybdis sowerbyi* Rathbun, 1931; *Goniosoma japonicum* A. Milne-Edwards, 1861

分类地位 十足目Decapoda，腹胚亚目Pleocyemata，梭子蟹总科Portinoidea，梭子蟹科Portunidae

形态特征 中型蟹类，成体头胸甲宽可达9 cm。常有两种色型，灰绿色或蓝紫色，步足有时呈紫色或青灰色。头胸甲呈横卵圆形，表面隆起；幼体甲面密具绒毛，成体后半部光裸。甲面具多条横行颗粒隆线。额具6锐齿，中间2齿稍突出。眼窝背缘具有2细缝，腹缘具1缝。前侧缘具6齿，大而尖突，各齿外缘明显拱曲并长于内缘，末齿最小而尖细。两螯壮大，稍不对称，长节前缘具3枚稍大的棘刺；腕节内末角具1大刺棘，外侧面具3枚小刺；掌节背面具5锐齿；指节较掌节长，表面有纵沟，内缘具钝齿。步足各节背、腹缘均具刚毛。末对步足为游泳足，其长节后缘近末端处具1锐刺，掌节和指节扁平呈桨状，边缘多毛。雄性腹部呈三角形，第六节长大于宽，尾节呈三角形，末缘圆钝。雌性腹部呈长圆形，密具软毛。

生态习性 一般栖息于低潮线附近到浅海泥沙质的海底。

地理分布 国内沿海均有分布。舟山海域很常见。

日本蟳

155 锐齿蟳
Charybdis (*Charybdis*) *acuta* (A. Milne-Edwards, 1869)

同物异名 *Goniosoma acutum* A. Milne-Edwards, 1869

分类地位 十足目 Decapoda，腹胚亚目 Pleocyemata，梭子蟹总科 Portinoidea，梭子蟹科 Portunidae

形态特征 中型蟹类，成体头胸甲宽 10 cm 左右。全身赤红或鲜红，大螯指节末端呈深紫色。头胸甲呈横钝六角形，表面具短绒毛，具明显的横行颗粒隆脊。额分 6 齿，相当尖锐，居中的 1 对较两侧的突出，第二侧齿略小于第一侧齿，额部各齿均尖锐。内眼窝齿锐突。前侧缘具有 6 锐齿，第一齿最小，末齿最大，向两侧突出。后缘较窄，与后侧缘相交处圆钝。第二触角基节具 2 齿。螯足粗壮，两螯不等，长节前缘具 3 锐齿，末端有 1 小齿；腕节表面具颗粒，内末角具 1 锐长刺，外侧面具 3 刺；掌节外侧面有 3 条隆脊，内缘具有 5 枚大刺；指节背面有 2 条隆脊，两指内缘具不等大的齿。末对步足为游泳足，长节后缘近末端有 1 长刺，掌节后缘具多枚小刺。雄性腹部呈三角形，尾节呈三角形。

生态习性 一般栖息于浅海的岩礁区。

地理分布 国内分布于东海、南海。舟山海域较常见。

锐齿蟳

156 锈斑蟳
Charybdis (*Charybdis*) *feriata* (Linnaeus, 1758)

同物异名 *Cancer cruciatus* Herbst, 1794; *Cancer feriata* Linnaeus, 1758; *Cancer sexdentatus* Herbst, 1783; *Charybdis cruciata* (Herbst, 1794); *Charybdis sexdentata* (Herbst, 1783); *Portunus crucifer* Fabricius, 1798

分类地位 十足目 Decapoda，腹胚亚目 Pleocyemata，梭子蟹总科 Portinoidea，梭子蟹科 Portunidae

形态特征 大型蟹类，成体头胸甲宽可达20 cm。头胸甲覆有橘黄与深棕色长条纵斑，心区常有1橘黄色的横斑，纵横交错为十字形。螯足橘红斑与乳白色色斑相间，两指尖端粉红并带有淡紫色。头胸甲呈横椭圆形，表面光滑，分区不明显，稍隆起，胃心区具有模糊的"H"形沟。额具6齿，各齿大小相近。内眼窝齿呈钝三角形，外眼窝齿短小平钝，背眼窝缘具有2条浅缝。前侧缘具6齿，第三至五齿大，末齿小而尖锐。螯足粗壮，左右不对称，长节前缘具3枚大刺，基部具小齿；腕节内末角具1尖刺；掌节背面具有2条隆线及4刺，内、外侧面各具2条隆线；指节与掌部几等长，表面具深沟，内缘具不等大齿。末对步足为游泳足，长节后末角具1刺。

生态习性 一般栖息于几十米深的近岸浅海海底。生殖盛期在春季、夏季。

地理分布 国内分布于东海、南海。舟山海域较常见。

锈斑蟳

157 相模蟳
Charybdis (*Charybdis*) *sagamiensis* Parisi, 1916

同物异名 *Charybdis sagamiensis* Parisi, 1916

分类地位 十足目 Decapoda，腹胚亚目 Pleocyemata，梭子蟹总科 Portinoidea，梭子蟹科 Portunidae

形态特征 中大型蟹类，成体头胸甲宽可达 10 cm 以上。头胸甲呈橘红色，散布有对称排列的乳白色斑块，后鳃区有两个对称的圆形白斑。螯足颜色与头胸甲相近，指节末半部呈深红色。步足呈浅红色，游泳足末2节呈暗黄色。头胸甲近椭圆形，表面光滑，具细微的颗粒，分区清晰，中鳃区肿胀。额分6齿，中央额齿明显突出超过侧齿。前侧缘具6齿，基部宽大，末部刺状，第一齿最小，末齿最大，中间4齿大小相近。螯足对称，表面光滑，长节前缘具3刺；腕节内末角具1壮刺，外末角具3刺；掌节背部具4刺；指长且细，长大于掌，内缘具大小不等的壮齿。游泳足掌节长大于宽，后缘近末部具数个小颗粒齿。

生态习性 一般栖息于浅海的沙质或具碎贝壳的沙泥质海底。

地理分布 国内分布于东海、南海。舟山海域罕见。

相模蟳

158 武士蟳
Charybdis (*Charybdis*) *miles* (De Haan, 1835)

同物异名 *Charybdis* (*Gonioneptunus*) *investigatoris* Alcock, 1899; *Portunus* (*Charybdis*) *miles* De Haan, 1835

分类地位 十足目 Decapoda，腹胚亚目 Pleocyemata，梭子蟹总科 Portinoidea，梭子蟹科 Portunidae

形态特征 中型蟹类，成体头胸甲宽可达 8 cm 以上。体呈鲜红色，中鳃区后缘附近具 1 对浅黄色的眼斑。螯足间杂有乳白色斑块，指节末端呈暗红色。头胸甲呈卵圆形，表面稍隆起，密布短绒毛，分区不清晰，甲面具隆线。额分 6 齿，尖锐，中间 2 齿较突出。内眼窝齿尖锐而小，指向前侧方，背眼缘具 2 缝，腹眼缘具 1 缝。前侧缘具有 6 锐齿，外眼窝齿钝切，末齿不比其他各齿大，呈刺状。螯足长大，长节前缘列生 4～5 齿；腕节具 3 条颗粒隆脊，内末角具长锐刺；掌节具 6 条颗粒隆脊，背面有 4 锐刺，腹面具有显著的鳞状突起；指节较掌节长，末端尖锐，内缘具不等大齿。末对步足为游泳足，长节后缘末端具 1 刺，掌节后缘末部有 2～3 枚小刺。雄性腹部第二、三节具横行隆脊，第四节具 1 短隆脊，尾节呈三角形。

生态习性 一般栖息于浅海、深海的沙质或泥质海底。

地理分布 国内分布于东海、南海。舟山海域较常见。

武士蟳

159 变态蟳
Charybdis (*Charybdis*) *variegata* (Fabricius, 1798)

同物异名 *Charybdis* (*Goniosoma*) *variegata* (Fabricius, 1798); *Charybdis variegata* (Fabricius, 1798); *Portunus variegatus* Fabricius, 1798

分类地位 十足目 Decapoda，腹胚亚目 Pleocyemata，梭子蟹总科 Portinoidea，梭子蟹科 Portunidae

形态特征 小型蟹类，成体头胸甲宽约3 cm。头胸甲中鳃区具隆脊。体呈黄绿色，从额区至心区前缘具1乳白色的中央色带，螯足指节具草绿色与乳白色相间的环带。头胸甲呈横六角形，表面密具绒毛，分区较明显。颗粒隆线较多，并斜行直达前侧缘末齿。额具6齿，中齿向前突出，稍低于侧齿；第一侧齿最大；第二侧齿小而尖锐，与第一侧齿间有深而窄的缺刻。内眼窝齿比额齿大。前侧缘具6齿，末齿最大，向两侧突出。螯足不对称，大螯长节前缘具3刺；腕节背面与外侧面覆有颗粒，内末角具1壮刺，外侧面具2小刺；掌节肿胀，腹面光裸，其余表面具鳞形颗粒及短毛，背面具5刺；指节略短于掌节。末对步足为游泳足。

生态习性 一般栖息于浅海的泥、沙质海底。

地理分布 国内分布于东海、南海。舟山海域偶见。标本采集于舟山普陀中街山列岛近岸定置张网中。

变态蟳

160 晶莹蟳
Charybdis (*Charybdis*) *lucifer* (Fabricius, 1798)

同物异名 *Goniosoma quadrimaculatum* A. Milne-Edwards, 1861; *Portunus lucifer* Fabricius, 1798

分类地位 十足目 Decapoda，腹胚亚目 Pleocyemata，梭子蟹总科 Portinoidea，梭子蟹科 Portunidae

形态特征 中型蟹类，成体头胸甲宽可达 10 cm。全身呈淡紫色，鳃区各具 2 斑点，内斑小、外斑大；大螯指节呈暗红色。头胸甲光裸无毛，具细颗粒，具数条横行隆脊。额分 6 齿，中间 4 个几等大，第一侧齿较锐，略向外指。前侧缘具 6 齿，第一至五齿逐渐增大，但末齿最小，呈刺状。螯足不甚对称，螯足掌节内外面颗粒较少，背面具 5 枚短刺；长节的前缘具 3 刺，基部的 1 枚最小；腕节内末角具 1 壮刺，外侧面具 3 钝刺；大螯指节较掌节略短。游泳足长节的后缘近末端处具 1 刺，掌节的后缘具 5~8 个锯齿。

生态习性 一般栖息于浅海的沙泥或岩礁性海底。

地理分布 国内主要分布于东海南部。舟山海域罕见。标本采集于舟山普陀中街山列岛。

晶莹蟳

161 钝齿蟳
Charybdis (*Charybdis*) *hellerii* (A. Milne-Edwards, 1867)

同物异名 *Charybdis merguiensis* De Man, 1887；*Charybdis vannamei* Ward, 1941；*Goniosoma Hellerii* A. Milne-Edwards, 1867

分类地位 十足目 Decapoda，腹胚亚目 Pleocyemata，梭子蟹总科 Portinoidea，梭子蟹科 Portunidae

形态特征 中型蟹类，成体头胸甲宽可达7 cm。头胸甲呈黄绿色，前胃区及心鳃区杂有黄棕色。螯足背及外侧面呈绿黄色，掌节的内面、腹面及指节呈棕红色。头胸甲表面光滑，仅在前侧齿基部之间以及眼窝后部凹陷的部位有少量绒毛。额分6齿，中央齿较侧齿钝，第二侧齿略尖。前侧缘具6锐齿。两螯粗壮、不对称，表面具细绒毛，长节前缘具3壮齿；腕节表面有3条隆脊，外侧面具3枚小刺；掌节外侧面具3条模糊的隆脊，背面具5枚刺，腹面光滑；指节粗壮，具深沟，指节内缘具粗壮的齿。游泳足粗壮，长节后末角具1刺；掌节后缘具10个左右的锯齿；腕节后缘具1刺。这3节的前缘、后缘均具长刚毛。

生态习性 一般栖息于潮间带岩石岸的石块下、水草多的积水坑中，以及珊瑚礁丛中。

地理分布 国内分布于黄海南部、东海、南海。舟山海域偶见。

钝齿蟳

162 善泳蟳
Charybdis (*Charybdis*) *natator* (Herbst, 1794)

同物异名 *Cancer natator* Herbst, 1794; *Charybdis* (*Charybdis*) *natator natator* (Herbst, 1794); *Charybdis natator* (Herbst, 1794)

分类地位 十足目 Decapoda，腹胚亚目 Pleocyemata，梭子蟹总科 Portinoidea，梭子蟹科 Portunidae

形态特征 中型蟹类。成体头胸甲宽可达8 cm左右。全身呈红棕色，颗粒及隆脊呈红色，螯足呈棕红色，腹面呈淡蓝色，杂有淡红色及白色斑块。头胸甲隆起，表面密覆绒毛，分区清晰。额后区与侧胃区各有1对颗粒隆线，中胃区、后胃区及前鳃区均具颗粒隆脊，中鳃区及心区各有颗粒群。额具6钝齿，具颗粒。背眼窝缘有2～3条短裂缝。前侧缘具6齿，末齿最小，各齿的外缘及表面多少具有颗粒。后缘平直而宽，两侧角呈角状。螯足不对称，覆有绒毛及颗粒。长节前缘具3～4枚刺；腕节背面有3条颗粒隆脊，内末角具1尖长刺，外末角具3齿；掌节具6～7条隆脊，背面具4枚刺；大螯指节与掌部等长。游泳足长节后缘近末端处具1锐刺，掌节后缘呈锯齿状。

生态习性 一般栖息于浅海、深海的泥沙质海底。

地理分布 国内分布于东海、南海。舟山海域偶见。标本采集于舟山普陀中街山列岛。

善泳蟳

163 双斑蟳
Charybdis (*Gonioneptunus*) *bimaculata* (Miers, 1886)

同物异名 *Gonioneptunus whiteleggei* Ward, 1933; *Charybdis bimaculata* (Miers, 1886)

分类地位 十足目 Decapoda，腹胚亚目 Pleocyemata，梭子蟹总科 Portinoidea，梭子蟹科 Portunidae

形态特征 小型蟹类，成体头胸甲宽 3 cm 左右。体呈褐色或黄褐色，中鳃区具 2 个圆形小红斑，有时不明显。头胸甲宽约为长的 1.5 倍，表面覆以浓密的短绒毛和分散的低圆锥形颗粒。胃区及前鳃区具横行隆脊。心区与中鳃区具有颗粒群。额具 6 齿，中央齿最突出。眼窝背缘具有 2 条短裂缝，腹眼窝缘外侧具细锯齿。第二触角鞭位于眼窝缝中。中央额齿长于第一侧额齿。前侧缘具 6 齿，第一齿最大，第二齿最小，末齿尖长，向前侧方伸出。螯足不对称，长节前缘具 3 刺，后缘末端具 1 小刺，背面末半部被鳞状颗粒；腕节内末角具 1 长锐刺，外侧面具 3 小刺；掌节背面具有 2 条颗粒隆线，近末端处各具 1 齿；指节较细，向内弯曲，内缘具有大小不等的壮齿。第二、三步足腕节末端不具刺。末对步足为游泳足，长节后缘近末端处具 1 尖刺。

生态习性 一般栖息于水深几十米的泥沙质海底。

地理分布 国内分布于黄海、东海、南海。舟山海域很常见。

双斑蟳

二十八、扇蟹总科 Xanthoidea MacLeay, 1838

（四十三）扇蟹科 Xanthidae MacLeay, 1838

头胸甲呈扇形、横卵圆形、六角形或近方形，通常宽大于长。额宽，通常不突出，中央有缺刻而多分成两叶。前侧缘多数具有齿刻。第一触角横折或斜折，第二触角鞭短小。口框前缘发达，不被第三颚足所掩盖。螯足大多左右不对称，指部大多呈黑色。雄性生殖孔大多开口于底节。

舟山记录7属7种，本书收录6属6种。

164 细纹爱洁蟹
Atergatis reticulatus (De Haan, 1835)

同物异名 *Cancer* (*Atergatis*) *reticulatus* De Haan, 1835

分类地位 十足目 Decapoda，腹胚亚目 Pleocyemata，扇蟹总科 Xanthoidea，扇蟹科 Xanthidae

形态特征 中型蟹类，头胸甲宽7.6 cm。体呈深红色，螯足指节呈红褐色。头胸甲呈横卵圆形，表面粗糙，散布凹点，分区明显，有沟相隔。额略突出，分为两叶。眼窝不显。前侧缘圆突，边缘呈脊状突出，被3个浅缺刻分成不明显的4叶。后侧缘略内凹，与前侧缘相交处成圆钝角。后缘平直。螯足粗壮，指端尖锐，腕节背面及掌节外侧面具有粗糙的颗粒和凹点，腕节内末角锋锐突出，掌节背缘基半部锋锐成脊，指节短厚。步足各节扁平，表面粗糙，长节、腕节、掌节的前缘均具隆脊，指节密具绒毛，末端光滑。雄性腹部窄长，尾节呈三角形，圆钝。

生态习性 一般栖息于低潮线至水深十几米的岩礁缝隙间。

地理分布 国内分布于东海、南海。舟山海域偶见。标本采集于舟山普陀桃花岛、中街山列岛潮间带。

细纹爱洁蟹

165 特异大权蟹
Macromedaeus distinguendus (De Haan, 1835)

同物异名 *Cancer (Xantho) distinguendus* De Haan, 1835

分类地位 十足目 Decapoda，腹胚亚目 Pleocyemata，扇蟹总科 Xanthoidea，扇蟹科 Xanthidae

形态特征 小型蟹类，成体头胸甲宽 2 cm 左右。头胸甲具 2 条疣状颗粒隆线，表面有细沟将各区分成小区。额前缘中部有 1 缺刻，分成两叶。眼窝背缘具有 2 条短裂缝，具颗粒，眼柄末端近角膜处常具 2 颗粒状突起。前侧缘共有 4 钝齿（不包含外眼窝齿），各齿背面均有颗粒，第一齿最小。后侧缘较平直。两螯左右不对称，长节背缘锋锐，具颗粒及短毛；腕节背面具有皱襞，内末角成小钝齿，内侧面具短毛；掌节具颗粒，背缘具 2 条疣状隆线；两指呈黑色，内缘具不等大的钝齿。步足短而侧扁，具颗粒，长节背缘具锯齿和刚毛；腕节背缘具 2~3 个角状齿；指节末端有黑色角质，密具短毛。雄性腹部窄长，尾节呈三角形。雌性腹部呈卵圆形。雄性第一腹肢末端尖。

生态习性 一般栖息于低潮线的石下或岩石缝中。

地理分布 国内分布于渤海、黄海、东海、南海。舟山海域很常见。标本采集于舟山定海长峙岛、舟山普陀桃花岛。

特异大权蟹

166 粗糙鳞斑蟹
Demania scaberrima (Walker, 1887)

同物异名 *Xantho* (*Lophoxanthus*) *scaberrimus* Walker, 1887; *Xantho scaberrimus* Walker, 1887

分类地位 十足目 Decapoda，腹胚亚目 Pleocyemata，扇蟹总科 Xanthoidea，扇蟹科 Xanthidae

形态特征 中小型蟹类，成体头胸甲宽 4 cm 左右。头胸甲表面隆起，分区清晰，甲面具有鳞状颗粒突起。额突出，分成两叶，与内眼窝角间有 1 缺刻相隔。眼窝背缘隆起具颗粒，眼柄表面及近角膜处有颗粒。前侧缘具呈三角形的 4 齿，齿上具锯齿，第一齿不明显，第三齿大而突，末齿较窄锐。后侧缘稍凹。后缘具 1 列珠形颗粒。螯足对称，表面密布鳞状突起，长节背缘具有齿状颗粒，外侧面具颗粒；腕节、掌节多尖形齿状颗粒，腕节内末角具 2 齿，掌节背面及外侧面的尖齿状鳞形颗粒排成纵行，内侧面的颗粒低平而稀少。可动指基部背缘有 2 突齿，两指内缘齿不等大。步足各节平扁，散布颗粒，指节的前、后缘密具短毛。雄性腹部呈窄长三角形，尾节末缘圆钝。雌性腹部呈长卵形，分为 7 节。

生态习性 一般栖息于沿岸水深几十米的岩石及沙质海底。

地理分布 国内分布于东海、南海。舟山海域偶见。标本采集于舟山近海拖网渔获物中。

粗糙鳞斑蟹

167 东方盖氏蟹
Gaillardiellus orientalis (Odhner, 1925)

同物异名 *Actaea orientalis* Odhner, 1925; *Actaea ruppelli* var. *orientalis* Odhner, 1925

分类地位 十足目 Decapoda，腹胚亚目 Pleocyemata，扇蟹总科 Xanthoidea，扇蟹科 Xanthidae

形态特征 小型蟹类，成体头胸甲宽 2~3 cm。头胸甲呈紫红色，螯足指部及步足指尖均呈黑色。头胸甲呈卵圆形，背面隆起，具有光滑的窄沟，分区清晰，各区均具粗糙颗粒及成束的长毛。中胃区大，呈五角形，鳃区被分成数小区，周围具有深沟。心区圆形，无纵沟。额部稍隆起，额间具 1 缺刻，分为两叶。眼窝背缘稍隆起，表面具颗粒及 2 缝。前侧缘分为 4 叶，各叶表面均有颗粒团，第三叶最大。后侧缘较前侧缘稍短，略内凹，后缘短而平直。螯足外侧面具有颗粒，内侧面光滑；长节呈短棱形；腕节稍肿胀，外侧面被细沟分成数小块；指节末端尖锐。步足背面具有颗粒，前、后缘均被长毛。雄性腹部窄长。雌性腹部呈长卵形。

生态习性 一般栖息于有海藻的岩礁海岸。

地理分布 国内分布于黄海、东海、南海。舟山海域偶见。标本采集于舟山普陀中街山列岛养殖贻贝丛中。

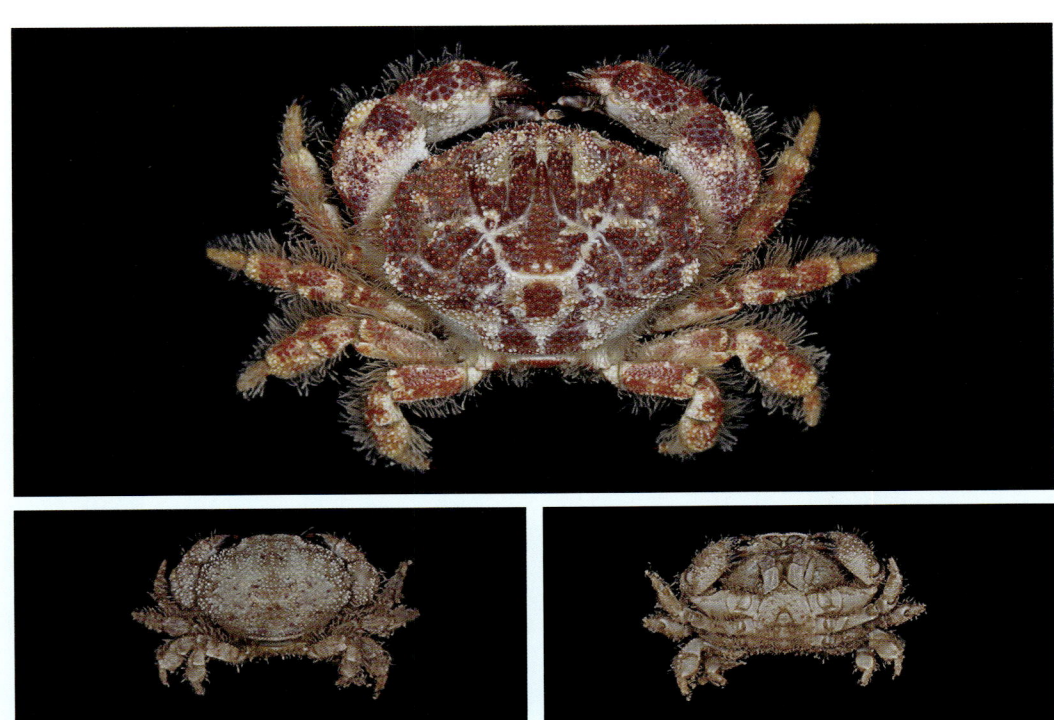

东方盖氏蟹

168 红斑斗蟹
Liagore rubromaculata (De Haan, 1835)

同物异名 *Cancer* (*Liagore*) *rubromaculata* De Haan, 1835; *Carpilius praetermissus* Gibbes, 1850

分类地位 十足目 Decapoda，腹胚亚目 Pleocyemata，扇蟹总科 Xanthoidea，扇蟹科 Xanthidae

形态特征 小型蟹类，成体头胸甲宽3～4 cm。头胸甲呈粉红色，具有30个左右的红色圆斑，左右对称排列，各斑边缘色淡，近白色。头胸甲呈横宽卵圆形，甲面分区不明显，胃区、心区之间有显著的"H"形细沟。额宽分为两叶。眼窝小，眼柄粗短。前侧缘光滑无齿，后侧缘长于前侧缘，前、后侧缘连成外突的弧形，后缘中部内凹。螯足左右对称，长节、腕节、掌节表面均光滑并有红色圆斑；长节边缘具短毛，具钝齿；腕节外、内末角钝突；指节与掌节约等长，两指内缘具不等大的钝齿。步足瘦长，均有圆斑，第一对最长，其余各对逐渐变短，指节尖锐，均有短毛。雄性腹部呈长三角形，尾节末端钝圆，边缘具短毛。

生态习性 一般栖息于水深几十米的岩石岸边及细沙质海底。

地理分布 国内分布于东海、南海。舟山海域偶见。标本采集于舟山近海拖网渔获物中。

红斑斗蟹

169 近缘皱蟹
Leptodius affinis (De Haan, 1835)

同物异名 *Cancer* (*Xantho*) *affinis* De Haan, 1835; *Cancer* (*Xantho*) *lividus* De Haan, 1835; *Chlorodius exaratus* var. *pictus* Stimpson, 1907; *Chlorodius exaratus* var. *typicus* Stimpson, 1907; *Leptodius nigromaculatus* Serène, 1962; *Xantho exaratus* var. *typica* Ortmann, 1893

分类地位 十足目 Decapoda，腹胚亚目 Pleocyemata，扇蟹总科 Xanthoidea，扇蟹科 Xanthidae

形态特征 小型蟹类，成体头胸甲宽2~3 cm。体色多变，头胸甲呈青灰色或红褐色，螯足可动指和不动指均呈黑色。头胸甲呈横卵形，宽约是长的1.4倍，背面稍隆，表面具细颗粒及皱襞，分区明显，各区均有细沟相隔。额宽约为头胸甲宽的1/3，前缘中部被1浅缺刻分为两叶。背眼窝缘具1细缝，腹眼窝缘内、外侧各具圆钝齿。前侧缘在外眼窝之后分4叶，第一叶小而平钝，第二叶宽大，第三叶顶端较突，末叶最小。后侧缘稍内凹，具绒毛。螯足不对称，长节的背缘及前腹缘具绒毛；腕节外侧面具微细颗粒，内末角圆钝；两指内缘具圆钝齿，指端凹入具1簇刚毛。步足平滑，长节具绒毛，指节前、后缘亦密具短毛。

生态习性 一般栖息于岩礁、泥滩等沿岸带的石下、石缝中。

地理分布 国内分布于东海、南海。舟山海域少见。标本采集于舟山普陀沈家门、桃花岛和舟山嵊泗枸杞岛。

近缘皱蟹

二十九、酉蟹总科 Eriphioidea MacLeay, 1838

（四十四）酉蟹科 Eriphiidae MacLeay, 1838

头胸甲近圆方形，壳厚，表面常具颗粒或短毛。螯不对等，大螯指节内缘具齿。舟山新发现1属1种，本书收录1属1种。

170 凶狠酉妇蟹
Eriphia ferox Koh & Ng, 2008

分类地位 十足目 Decapoda，腹胚亚目 Pleocyemata，酉蟹总科 Eriphioidea，酉蟹科 Eriphiidae

形态特征 小型蟹类，成体头胸甲宽5 cm左右。全身呈黑紫色，眼红色。头胸甲呈圆扇形，背面稍隆，分区明显。额区、肝区及侧胃区均具刺状及锥形颗粒，眼下肝区有2浅沟向后斜行，胃区、心区具"H"形浅凹。额分为两叶，各叶前缘具6～7个小齿。背眼窝缘具细锯齿及2缝。前侧缘包括外眼窝齿在内共具6～7枚刺，自前向后依次渐小。后侧缘平滑。后缘短，中部内凹。螯足不对称，长节背缘具细颗粒及锯齿，两指内缘具钝齿。小螯两指稍细瘦，内缘齿不甚明显。步足长节前缘具微细颗粒，后缘具少数刚毛；腕节前缘及掌节、指节的前、后缘均密具刚毛。雄性腹部窄长，分7节，尾节呈三角形。雌性腹部呈卵圆形。雄性第一腹肢短粗。

生态习性 一般栖息于低潮线的岩石缝、洞中及珊瑚礁丛中。

地理分布 国内分布于浙江、福建、台湾、海南。舟山海域罕见。仅采到2个标本，分别采集于舟山普陀庙子湖岛和舟山嵊泗枸杞岛潮间带。

各论

凶狠酋妇蟹

231

（四十五）哲扇蟹科 Menippidae Ortmann, 1893

头胸甲呈扁形或卵圆形，表面光滑。第二触角基节几乎不与额相触及。绝大多数前侧缘有叶、齿或刺。雄性腹部分7节。

舟山记录1属1种，本书收录1属1种。

171 光辉圆扇蟹
Sphaerozius nitidus Stimpson, 1858

同物异名 *Menippe convexa* Rathbun, 1894；*Menippe Ortmanni* De Man, 1899；*Sphaerozius oeschi* Ward, 1941

分类地位 十足目 Decapoda，腹胚亚目 Pleocyemata，酋蟹总科 Eriphioidea，哲扇蟹科 Menippidae

形态特征 小型蟹类。成体头胸甲宽2 cm左右。体呈绿色或红褐色，全身散布褐色斑点。螯足指节呈深褐色。头胸甲平滑而隆起，无颗粒和棘刺，甲面分区不明显。眼窝缝开放。前侧缘分成三角形叶。额分两叶。额区中部具有1纵沟，额后显著隆起。前侧缘除外眼窝齿外共具4齿，第一、二齿呈低宽三角形，第三、四齿呈锐三角形，第一齿较小。后侧缘平直，后缘中部略向外突。螯足不对称，外侧面有微细凹点，长节呈短三棱形，背缘具短毛；腕节表面隆起，内侧缘具短毛；掌节内侧面光滑。大螯可动指内缘具小钝齿，不动指内缘具1个大齿和2~3个小齿。步足各节具短毛。雄性腹部呈长条状，尾节末缘呈半圆形。雌性腹部呈宽圆形。雌性和雄性腹部均为7节。

生态习性 一般栖息于低潮线下的岩石缝中。

地理分布 国内分布于黄海、东海、南海。舟山海域较常见。

各论

光辉圆扇蟹

233

三十、毛刺蟹总科 Pilumnoidea Samouelle, 1819

（四十六）静蟹科 Galenidae Alcock, 1898

头胸甲近似四边形、前部和后部明显隆起，两侧之间微微隆起；分区不明显，表面光滑或在部分区域稍有颗粒。前侧缘较弯曲，分为4叶。额向下倾斜弯曲，分为2或4叶。第一触角近乎横向折叠；第二触角基节宽，极短，不及额部。成体雄性的螯大而不对称。腹部均为7节。

舟山记录1属1种，本书收录1属1种。

172 贪精武蟹
Parapanope euagora De Man, 1895

同物异名 *Hoploxanthus hextii* Alcock, 1898; *Parapanope singaporensis* Ng & Guinot *in* Guinot, 1985

分类地位 十足目 Decapoda，腹胚亚目 Pleocyemata，毛刺蟹总科 Pilumnoidea，静蟹科 Galenidae

形态特征 小型蟹类，成体头胸甲宽1.5 cm左右。体呈淡褐色，螯足指端呈黑色至暗棕色。头胸甲呈六角形，分区明显，各区均隆起，并有集群的颗粒。头胸甲、腹部及步足均具软毛。额突出，分为两叶。眼窝背缘具2浅缝，外眼窝角低小。前侧缘锋锐，分4齿，各齿呈三角形，第一齿低小，第二齿稍大，第三齿较锐突，末齿也锐突。额缘、眼窝缘及各侧齿的边缘均具细微颗粒。后侧缘斜直，具颗粒。后缘平直。螯足不对称，长节背缘具颗粒；腕节背面颗粒排成纵列，内末角具1钝齿；掌节背面具有2~3条纵行颗粒隆脊，靠内侧的1条颗粒较大，有时呈钝齿状，外侧面光滑。两指末端向内弯曲，合拢时具空隙。步足细长，具绒毛。雄性腹部呈长条状，分7节，尾节呈锐三角形。

生态习性 一般栖息于浅海几十米深的泥沙质海底。

地理分布 国内分布于黄海、东海、南海。舟山海域少见。

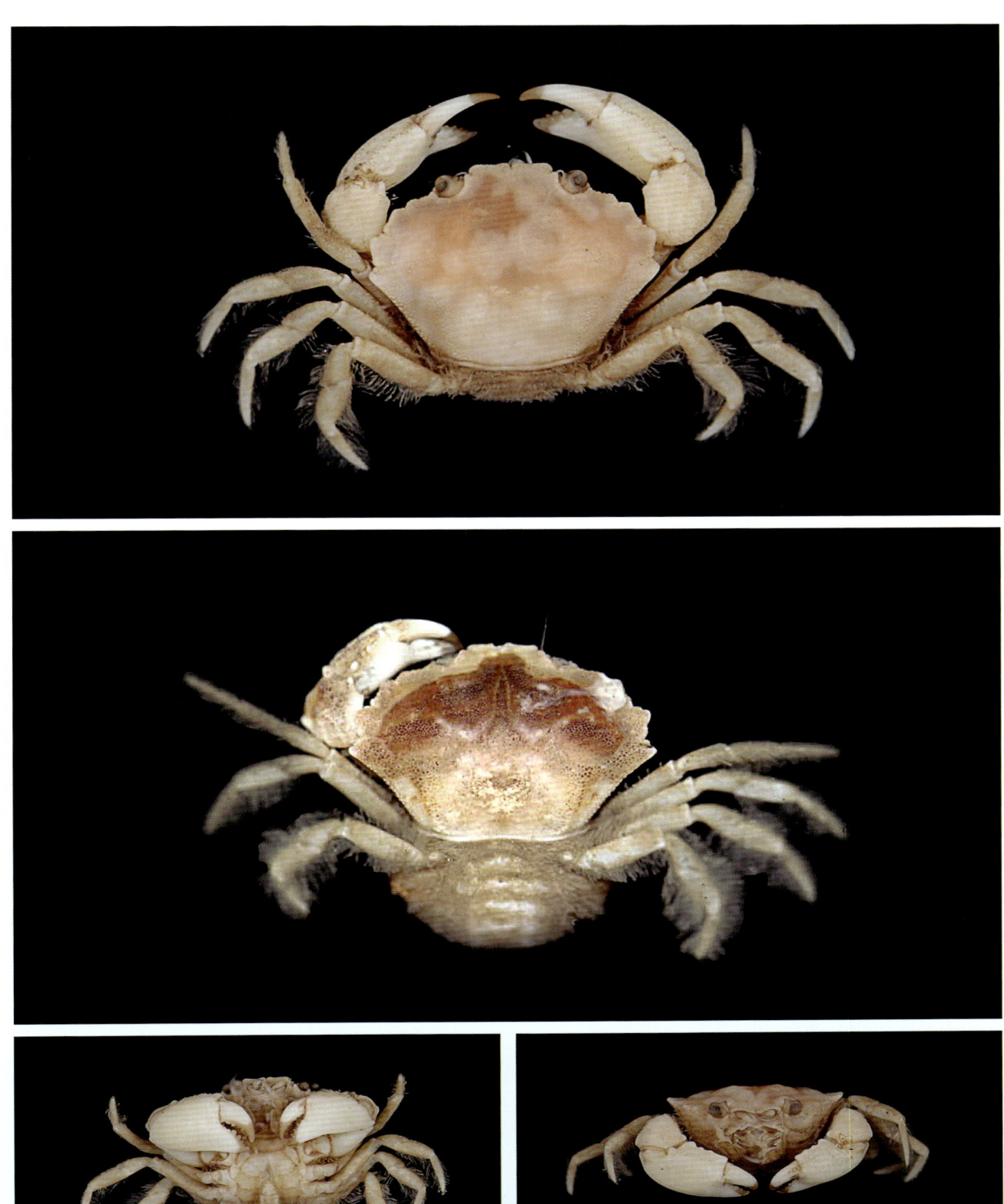

贪精武蟹

（四十七）毛刺蟹科 Pilumnidae Samouelle, 1819

头胸甲中等宽，额宽约为头胸甲宽的1/3，前侧缘通常短于后侧缘。第二触角基节不触及或刚触及额部。

舟山原记录2属3种，新发现3属3种；本书收录4属4种。

173 鳞形杨梅蟹
Actumnus squamosus (De Haan, 1835)

同物异名 Cancer (*Pilumnus*) *squamosus* De Haan, 1835; *Pilumnus dehaanii* Miers, 1879; *Pilumnus lapillimanus* Stimpson, 1858

分类地位 十足目 Decapoda，腹胚亚目 Pleocyemata，毛刺蟹总科 Pilumnoidea，毛刺蟹科 Pilumnidae

形态特征 小型蟹类，成体头胸甲宽1.5 cm左右。头胸甲及步足呈白色，散布褐色斑纹，螯足呈黄色。头胸甲呈横卵圆形，宽稍大于长，隆起，前半部半圆形，后半部较窄，表面密布短毛，前半部短毛较粗，具羽状刚毛，分区不清。额分两叶，前缘稍隆起。前侧缘具4锐齿。后侧缘较平直，无明显内凹。螯足强壮、不对称，各节表面覆有短毛，腕节、掌节密布鳞状颗粒。雄性腹部分7节。

生态习性 一般栖息于潮间带至水深百余米的岩礁及泥沙、碎壳质海底。

地理分布 国内分布于浙江、南海。舟山海域罕见。标本采集于舟山外海60 m底泥中。

鳞形杨梅蟹

174 马氏毛粒蟹
Pilumnopeus makianus (Rathbun, 1931)

同物异名 *Heteropanope makiana* Rathbun, 1931

分类地位 十足目 Decapoda，腹胚亚目 Pleocyemata，毛刺蟹总科 Pilumnoidea，毛刺蟹科 Pilumnidae

形态特征 小型蟹类，成体头胸甲宽约 2 cm。头胸甲呈横卵圆形，表面稍隆，通常被有短绒毛及长刚毛。甲面前半部有横行颗粒脊，脊上密具刚毛；甲面后半部略光滑。额分两叶，各叶前缘具小齿。眼窝深，背缘具有颗粒，腹缘有小刺，眼柄粗短，外眼窝齿低而小。前侧缘除具外眼窝齿外，具4齿，各齿大小不等，呈三角形，边缘具细锯齿。后侧缘平直。后缘略向外曲。螯足不对称，长节粗短；腕节具颗粒，内末角末端有短钝齿；掌节长，表面具圆锥形颗粒。可动指背面基部也具颗粒，两指粗壮，内缘具钝齿。小螯的指内缘的齿较低平。步足细长，各节的前、后缘密具绒毛。雄性腹部呈窄条形，尾节呈三角形。雌性腹部呈长卵圆形。两性腹部均为7节。

生态习性 一般栖息于高潮带石块下或藻丛间，或有泥、草的水底。

地理分布 国内分布于渤海、黄海、东海。舟山海域少见。标本采集于舟山定海长峙岛、舟山嵊泗枸杞岛、舟山普陀六横大蚊虫岛。

马氏毛粒蟹

175 齿腕拟盲蟹

Typhlocarcinops denticarpes Dai, Yang, Song & Chen, 1986

分类地位 十足目 Decapoda，腹胚亚目 Pleocyemata，毛刺蟹总科 Pilumnoidea，毛刺蟹科 Pilumnidae

形态特征 小型蟹类，成体头胸甲宽 1 cm 左右。头胸甲近横长方形，宽约为长的 1.3 倍，背面前、后向隆起，覆以薄层绒毛，分区不明显，近侧缘部分具细颗粒。额向下弯，被背面的 1 纵沟分为明显的两叶。前侧缘甚拱，具粗糙颗粒，中部具极不明显的缺刻。后侧缘向后靠拢，密布长绒毛。眼窝呈卵圆形。雄性螯足粗壮、不对称，长节、腕节边缘具长绒毛，长节呈棱柱形，背末缘具 2 条横行隆脊，腹缘具颗粒；腕节腹面具颗粒状隆脊，其余部分除背面内缘附近具颗粒外，表面光滑，内侧角突出成钝齿；掌节侧扁而光滑，背腹缘具隆脊，除大螯腹缘光滑外，均具颗粒，外侧面近腹缘具 1 纵沟。两指粗壮，基部具珠状颗粒，内缘具不规则齿。步足较细长，第三对步足最长。雄性第一腹肢细长，呈"S"形，末端趋尖，基部具 2 列细刺。腹部近长条形，分 7 节，尾节长大于宽。

生态习性 一般栖息于软泥、泥沙质浅海底。

地理分布 国内分布于广东。舟山海域少见。标本采集于舟山近海软泥样中。

齿腕拟盲蟹

176 穆氏仿短眼蟹
Xenophthalmodes morsei Rathbun, 1932

分类地位 十足目 Decapoda，腹胚亚目 Pleocyemata，毛刺蟹总科 Pilumnoidea，毛刺蟹科 Pilumnidae

形态特征 小型蟹类，成体头胸甲宽 1 cm 左右。体呈米白色，第四步足内侧呈深红色。头胸甲呈半圆形，宽为长的 1.3~1.4 倍，表面覆短毛，分区不明显，前部向下倾斜，中部稍隆起，胃区、心区之间具 1 "H" 形浅沟。额向下弯，分为两个半圆形叶。眼窝呈横卵圆形，眼柄粗短。前侧缘呈拱形，后端向后扩大。后侧缘较长，斜向外，表面具细颗粒。后缘最宽，呈微弧状。第三颚足座节长于长节，两颚足闭合时有空隙。螯足左右不对称，表面具短绒毛，长节呈短三棱形，具细颗粒，背缘近末端具 1 个钝齿；腕节短小，表面具短软毛，内角具 1 壮齿；较大螯足掌宽扁，边缘脊状，外表面具细颗粒，近腹缘有 1 条沟延伸至不动指末端，沟中具毛。两指合拢时末端交叉，不动指内缘具 7~8 个钝齿，可动指内缘具 8 个大小齿。步足瘦长，第三对最长，各节边缘具软毛，指节尖锐，稍弯。腹部分 7 节，第一节为最宽，尾节呈三角形，长大于宽。雄性第一腹肢细长，基半部弯曲，末半部斜直，有小刺；第二腹肢短小。

生态习性 一般栖息于浅海几十米深的沙、泥或碎壳质海底。

地理分布 国内原记录于南海。舟山海域稀见。本种为东海首次记录，标本采集于舟山近海泥样中。

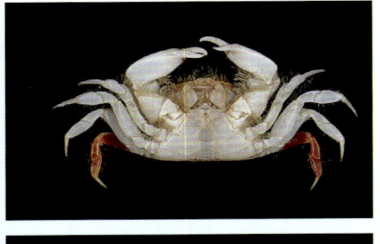
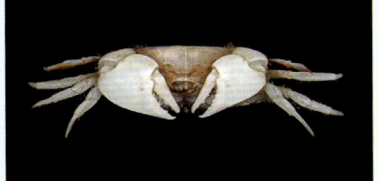

穆氏仿短眼蟹

三十一、长脚蟹总科 Goneplacoidea MacLeay, 1838

（四十八）宽背蟹科 Euryplacidae Stimpson, 1871

头胸甲近六边形，最宽处通常位于前、后侧缘相接处。额较宽，近方形。眼柄长。第一触角横向折叠。第二触角中等长，触须被置于腹内眼窝缝外。口前板界限清楚。口框方形，完全被第三颚足掩盖，第三颚足长节呈方形。

舟山记录1属1种，本书收录1属1种。

177 隆线强蟹
Eucrate crenata (De Haan, 1835)

同物异名 Cancer (*Eucrate*) *crenata* De Haan, 1835; *Eucrate sulcatifrons* (Stimpson, 1858); *Pilumnoplax sulcatifrons* Stimpson, 1858; *Pseudorhombila sulcatifrons* Stimpson, 1858

分类地位 十足目 Decapoda，腹胚亚目 Pleocyemata，长脚蟹总科 Goneplacoidea，宽背蟹科 Euryplacidae

形态特征 小型蟹类。成体头胸甲宽4 cm左右。头胸甲表面花纹多变，前鳃区各具1圆点状红斑。螯足可动指后半部呈橙红色，前半部及不动指呈白色；腕节具宽的绒毛区，掌节上半部及可动指后半部具斑点。头胸甲近圆方形，前宽后窄，表面隆起而光滑。额分两叶，中央有缺刻。螯足左右几对称，长节光滑，指节较掌节长。步足多光滑，末对步足最短，长节前缘具颗粒，被有短毛，其他各节也具短毛。雄性腹部呈锐三角形，第六节宽大于长，尾节甚长，约为其宽的2倍。雌性腹部呈宽三角形。

生态习性 一般栖息于浅海的泥沙质海底，也栖息于低潮区的石块下。

地理分布 国内分布于渤海、黄海、东海、南海。舟山海域很常见。标本采集于舟山近海拖网渔获物中。

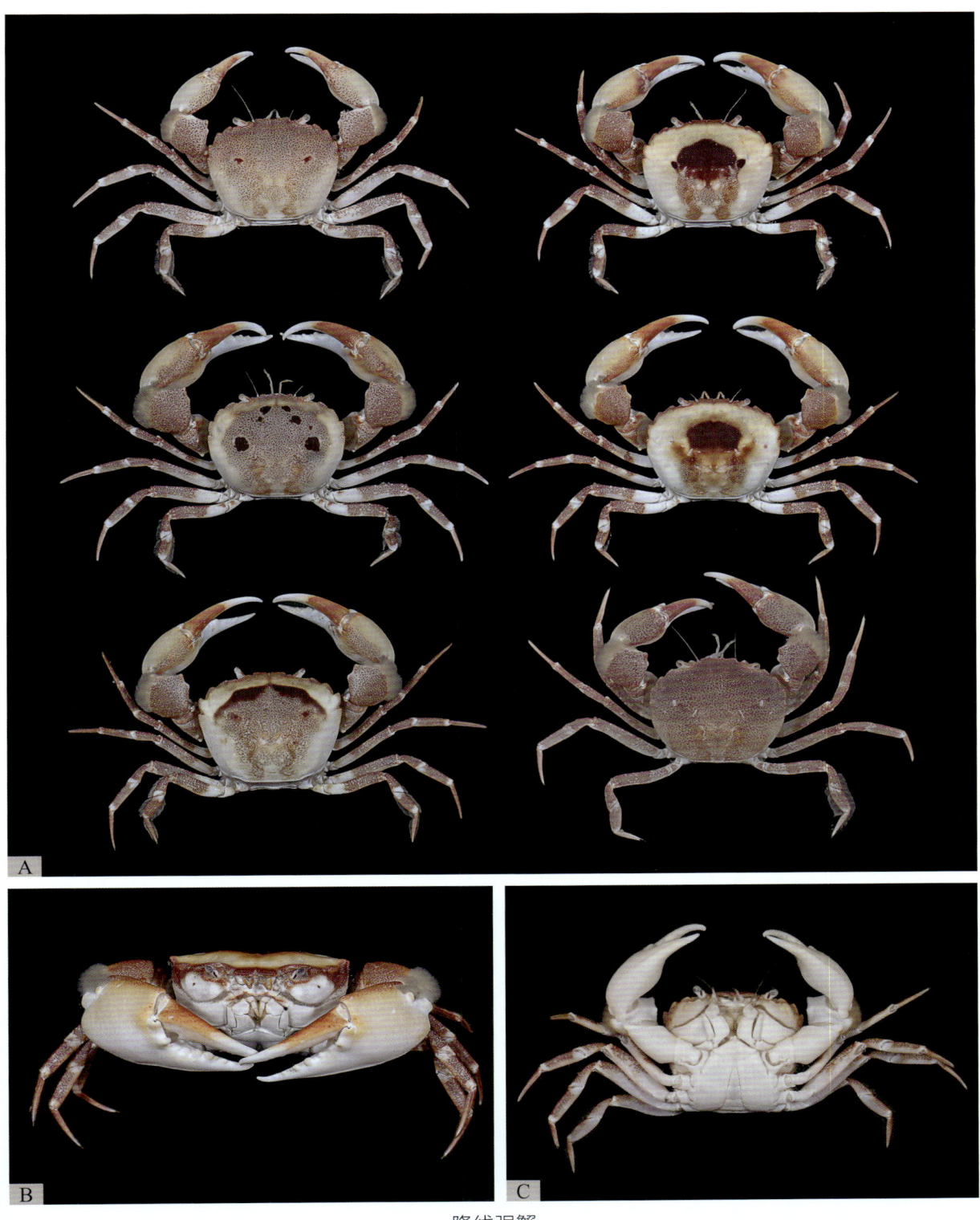

隆线强蟹

A.头胸甲背面常见花纹样　B.正面观（可见前鳃区具1圆点状红斑）　C.腹面观

（四十九）长脚蟹科 Goneplacidae MacLeay, 1838

头胸甲通常近四边形。眼窝较宽，封闭型。第一触角斜卧或横折，隔板很薄。舟山记录2属3种，本书收录2属3种。

178 长手隆背蟹
Carcinoplax longimanus (De Haan, 1833)

同物异名 Cancer (*Curtonotus*) *longimana* De Haan, 1833；*Carcinoplax longimanus japonicus* Doflein, 1904；*Carcinoplax longimanus typicus* Doflein, 1904；*Pilumnoplax glaberrima* Ortmann, 1894

分类地位 十足目 Decapoda，腹胚亚目 Pleocyemata，长脚蟹总科 Goneplacoidea，长脚蟹科 Goneplacidae

形态特征 中大型蟹类，头胸甲宽可达7 cm。全身呈深红色，头胸甲前半部颜色较深，步足指节前、后缘被短毛，呈黑色。头胸甲呈横卵圆形，中间膨大，上、下缘均窄。头胸甲及步足大部分裸露。胃区、心区两侧有浅沟。额宽，前缘横截，两侧角突出成齿状。前侧缘在外眼窝角后具2齿，成体不明显。第二触角位于开放的内眼窝缝中。背眼窝缘具颗粒，外眼窝角呈钝角形。后侧缘较前侧缘稍长。雄性螯足特别壮大，螯长可达头胸甲长的4倍以上。右螯常大于左螯，长节背缘近末端具1锐齿；腕节内、外末角各具1锐齿；掌节内侧面近末端处具1钝突起；两指内缘具不等大的钝齿。步足细长，指节前、后缘具短毛。雄性腹部近三角形，尾节呈钝三角形。雌性腹部近三角形。

生态习性 一般栖息于浅海的泥质、沙质或碎壳质海底。

地理分布 国内分布于东海、南海。舟山海域很常见。标本采集于舟山近海拖网渔获物中。

长手隆背蟹

A.雄性背面观　B.雄性腹面观　C.雄性活体照　D.亚成体背面观（可见侧齿明显）
E.雌性背面观（螯足较短而等大）

179 紫红隆背蟹
Carcinoplax purpurea Rathbun, 1914

分类地位 十足目 Decapoda，腹胚亚目 Pleocyemata，长脚蟹总科 Goneplacoidea，长脚蟹科 Goneplacidae

形态特征 中小型蟹类，成体头胸甲宽3 cm左右。头胸甲前1/3处和螯足呈浅红色，头胸甲自额到肠区的中线处具1红色纵带。步足指节的前、后缘被短毛，呈黑色。头胸甲近横长方形，隆起，表面具细麻点及颗粒，分区不明显，胃区、心区两侧具"H"形沟。额缘横切，中部具1浅缺刻，分成两叶。外眼窝角平钝或稍突，腹眼窝缘呈隆脊形，内下眼窝角突出成齿形。前侧缘含外眼窝角共3齿，幼体及雌性末齿突出，成熟雄体末齿不明显。螯足粗壮、不对称。幼体及雌性个体的长节较短，雄性个体的长节较长；腕节表面粗糙，内缘具1圆钝的齿突；掌部相对光滑，内侧面具纵行的圆钝隆脊。步足腕节前缘、掌节和指节的前、后缘均密具绒毛。腹部呈三角形，分7节，尾节呈三角形。

生态习性 一般栖息于浅海的泥沙质海底。

地理分布 国内分布于东海、南海。舟山海域少见。标本采集于舟山近海拖网渔获物中。

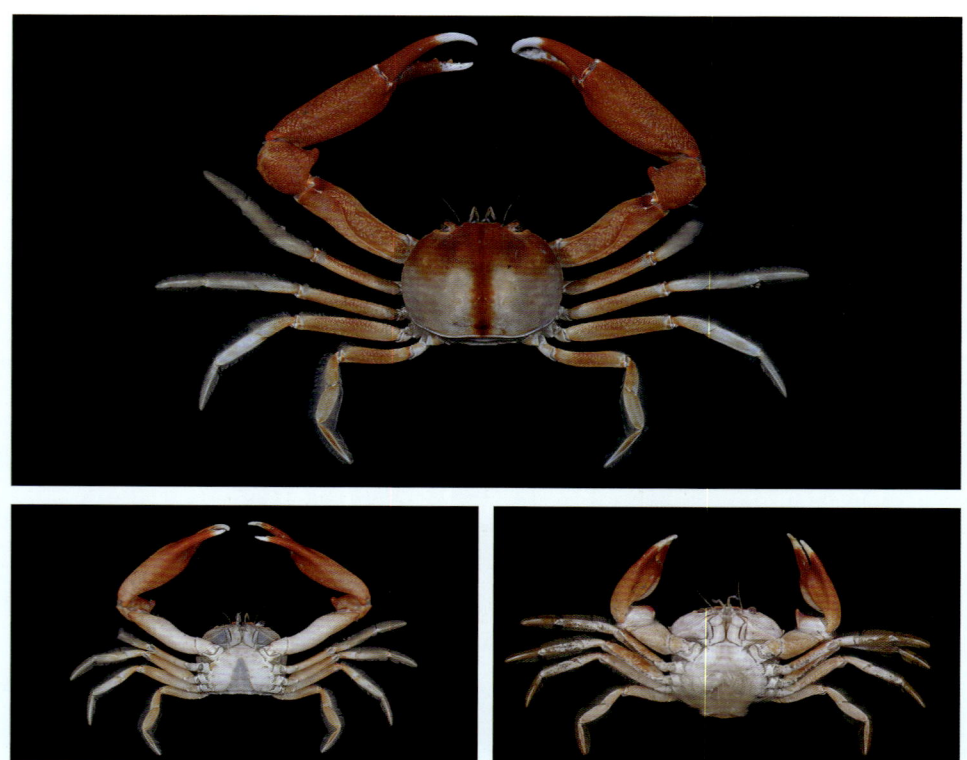

紫红隆背蟹

180 泥脚毛隆背蟹
Entricoplax vestita (De Haan, 1835)

同物异名 *Cancer* (*Curtonotus*) *vestita* De Haan, 1835; *Carcinoplax vestita* (De Haan, 1835)

分类地位 十足目 Decapoda，腹胚亚目 Pleocyemata，长脚蟹总科 Goneplacoidea，长脚蟹科 Goneplacidae

形态特征 小型蟹类，成体头胸甲宽 3 cm 左右。幼体头胸甲前半部和绒毛呈粉色，成体体色棕黄。头胸甲呈宽椭圆形，表面密具细绒毛，前后隆起。额向前下方稍倾斜，前缘中部微凹。眼窝背缘具有微细颗粒，外眼窝齿钝，内眼窝齿圆钝。前侧缘长于后侧缘，除外眼窝齿外，具有间隔较远的2齿，末齿相对较大而突。后侧缘直而略向内后方斜。后缘宽，中部微凹。第二触角位于开放的内眼窝缝中。螯足左右不对称，长节呈棱柱形；腕节内、外末角各具1齿突；掌节扁平，外侧面具浓密短毛，内侧面裸露而光滑；两指末端尖锐，内缘具不等大的齿，可动指外侧面基半部密具短毛。各对步足均细长，各节密具短毛，末对步足的掌节及指节较侧扁。雄性腹部呈三角形，雌性腹部呈长卵圆形。

生态习性 一般栖息于浅海的泥沙质海底。

地理分布 国内分布于黄海、东海。舟山海域少见。标本采集于舟山近海拖网渔获物中。

泥脚毛隆背蟹

(五十)掘沙蟹科 Scalopidiidae Števčić, 2005

头胸甲呈半圆形,分区可辨,鳃区较隆起,额稍突,中部被浅凹分成两平叶。眼窝小,眼柄很短,不活动。雄性螯足甚不对称,掌节光而扁平,步足长节较宽,第二、三对步足尤其明显。第三步足最长,末对步足最短小,各对步足长节的前、后缘均具明显小刺,前3对步足指节长而锐,末对步足的指节短而向外弯曲。雄性腹部窄长,雌性腹部较窄,第一节最宽。

舟山记录1属1种,本书收录1属1种。

181 刺足掘沙蟹
Scalopidia spinosipes Stimpson, 1858

分类地位 十足目 Decapoda,腹胚亚目 Pleocyemata,长脚蟹总科 Goneplacoidea,掘沙蟹科 Scalopidiidae

形态特征 小型蟹类,成体头胸甲宽3 cm左右,全身密覆短绒毛。头胸甲呈圆方形,背面凹凸不平,分区不明显。额窄,约为头胸甲最大宽度的1/4,中央被浅缺刻分成两小叶,边缘具锐颗粒。眼窝小,背面仅可见部分眼柄,眼柄短,不能活动。前侧缘呈隆脊状,短于后侧缘,后侧缘几平行。第三颚足之间空隙较大。两性螯足不对称,成熟雄性个体更明显,腕节内末角具壮齿,外缘末部有颗粒,掌节扁平,外表面光滑,指节内缘具钝齿。第三对步足最长,末对最短,各节均具短毛。雄性腹部窄长,雌性腹部呈卵圆形。

生态习性 一般栖息于浅海的泥沙质海底。

地理分布 国内分布于东海、台湾、南海。舟山海域罕见。

刺足掘沙蟹

A. 雄性背面观　B. 雌性背面观　C. 雄性腹面观　D. 雌性腹面观

三十二、豆蟹总科 Pinnotheroidea De Haan, 1833

（五十一）豆蟹科 Pinnotheridae De Haan, 1833

小型蟹类，常寄生或共栖于双壳类、螺类、多毛类、腕足类、海鞘类等体内。寄生生活的种类，外骨骼软化，色素退化，身体通常柔软。头胸甲圆形或横宽，额、眼窝、眼柄等退化而小，角膜有时不显。前侧缘光滑无齿或具极微细的小齿。雄性腹部窄，生殖孔位于腹甲。

舟山记录1属1种，本书收录1属1种。

182　中华蚶豆蟹
Arcotheres sinensis (Shen, 1932)

同物异名　*Pinnotheres sinensis* Shen, 1932

分类地位　十足目 Decapoda，腹胚亚目 Pleocyemata，豆蟹总科 Pinnotheroidea，豆蟹科 Pinnotheridae

形态特征　小型蟹类，雌雄异形，雌体更大，头胸甲宽1 cm左右，雄体头胸甲宽0.5 cm左右。雌性头胸甲透明无色，雄性头胸甲表面具黄褐色花纹。雌性头胸甲近圆形，宽度大于长度，表面稍隆而光滑，侧缘弧突，后缘中部内凹。额窄，向下弯曲。眼窝小而圆，眼柄甚短。第三颚足座节与长节愈合成1片，指节小棒状。螯足光滑，长节呈圆柱形，腕节长大于宽，掌节末部宽于基部，指节短于掌部。可动指内缘基部具1齿。步足光滑，第三对最长，第一、二对指节短，呈钩爪状，第四对的指节最长，末端尖锐，内缘及末部四周均具短毛。腹部圆大。雄性头胸甲表面光滑，较雌性坚硬，额向前突，步足较雌性更宽大，第二、三对步足掌节、腕节具绒毛。腹部窄长，末缘宽圆。第一腹肢向外侧弯曲。

生态习性　与牡蛎、贻贝或者其他双壳类共栖，栖居于贝类外套腔内。

地理分布　国内分布于黄海、渤海、东海。舟山海域较常见。标本采集于舟山养殖的贻贝体内。

中华蚶豆蟹

A. 雄性背面观　B. 雌性腹面观　C. 雌性背面观

三十三、方蟹总科 Grapsoidea MacLeay, 1838

(五十二) 方蟹科 Grapsidae MacLeay, 1838

头胸甲近方形。额颇宽。侧缘左右近平行。眼窝横生于额之两侧，位于或靠近前侧角。口框呈方形。第三颚足之间的中线上残留有菱形的较宽间隙，第三颚足须位于长节前缘中央或外末角。第一触角隔板很宽。雄性生殖孔开口于胸部腹甲。

舟山记录2属2种，本书收录2属2种。

183 四齿大额蟹
Metopograpsus quadridentatus Stimpson, 1858

同物异名 *Grapsus* (*Grapsus*) *plicatus* Herklots, 1861; *Pachygrapsus quadratus* Tweedie, 1936

分类地位 十足目 Decapoda，腹胚亚目 Pleocyemata，方蟹总科 Grapsoidea，方蟹科 Grapsidae

形态特征 小型蟹类，成体头胸甲宽4 cm左右。全身呈紫褐色或绿色，步足具黄色斑纹，关节膜常为绿色。头胸甲近方形，宽大于长，前半部稍宽于后半部，表面较平滑。额宽，其宽约为头胸甲宽的3/5，前缘较平直，具细颗粒，额后呈隆脊，分成4叶，各叶表面具横行皱褶。外眼窝角尖锐，眼窝腹缘内侧缘具有细锯齿。第二触角完全与眼窝隔离。头胸甲侧缘倾斜面上具有数条斜行隆线，后缘宽而平直。螯足不对称，长节腹内缘末部突出成叶状，具3个大锐齿及1~2个小齿，内、外腹缘均具锯齿；两指内缘具不等大的钝齿。步足扁平，长节较宽，后缘近末部突出成叶状，具3~4个小齿。指节、掌节和腕节均具刚毛，指节前、后缘具4列小刺。雄性腹部呈三角形，雌性腹部圆大。

生态习性 一般栖息于潮间带岩石缝中或石块下。

地理分布 国内分布于黄海南部、东海、南海。舟山沿岸岩礁潮间带常见。

四齿大额蟹

184 粗腿厚纹蟹
Pachygrapsus crassipes Randall, 1840

同物异名　*Grapsus eydouxi* H. Milne Edwards, 1853; *Leptograpsus gonagrus* H. Milne Edwards, 1853

分类地位　十足目 Decapoda，腹胚亚目 Pleocyemata，方蟹总科 Grapsoidea，方蟹科 Grapsidae

形态特征　小型蟹类，成体头胸甲宽 3 cm 左右。头胸甲呈紫褐色或绿色，螯足、步足均具黄绿色斑纹，关节膜常为绿色。头胸甲呈方形，表面扁平稍隆起。表面除心区、肠区外，具有横行或斜行的皱褶。额宽约为头胸甲宽的 1/2，表面具颗粒。额后有 4 个隆突，以中间的 1 对较为显著。背眼窝缘稍斜，深凹，腹眼窝缘具锯齿。第二触角在眼窝缝中。前侧缘在眼窝外角后具 1 齿。螯足稍不对称或对称，长节及腕节均具细隆线，长节内缘末端具 3 齿；腕节内末角呈锯齿状；掌节较为平滑，仅背面具有颗粒及皱襞；指节背面基部具颗粒，两指内缘具不规则齿。4 对步足中以第二对步足最长，第一至三对步足的长节前缘近末端处各具 1 刺，各步足的指节前、后缘各具 2 列小锐刺。

生态习性　一般栖息于离岸岛屿的岩礁潮间带石缝中或石头下。

地理分布　国内分布于东海、南海。舟山东部各岛岩礁潮间带常见。

粗腿厚纹蟹

（五十三）斜纹蟹科 Plagusiidae Dana, 1851

头胸甲外形呈圆钝四角形或圆形。头胸甲稍隆起。第一触角深埋入额侧，额齿呈叶状分割。眼窝下缘与口廓外角相连。外颚足不完全闭合口廓。

舟山新发现1属2种，本书收录1属2种。

185 无斑斜纹蟹
Plagusia immaculata Lamarck, 1818

分类地位 十足目 Decapoda，腹胚亚目 Pleocyemata，方蟹总科 Grapsoidea，斜纹蟹科 Plagusiidae

形态特征 小型蟹类，成体头胸甲长3～4 cm。全身呈红褐色，密布白色斑点。头胸甲近圆形，宽稍大于长，背面具较扁平而稀疏的突起，突起的前缘几无毛。额较宽，分两叶。额部侧缘与内眼窝角之间具"U"形缺刻。前侧缘连外眼窝角在内共具4齿。雄性螯足较为粗壮，雌性短小；长节背缘近末端具1锐齿；两指内缘具钝齿，指端呈匙形。第一对步足最短，长节具1列短毛，背缘近末端具1个锐齿；指节腹缘具2列小刺。雄性第一腹肢粗壮，中部具1斜行隆线，末端几丁质突起分叉。腹部呈三角形，第四至六节愈合，尾节末缘圆钝。雌性腹部呈圆形，尾节末缘中部稍突。

生态习性 一般栖息于珊瑚礁质潮间带，常随木、竹等漂浮物长距离漂流。

地理分布 国内分布于台湾、西沙群岛。舟山海域罕见。标本采集于舟山普陀朱家尖沿岸漂流的竹竿内。

无斑斜纹蟹

186 鳞突斜纹蟹
Plagusia squamosa (Herbst, 1790)

同物异名 *Cancer squamosus* Herbst, 1790; *Grapse tuberculatus* Latreille in Milbert, 1812; *Plagusia depressa squamosa* (Herbst, 1790); *Plagusia depressa tuberculata* Lamarck, 1818; *Plagusia orientalis* Stimpson, 1858; *Plagusia tuberculata* Lamarck, 1818

分类地位 十足目Decapoda，腹胚亚目Pleocyemata，方蟹总科Grapsoidea，斜纹蟹科Plagusiidae

形态特征 小型蟹类，成体头胸甲宽3～4 cm。全身呈红褐色，步足末端颜色较深。头胸甲近圆形，厚，宽稍大于长，表面具鳞片状突起，突起前缘具短毛。第三颚足之间无斜方形空隙，不完全覆盖整个口框。步足长节具2列短毛。额宽，中央被1条纵沟分为两叶。前侧缘连外眼窝齿在内共具4齿，依次渐小。螯足约与头胸甲等长，长节的背缘及内腹缘均具短绒毛，外侧面有鳞片状皱纹。第一步足的底节具1枚齿状突起，第二至四步足底节背面各具2枚齿状突起。其余特征与前种相近。

生态习性 一般栖息于珊瑚礁质潮间带，常随木、竹等漂浮物长距离漂流。

地理分布 国内分布于东海、台湾、南海。舟山海域罕见。标本采集于舟山普陀庙子湖岛北部岩礁。

鳞突斜纹蟹

(五十四) 弓蟹科 Varunidae H. Milne Edwards, 1853

头胸甲近方形或圆方形。额宽，向前平伸或弯向腹面。腹眼窝缘或腹眼窝下脊延伸至口框。颊区及头胸甲侧壁不具细网纹及交叉的毛列。第三颚足完全覆盖口框。

舟山记录10属15种，本书收录10属15种。

187 异足倒颚蟹
Asthenognathus inaequipes Stimpson, 1858

分类地位 十足目 Decapoda，腹胚亚目 Pleocyemata，方蟹总科 Grapsoidea，弓蟹科 Varunidae

形态特征 小型蟹类，成体头胸甲宽1 cm左右。全身无色斑，整体呈灰白色。头胸甲呈六边形，分区不明显。前侧缘明显向前收敛，后侧缘向内倾斜，后缘平直，背面中部具"H"形沟。额与眼窝宽几等长，额稍弯向腹面，前缘中线具1不明显的纵沟。雄性螯足粗壮，掌厚，可动指中部具1齿，不动指无齿。雌性螯足瘦长，两指合拢时稍有空隙。第一、四对步足细短，长节瘦长，毛少；第二、三对步足粗壮，长节均宽扁，密覆绒毛。雄性腹部第三至五节愈合，尾节呈钝圆形。雌性尾节呈宽圆形。雄性第一腹肢呈棒状。

生态习性 一般栖息于浅海的泥沙质海底。

地理分布 国内沿海均有分布。舟山海域偶见。标本采集于舟山普陀中街山列岛近海底泥中。

异足倒颚蟹

188 隆背张口蟹
Chasmagnathus convexus (De Haan, 1835)

同物异名 *Helice spinicarpa* H. Milne Edwards, 1853; *Ocypode* (*Chasmagnathus*) *convexus* De Haan, 1835

分类地位 十足目 Decapoda，腹胚亚目 Pleocyemata，方蟹总科 Grapsoidea，弓蟹科 Varunidae

形态特征 小型蟹类，成体头胸甲宽3～4 cm。头胸甲呈紫红色或红褐色；大螯掌部呈紫色，指节呈灰白色。头胸甲近圆方形，侧缘中部向两侧稍扩大，甲面自前向后隆起，覆有短绒毛，分区明显。额宽，但不及头胸甲宽度的1/2，额向下弯曲，中部凹陷，额中央向额后的甲面形成1纵沟，向后延伸直达胃区。前侧缘连外眼窝齿在内共具3齿，齿间缺刻较深。螯足壮大、对称，长节呈棱柱形，边缘具有锯齿；腕节内缘具颗粒；掌节膨大，外侧面较光滑。步足瘦长，腕节、掌节及指节的基部均密生刚毛。雄性腹部呈三角形，第六节相对较长，尾节圆钝。

生态习性 河口性蟹类，一般穴居于堤坝、内湾潮间带的泥滩、沼泽地带。

地理分布 国内分布于东海、南海。舟山海域偶见。

隆背张口蟹

189 日本绒螯蟹
Eriocheir japonica (De Haan, 1835)

同物异名 *Eriocheir formosa* Nakagawa, 1915; *Eriocheir japonicus* (De Haan, 1835); *Eriocheir rectus* Stimpson, 1858; *Grapsus* (*Eriocheir*) *japonicus* De Haan, 1835

分类地位 十足目Decapoda，腹胚亚目Pleocyemata，方蟹总科Grapsoidea，弓蟹科Varunidae

形态特征 中型蟹类，成体头胸甲宽可达6 cm以上。头胸甲呈圆方形。额前缘分4齿，居中2齿较钝圆，两侧齿相对尖锐。眼窝背缘具1缝，外眼窝角锐。前侧缘连外眼窝角在内共分4齿，末齿微小不明显。螯足长节呈三棱形，内腹缘具刚毛，腕节内末角具1棘，掌节具浓密绒毛，并扩展到腕节末端及两指的基部，两指内缘的齿较钝。步足长节前缘具刚毛；腕节的前缘及掌节的前、后缘均有棕色的长刚毛，尤以前缘为甚；指节前、后缘具短刚毛。

生态习性 一般栖息于河流中，繁殖季节常成群由淡水向河口迁移、产卵。

地理分布 国内分布于浙江、福建、台湾、广东。舟山海域较常见。标本采集于舟山普陀桃花岛、朱家尖岛近岸河口处。

日本绒螯蟹

190 中华绒螯蟹
Eriocheir sinensis H. Milne Edwards, 1853

同物异名 *Eriocheir sinensis f. acutifrons* Panning, 1938; *Eriocheir sinensis f. rostrata* Panning, 1933; *Eriocheir sinensis f. rotundifrons* Panning, 1938; *Eriocheir sinensis f. trilobata* Panning, 1938; *Grapsus nankin* Tu, Tu, Wu, Ling & Hsu, 1923; *Grapsus nankin* Lin, 1926

分类地位 十足目 Decapoda，腹胚亚目 Pleocyemata，方蟹总科 Grapsoidea，弓蟹科 Varunidae

形态特征 中型蟹类，成体头胸甲宽 7 cm 左右。头胸甲呈圆方形，表面隆起。额及肝区凹陷，胃区前面具有 6 个对称的突起，各具颗粒。额较宽，具 4 齿。齿相对日本绒螯蟹更锐。前侧缘向外方倾斜，连外眼窝齿在内共有 4 齿，末齿微小。后侧缘波状折曲。雄性螯足比雌性螯足大，长节背缘近末端处具 1 锐刺，腕节内末角具 1 锐刺，掌节与指节基部的内外面均密生绒毛。后 3 对步足腕节和掌节的背缘各具刚毛，末对步足的掌节与指节基部的背、腹缘密具刚毛，各对步足长节背缘近末端均具 1 锐刺。雄性腹部呈三角形，雌性腹部圆大。

生态习性 一般穴居于通海的江、河、湖泊泥岸，昼匿夜出。秋季洄游到近海河口产卵交配，翌年春季孵化，幼体再溯河而上，在淡水中生长。

地理分布 国内沿海省市广布，以河北、江苏等地产量较大。舟山海域偶见。

中华绒螯蟹

191 狭颚新绒螯蟹
Neoeriocheir leptognathus (Rathbun, 1913)

同物异名 *Eriocheir leptognathus* Rathbun, 1913; *Utica sinensis* Parisi, 1918

分类地位 十足目 Decapoda，腹胚亚目 Pleocyemata，方蟹总科 Grapsoidea，弓蟹科 Varunidae

形态特征 小型蟹类。成体甲宽2～3 cm，体半透明，可见生殖腺及肌肉颜色。头胸甲呈圆方形，表面平滑，具小凹点。额窄，前缘分成不明显的4齿，中央缺刻较浅。背眼窝缘凹入，腹眼窝缘下形成隆脊，上具颗粒，延伸至外眼窝齿的腹面。外眼窝齿较大，前侧缘具2齿，末齿小，自末齿向甲面引入1条横行的颗粒隆线，延伸至胃区。雄性螯足大于雌性螯足，长节内侧面具有绒毛；腕节内末角较尖锐；掌节外侧面具有微细颗粒，有1条颗粒隆线延伸至不动指的末端，内侧面密具绒毛，雌性绒毛较稀疏。步足细长，前、后缘均具长刚毛，第一、二对步足掌节与指节的背面另各具1列长刚毛。雄性腹部呈三角形。雌性腹部呈圆形。

生态习性 一般栖息于河口的泥滩及近海河口地带。

地理分布 国内分布于渤海、黄海、东海。舟山海域少见。标本采集于舟山岱山、舟山普陀朱家尖沿岸拖网渔获物中。

狭颚新绒螯蟹

192　伍氏拟厚蟹
Helicana wuana (Rathbun, 1931)

同物异名　*Helice tridens sheni* T. Sakai, 1939; *Helice tridens wuana* Rathbun, 1931; *Helice wuana* Rathbun, 1931

分类地位　十足目 Decapoda，腹胚亚目 Pleocyemata，方蟹总科 Grapsoidea，弓蟹科 Varunidae

形态特征　小型蟹类，成体头胸甲宽 3 cm 左右。全身呈蓝灰色，头胸甲密布小红点，以及 5～6 个稍大的紫红色斑点。头胸甲近方形，分区明显。体厚，表面具细凹点及短刚毛。额稍下弯，中央内凹，眼窝背缘中部隆起。雄性眼窝腹缘下隆脊具有 10～12 颗珠状突起，均延长而相互连接。雌性具 13～15 颗小颗粒，近长圆形。外眼窝齿呈三角形，指向前方。除外眼窝齿外，侧缘具 3 齿，末齿细小，仅留痕迹。螯足长节内腹缘末部具 1 较长的发音隆脊，掌节背缘的隆脊较钝，不动指基部稍凹入。第一至三对步足的腕节及掌节的前面均具绒毛，第三对较稀少。雄性腹部第六节两侧缘末部较靠拢，尾节呈圆钝的三角形。雌性腹部圆大。

生态习性　一般穴居于沿海泥滩或泥岸上。

地理分布　国内分布于黄海、东海。舟山各泥滩广布。

伍氏拟厚蟹

193 天津厚蟹
Helice tientsinensis Rathbun, 1931

同物异名 *Helice tridens tientsinensis* Rathbun, 1931

分类地位 十足目 Decapoda，腹胚亚目 Pleocyemata，方蟹总科 Grapsoidea，弓蟹科 Varunidae

形态特征 小型蟹类。成体头胸甲宽 3 cm 左右。全身呈蓝灰色，头胸甲无斑点，各步足关节处具橙色，大螯色浅，掌部灰白色。头胸甲呈四方形，分区可辨。额稍下弯，中部稍凹。背眼窝缘隆起，向外倾斜。眼窝腹缘的隆脊中部膨大，由 5～6 颗光滑的突起组成，内侧部具有 10～15 个颗粒，向内部趋小；外侧部具有 13～29 个近圆形突起，向外侧趋小。雌性眼窝下隆脊中部不膨大，共有 34～39 个颗粒。前侧缘连外眼窝齿在内共具 4 齿，外眼窝齿呈锐三角形，第四齿仅呈痕迹状，第三、四齿各引入 1 条斜行隆线。雄螯大于雌螯，长节内腹缘末部具有发音隆脊；掌节光滑，背缘呈锋锐的隆脊；可动指的背缘平直。第一对步足掌节的前面具有绒毛，第二对步足掌节的绒毛稀少或无。雄性腹部窄长，尾节呈圆方形。雌性腹部圆大。

生态习性 一般穴居于河口的泥滩或通海河流的泥岸上。每年 4—5 月抱卵繁殖。

地理分布 国内分布于黄海、渤海、东海北部。舟山各岛滩涂多有分布。

天津厚蟹

194 侧足厚蟹
Helice latimera Parisi, 1918

同物异名 *Helice tridens pingi* Rathbun, 1931; *Helice tridens var. latimera* Parisi, 1918

分类地位 十足目 Decapoda，腹胚亚目 Pleocyemata，方蟹总科 Grapsoidea，弓蟹科 Varunidae

形态特征 小型蟹类，成体头胸甲宽3 cm左右。体色与天津厚蟹几无区别。体呈方形，表面隆起，具有均匀分散的短刚毛。额稍向下倾斜，中央具有宽沟，约分两叶。背眼缘中部稍隆。前侧缘连外眼窝角在内共具4齿，第一齿呈锐三角形，末齿仅呈痕迹状。雄性下眼缘为1连续性隆脊，被纵沟分成50～67个突起，两端趋窄，中部纵长，突起上均有纵线。雌性的隆脊为分开的36～41个圆形突起。雄性螯足大于雌性，长节腹缘内侧末部具1纵行发音隆脊；掌部很高，光滑，背缘具锋锐隆脊。步足细长，第一步足掌节及腕节末端的腹面具有短绒毛。雄性腹部呈三角形，尾节具1横列绒毛。雌性腹部圆大。

生态习性 一般栖息于潮间带泥滩上。

地理分布 国内分布于东海、南海。舟山海域常见。标本采集于舟山定海马目泥滩。

侧足厚蟹

195 长足长方蟹
Metaplax longipes Stimpson, 1858

同物异名 *Metaplax takahashii* Sakai, 1939

分类地位 十足目 Decapoda，腹胚亚目 Pleocyemata，方蟹总科 Grapsoidea，弓蟹科 Varunidae

形态特征 小型蟹类，成体头胸甲宽 2~3 cm。全身呈灰蓝色，头胸甲具红褐色不规则斑纹。头胸甲呈横长方形，分区明显，具细沟。第三颚足间具明显斜方形空隙。额稍宽，前缘中部稍凹，额后形成纵沟向胃区两侧延伸。外眼窝角呈锐三角形，眼窝腹缘隆脊具 9~17 个突起，常见 11~15 个，近口侧 4~5 个突起延长呈条状，外侧的渐小呈粒状。侧缘除外眼窝角外共有 4 齿，第一齿最大，末齿不明显。螯足对称，指节稍短于或等于掌部。螯足长节的背缘及腹内缘均具锯齿，腕节及掌节光滑，两指内缘具细齿。步足细长，第一、四对步足较为短小，腕节、掌节仅具少量绒毛。第二、三对步足的腕节及掌节密具短绒毛。雄性腹部近长方形，尾节呈长圆形。雌性腹部近圆形，尾节呈三角形。

生态习性 一般栖息于各泥滩潮间带高潮带。

地理分布 国内分布于东海、南海。舟山泥相滩涂广布。

长足长方蟹

196 绒螯近方蟹
Hemigrapsus penicillatus (De Haan, 1835)

同物异名 *Brachynotus brevidigitatus* Yokoya, 1928; *Grapsus* (*Eriocheir*) *penicillatus* De Haan, 1835

分类地位 十足目 Decapoda，腹胚亚目 Pleocyemata，方蟹总科 Grapsoidea，弓蟹科 Varunidae

形态特征 小型蟹类，成体头胸甲宽2～3 cm。全身呈灰色，腹面具明显斑点。头胸甲近方形，前半部略宽于后半部，表面具凹点。额较宽，前缘中部稍凹。腹眼窝隆脊的内侧具有6～7个颗粒，外侧部具3个钝齿状突起，向外趋小。前侧缘连外眼窝齿在内具3齿，由前至后依次减小。雄性大螯大于雌性，长节的腹缘近末部处具1发音隆脊；掌节宽大，外侧面近腹缘处具1行颗粒隆脊，内、外面近两指的基部具有1丛绒毛，尤以内面的较密，雌体及雄性幼体无此绒毛或不明显；两指长于掌部，内缘具有不规则的钝齿。第二、三对步足较长，长节背缘近末端处具1齿，指节有多列短刚毛，末端尖锐而呈角质。雄性腹部呈三角形。雌性腹部呈宽圆形。

生态习性 一般栖息于潮间带岩石下或岩石缝中，以及河口泥滩上。

地理分布 国内分布于黄海、渤海、浙江。舟山海域少见。标本采集于舟山普陀桃花岛。

绒螯近方蟹

197 肉球近方蟹
Hemigrapsus sanguineus (De Haan, 1835)

同物异名 *Grapsus* (*Grapsus*) *sanguineus* De Haan, 1835; *Heterograpsus maculatus* H. Milne Edwards, 1853

分类地位 十足目 Decapoda，腹胚亚目 Pleocyemata，方蟹总科 Grapsoidea，弓蟹科 Varunidae

形态特征 小型蟹类，成体头胸甲宽3～4 cm。全身呈灰绿色或青褐色，头胸甲及各足散布大小不一的紫红色细点，各步足长节具界限不清的黄色和褐色相间斑纹。头胸甲近方形，前半部稍隆，后半部较平坦。额宽约为头胸甲宽的1/2，前缘平直，中间稍凹。前侧缘连外眼窝齿在内具有3锐齿，末齿小。眼窝腹缘隆脊细长，内侧部具有5～6个较粗颗粒，向外趋细小。成体雄性大螯两指基部具1明显肉球形泡状膜，雌螯无，雄性亚成体球状泡也不明显。雄性螯大于雌性，长节内侧面近腹缘中部具有1发音隆脊，腕节内末角具1齿，掌节内、外面隆起，雄性螯两指间空隙较大。步足指节扁，较掌节短，具6纵列黑色短刚毛。雄性腹部呈三角形。雌性腹部呈圆形。

生态习性 一般栖息于低潮区的岩石下或石缝中。

地理分布 国内沿海广布。舟山沿岸潮间带广布。

肉球近方蟹

198 中华近方蟹
Hemigrapsus sinensis Rathbun, 1931

分类地位 十足目 Decapoda，腹胚亚目 Pleocyemata，方蟹总科 Grapsoidea，弓蟹科 Varunidae

形态特征 小型蟹类，成体头胸甲宽 0.5～1.0 cm，雄性小于雌性。头胸甲呈灰褐色，各步足具深浅不一的褐色斑纹。头胸甲近方形，背面凹凸不平，胃区至心区有 1 "H" 形沟，胃区具细颗粒，两侧有 1 条斜行颗粒隆起延伸至第三前侧齿基部，另有 1 斜行隆线位于后侧缘后部内侧，终止于末对步足基部上方。额弯向腹面，两侧稍凹，前缘分不明显的两叶。眼窝腹缘隆脊具 1 列颗粒，向外趋细而不明显，但近外眼窝角处颗粒较大。前侧缘连外眼窝齿在内共具 3 齿，末齿最小。螯足对称、粗壮，腕节内末角有 1 齿。掌部背缘及外侧面具几条颗粒隆线，两性螯足指节基部内外侧均有绒毛。

生态习性 一般栖息于潮间带低潮区的岩石下或石缝中。

地理分布 国内记录于辽东、山东、浙江、福建沿岸。舟山海域偶见。标本采集于舟山定海长峙岛。

中华近方蟹

199 竹野近方蟹
Hemigrapsus takanoi Asakura & Watanabe, 2005

同物异名 *Hemigrapsus tanakoi* Asakura & Watanabe, 2005

分类地位 十足目 Decapoda，腹胚亚目 Pleocyemata，方蟹总科 Grapsoidea，弓蟹科 Varunidae

形态特征 小型蟹类，成体头胸甲宽 3 cm 左右。本种形态与绒螯近方蟹极为相似，二者主要区别如下：（1）竹野近方蟹相对绒螯近方蟹个体较大。（2）竹野近方蟹螯足外侧斑点较小，腹面几无斑点；绒螯近方蟹螯足外侧斑点较大，腹面具暗色不规则小斑点。（3）竹野近方蟹掌节近指节基部丛毛更大，雌性及雄性幼体也具少量丛毛。绒螯近方蟹掌节近指节基部丛毛相对较小，雌性及雄性幼体几无丛毛。（4）竹野近方蟹下眼窝隆脊内侧部具 3～4 个颗粒，内侧部与外侧部之间连接处平直，外侧部第一突起明显具发音隆脊。绒螯近方蟹下眼窝隆脊内侧部具 6～8 个颗粒，内侧部与外侧部之间连接处凹陷，外侧部第一突起无明显发音隆脊。

生态习性 一般栖息于潮间带岩石下或岩石缝中，也栖息于入海口淡水河中。

地理分布 国内沿海均有分布。舟山海域很常见。标本采集于舟山定海长峙岛。

竹野近方蟹

200 游氏弓蟹
Varuna yui Hwang & Takeda, 1986

分类地位 十足目 Decapoda，腹胚亚目 Pleocyemata，方蟹总科 Grapsoidea，弓蟹科 Varunidae

形态特征 小型蟹类，成体头胸甲宽5 cm左右。全身呈黄褐色，散布深色麻点。体扁平，头胸甲近圆方形，宽稍大于长，边缘锋锐。分区明显，胃区、心区被1"H"形沟分开。额宽略大于头胸甲宽的1/3，前缘平直而突出，向前倾斜。眼窝小而深。前侧缘拱起，包括外眼窝齿在内共分3齿，第一齿最大，呈宽三角形，第二、三齿呈锐三角形，后侧缘向后靠拢。第三颚足长节外末角扩张。螯足对称，雄性大于雌性，两指间无空隙，内缘具细齿。步足最末2节扁平，前、后缘均有刚毛，适于游泳。雄性第一腹肢粗壮，腹部呈三角形，尾节长大于宽。雌性腹部呈圆形。

生态习性 一般栖息于河口半咸水地区，也发现于离河口不远的淡水中。

地理分布 国内分布于东海（浙江、福建、台湾）、南海。舟山海域很常见。标本采集于舟山定海长峙岛。

注：本种与舟山海域原记录的字纹弓蟹 *V. litterata* 形态极为相似。两者的主要区别：本种雄性第一腹肢末端分叉明显，较长端略尖，而 *V. litterata* 雄性第一腹肢末端分叉不明显，较长端圆钝。

游氏弓蟹

201 平背蜞
Gaetice depressus (De Haan, 1833)

同物异名 *Grapsus* (*Platynotus*) *depressus* De Haan, 1833; *Platygrapsus convexiusculus* Stimpson, 1858

分类地位 十足目 Decapoda，腹胚亚目 Pleocyemata，方蟹总科 Grapsoidea，弓蟹科 Varunidae

形态特征 小型蟹类，成体头胸甲宽2～3 cm。通常全身呈黄褐色，头胸甲颜色和花纹多变，有时具明显白斑。头胸甲近圆方形，前半部宽于后半部，甲面扁平，表面光滑。额宽稍小于头胸甲宽度的1/2，前缘中部有较宽的凹陷。前侧缘连外眼窝齿在内共具3齿，第一齿大而外缘拱曲，末齿极小而不显著。螯足对称，雄螯大于雌螯，闭合时具空隙。长节短，外侧面布有细粒，内侧面具稀疏刚毛，近内腹缘的末部具有1发音隆脊；腕节内末角钝圆；掌节光滑，外侧面下半部具有1条光滑隆脊；指节长于掌部，两指间空隙较大；可动指内缘近基部具1齿突，不动指内缘具小齿。雄性腹部呈窄长三角形。雌性腹部呈圆形。

生态习性 一般栖息于潮间带低潮区的石块下，为潮间带常见种。

地理分布 国内分布于黄海、东海、南海。舟山海域很常见。标本采集于舟山普陀朱家尖岛、桃花岛、青浜岛。

平背蜞

(五十五)相手蟹科 Sesarmidae Dana, 1851

头胸甲呈方形,两侧缘、头胸甲前缘及后缘互相平行。额宽,前缘向下垂。眼窝腹缘前方与口框外角相连接。第三颚足狭,第三颚足之间有菱形空隙,从座节的外末角延向长节的内末角具1斜行短毛隆脊。多为半陆栖性生活。

舟山记录5属8种,本书收录5属7种。

202 小相手蟹
Nanosesarma minutum (De Man, 1887)

同物异名 *Nanosesarma gordoni* (Shen, 1935); *Sesarma* (*Sesarma*) *gordoni* Shen, 1935; *Sesarma barbimana* Cano, 1889; *Sesarma minuta* De Man, 1887

分类地位 十足目 Decapoda,腹胚亚目 Pleocyemata,方蟹总科 Grapsoidea,相手蟹科 Sesarmidae

形态特征 小型蟹类,成体头胸甲宽1 cm以内。头胸甲近方形,背面及各足密覆绒毛。额宽,宽大于头胸甲宽的1/2,前缘中部内凹,额后有1对突出的隆脊。前侧缘连外眼窝角在内共具3齿,第二齿后方具1斜行隆线,末齿仅留痕迹。侧缘平直,后缘与额部等宽。第二触角基部与眼窝相通。螯足外侧密覆绒毛,第三、四步足长节的后侧角具2~3齿。眼大。螯足粗壮、等大;掌节密布短毛,且具颗粒隆线;可动指背面基部具短毛,两指合拢时的空隙狭窄,内缘各具大小不等的三角形齿。步足均具短毛,长节宽扁,前缘锋锐,近末端处具1锐齿。雄性腹部呈三角形。雌性腹部呈横卵圆形。

生态习性 一般栖息于岩相潮间带的低潮区。

地理分布 国内沿海均有分布。舟山海域常见。标本采集于舟山普陀桃花岛、六横岛和舟山定海长峙岛。

小相手蟹

203 红螯螳臂相手蟹
Chiromantes haematocheir (De Haan, 1833)

同物异名 *Grapsus* (*Pachysoma*) *haematocheir* De Haan, 1833; *Holometopus serenei* Soh, 1978; *Perisesarma haematocheir* (De Haan, 1833); *Sesarma haematocheir* (De Haan, 1833)

分类地位 十足目 Decapoda，腹胚亚目 Pleocyemata，方蟹总科 Grapsoidea，相手蟹科 Sesarmidae

形态特征 中小型蟹类，成体头胸甲宽 2～4 cm。头胸甲及步足大部分呈青灰色，成体雄性大螯及头胸甲前侧缘呈鲜红或橙红色，亚成体及雌性呈黄褐色。头胸甲呈方形，表面平滑。胃区、心区有 "H" 形沟相隔。额宽，约为头胸甲宽的 1/2，前缘平直，中央略凹，额后具显著的隆脊。外眼窝角呈三角形，侧缘无齿，前 1/3 向前略靠拢，后 2/3 平行。雄性螯足大于雌性，外侧面光滑，常呈血红色；可动指背面光滑，雄性具 16～18 个颗粒，雌性具 10～14 个颗粒；不动指基部宽厚。雄性成体大螯闭合具空隙，亚成体大螯闭合较紧密。两指内缘均具锯齿，近末端处各具 1 较大齿，步足末 3 节均具黑色硬刚毛。雄性腹部呈三角形，尾节近圆形。雌性腹部圆大。

生态习性 一般穴居于近海淡水河流的泥岸上，有时可在沿海山林中发现。

地理分布 国内分布于黄海、东海、南海。舟山海域少见。标本采集于舟山普陀桃花岛、六横岛。

红螯螳臂相手蟹

A. 雄性成体背面观　B. 雄性亚成体背面观　C. 生态照

204 斑点拟相手蟹
Parasesarma pictum (De Haan, 1835)

同物异名 Grapsus (Pachysoma) pictum De Haan, 1835; Sesarma pictum (De Haan, 1835); Sesarma rupicola Stimpson, 1858

分类地位 十足目 Decapoda，腹胚亚目 Pleocyemata，方蟹总科 Grapsoidea，相手蟹科 Sesarmidae

形态特征 小型蟹类，成体头胸甲宽 3 cm 左右。体色呈淡青色底，带有黑褐色至黑色斑点，螯足呈黄褐色或浅橙红色，步足斑纹较浅。头胸甲呈方形，甲面布有短横颗粒隆线。额宽，约为头胸甲宽的 1/2，向下弯曲，中部凹陷。额后具有明显的 4 叶。眼窝深，背缘光滑，腹缘内齿呈三角形。外眼窝角呈锐三角形。侧缘光滑无齿，具波浪形隆脊；两侧平行，后侧缘明显向后缘倾斜。雄螯大于雌螯，长节边缘锋锐；腕节内末角钝；掌节短厚，表面隆起，背面具有 1~2 列梳状栉和数条颗粒隆线。雄性螯足可动指背面具有 1 列 13~18 个卵圆形突起，雌性仅 10 个左右，两指内缘具不等大齿。步足长节有短横颗粒线，末 2 节具短硬刚毛。雄性腹部呈宽三角形。雌性腹部圆大。

生态习性 一般栖息于沿岸高潮区石块下或河口附近。

地理分布 国内分布于黄海、东海、南海。舟山沿岸潮间带广布。

斑点拟相手蟹

205 近亲拟相手蟹
Parasesarma plicatum (Latreille, 1803)

同物异名 *Cancer quadratus* Fabricius, 1798; *Ocypode plicata* Latreille, 1803; *Sesarma plicatum* (Latreille, 1803)

分类地位 十足目 Decapoda，腹胚亚目 Pleocyemata，方蟹总科 Grapsoidea，相手蟹科 Sesarmidae

形态特征 小型蟹类，成体头胸甲宽 3 cm 左右。头胸甲和步足呈土褐色，甲面无大斑点，但散布有褐色细点，螯呈鲜红色或深茶色。头胸甲呈四方形，前半部及鳃区具有粗糙颗粒及斜行颗粒隆线。额宽，约为头胸甲宽的 1/2，额缘中部稍凹，额后部分成 4 叶。眼窝深而外斜，外眼窝角突出成锐三角形。侧缘在外眼窝角之后有 1 个不明显的齿痕，侧缘中部略向内凹。雄螯大于雌螯，长节背缘及内腹缘近末端处各具 1 锐齿；掌节短厚，背面具 2 条梳状栉；可动指背面具有 7~10 个较大的突起，两指内缘具有不等大钝齿。步足长节较短宽，指节细长，末端呈尖刺状。雄性腹部呈宽三角形，尾节末缘呈半圆形。雌性腹部圆大，尾节宽大。

生态习性 一般栖息于潮间带泥滩或石块下。

地理分布 国内分布于黄海、东海、南海。舟山海域常见。标本采集于舟山普陀桃花岛。

近亲拟相手蟹

206 中华东方相手蟹
Orisarma intermedium (De Haan, 1835)

同物异名 *Grapsus* (*Pachysoma*) *intermedius* De Haan, 1835; *Sesarma intermedia* (De Haan, 1835); *Sesarmops intermedius* (De Haan, 1835)

分类地位 十足目 Decapoda，腹胚亚目 Pleocyemata，方蟹总科 Grapsoidea，相手蟹科 Sesarmidae

形态特征 小型蟹类，成体头胸甲宽3 cm左右。头胸甲呈暗红褐色，后部颜色浅，螯足呈橙红色，步足呈青灰色，关节处稍显红色。头胸甲近方形，背部平坦，表面光滑无毛，额向下垂直弯曲，后分4叶，背侧有锋利的额后脊。侧缘除外眼窝齿外具1个明显侧齿和1个隐约可见的齿痕。螯足掌节壮大，外侧面及腹面均有扁平状颗粒，内侧面具8~9个颗粒状突起，雌性不甚突出。步足多具长刚毛。雄性腹部呈宽三角形。雌性腹部圆大。

生态习性 一般穴居于沿岸泥滩，多分布于河口区，亦可沿河上溯至淡水河岸。善攀爬树木。

地理分布 国内分布于黄海、东海和南海北部。舟山海域少见。标本采集于舟山普陀桃花岛入海河流沿岸。

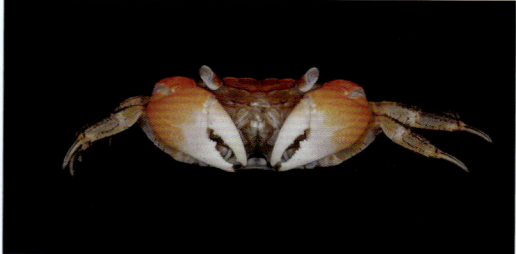

中华东方相手蟹

207 隐秘东方相手蟹
Orisarma neglectum (De Man, 1887)

同物异名 *Chiromantes neglectum* (De Man, 1887); *Sesarma neglecta* De Man, 1887

分类地位 十足目 Decapoda，腹胚亚目 Pleocyemata，方蟹总科 Grapsoidea，相手蟹科 Sesarmidae

形态特征 小型蟹类，成体头胸甲宽3～4 cm。头胸甲及步足大部分呈青灰色和暗褐色，心区附近呈浅橙红色；大螯色浅，密布淡黄色颗粒，长节和腕节背部呈浅褐色，有时呈淡紫色。头胸甲近方形，后部稍窄于前部，背部平坦，表面光滑无毛。颊部具颗粒和网目状短毛。额宽，宽于头胸甲的1/2，向下垂直弯曲。额缘中部凹入，后分4叶，背侧有锋利的额后脊。外眼窝齿呈三角形。侧缘光滑无齿，呈隆脊状，后侧缘斜向。螯足掌节背缘无横行梳状脊，可动指背面具细微颗粒。步足腕节、掌节和指节均具褐色刚毛。

生态习性 一般穴居于沿岸泥滩，多分布于河口区，亦可沿河上溯至淡水河岸。

地理分布 国内分布于上海、浙江、福建。舟山海域少见。标本采集于舟山普陀桃花岛入海河流沿岸。

隐秘东方相手蟹

208 中华泥毛蟹
Clistocoeloma sinense Shen, 1933

分类地位 十足目 Decapoda，腹胚亚目 Pleocyemata，方蟹总科 Grapsoidea，相手蟹科 Sesarmidae

形态特征 小型蟹类，成体头胸甲宽 2 cm 以内。全身常覆污泥，清除污泥后呈土黄色，除步足及螯足的指节外，全身密具黑色短毛。头胸甲近方形，表面稍隆，分区明显，各区均具隆起，均匀散布短毛簇。第二触角基部与眼窝隔离，眼窝腹缘角呈叶状齿，贴近额部。额宽，宽于头胸甲宽的 1/2。额后具 4 叶隆起，中间的 1 对较大。侧缘无齿，连外眼窝角在内共分 3 叶，各叶均钝平，末叶不明显。螯足对称，长节内、腹缘具 6 齿；腕节背面具数个疣突；掌节肿胀，背面具有 1 条梳状栉。可动指背面具有 11～12 个突起，不动指内缘中部具 1 齿突，两指间有空隙。第三对步足最为长大，长约为头胸甲长的 2 倍。末对步足的指节较掌节长。雄性腹部呈宽三角形。雌性腹部呈宽圆形。

生态习性 一般栖息于高潮带的石块下。

地理分布 国内分布于东海、台湾及香港。舟山海域偶见。标本采集于舟山定海马目、舟山普陀桃花岛潮间带泥滩。

中华泥毛蟹

三十四、沙蟹总科 Ocypodoidea Rafinesque, 1815

（五十六）猴面蟹科 Camptandriidae Stimpson, 1858

头胸甲宽大于长或长稍大于宽，胃、心沟明显。前侧缘完整，后缘直或稍弯曲。额大于眼窝宽的一半，弯向腹面，前观侧角明显。第三颚足多少分离。螯足对称，如果存在性二型，雄性可动指上一定存在1大齿，雌性螯足较纤弱。雄性第一腹肢反曲，末部常具突起。

舟山记录2属2种，本书收录1属1种。

六齿猴面蟹
Camptandrium sexdentatum Stimpson, 1858

分类地位 十足目 Decapoda，腹胚亚目 Pleocyemata，沙蟹总科 Ocypodoidea，猴面蟹科 Camptandriidae

形态特征 小型蟹类，成体头胸甲宽1 cm左右。头胸甲呈六边形，表面具有左右对称排列的隆块，被覆颗粒及绒毛。额宽小于头胸甲宽度的1/3，前缘具颗粒，中央具浅凹，额后呈较明显的隆脊状突起。眼窝宽而深，腹缘内齿呈钝大三角形。前侧缘连外眼窝齿在内共有3钝齿，第一齿呈三角形，第二齿较低平，末齿最为突出，为头胸甲最宽处，其后缘基部有向内后方斜行的1条颗粒线。后侧缘稍凸，后缘较平。雄螯比雌螯壮大；腕节背面呈圆形，具颗粒；掌节表面较光滑，掌节长于指节；两指末端呈匙形，可动指内缘基部具1个三角形锐齿。步足细长，密具绒毛及颗粒。雄性腹部呈长条形。雌性腹部圆大。雄性第一腹肢末端弯曲，分叉。

生态习性 一般穴居于潮间带泥滩。

地理分布 国内沿海广布。舟山海域罕见。

六齿猴面蟹

(五十七)毛带蟹科 Dotillidae Stimpson, 1858

头胸甲近球形或方形,侧缘有齿或外眼窝角后有齿痕。第一触角鞭小,退化,斜向或几乎纵折叠,隔板很宽。口框大。第三颚足大,几乎完全覆盖口腔。两螯足近于对称。步足长节具椭圆形的膜状结构。第一、二步足之间常具短毛脊。

舟山原记录2属4种,新发现1属1种;本书收录2属2种。

210 韦氏毛带蟹
Dotilla wichmanni De Man, 1892

分类地位 十足目 Decapoda,腹胚亚目 Pleocyemata,沙蟹总科 Ocypodoidea,毛带蟹科 Dotillidae

形态特征 小型蟹类,成体头胸甲宽1 cm左右。头胸甲近方形,宽约为长的1.1倍,背部不甚隆起,额区具倒"Y"形细沟,心区、肠区周围具六角形细沟,鳃区近侧缘处具较深的纵沟。眼窝浅而倾斜,外眼窝角三角形,侧缘与鳃区之间具较深的纵沟。第三对颚足隆起,长节长于座节。螯足细长,长节外侧面的上、下部各具1卵圆形鼓窗膜;腕节背缘基半部具短毛;掌部内、外侧面具颗粒。可动指内缘中部稍隆起,呈钝齿状;不动指内缘具细齿。步足细长,长节背面均具1长卵形鼓窗膜。前3对步足的指节约等长,第四对的较长,约为腕节长的2倍。雄性腹部呈长条形,第四节具1列横行刚毛带。雌性腹部稍宽,呈长条形。雄性第一腹肢侧扁,略呈"S"形。

生态习性 一般穴居于泥沙相潮间带上。

地理分布 国内分布于东海、南海。舟山海域罕见。标本采集于舟山普陀桃花岛沙滩。

韦氏毛带蟹

211 淡水泥蟹
Ilyoplax tansuiensis Sakai, 1939

分类地位 十足目 Decapoda，腹胚亚目 Pleocyemata，沙蟹总科 Ocypodoidea，毛带蟹科 Dotillidae

形态特征 小型蟹类，成体头胸甲宽 1 cm 左右。全身呈灰褐色。头胸甲呈横长方形，宽约为长的 1.6 倍，表面具少量颗粒，尤以鳃区较显著，多数颗粒覆短刚毛。额缘略凹，背面中部具宽沟，额宽小于眼窝宽。眼窝腹缘中部无锯齿。眼窝背缘略拱，外眼窝角指向前侧方，外眼窝角之后具 1 缺刻。眼窝腹缘的外端具 1 三角形齿突。前侧缘前半段几近平行，后半段略向后方倾斜。螯足长大，腕节特长，内末角具 1 大齿；掌节背缘隆起；指节较掌部短。可动指内缘的后半部具有 1 宽齿。前 2 对步足的腕节、掌节的前面密覆短绒毛，第三对步足在腕节与掌节之间有少量绒毛，末对步足光滑。各对步足的长节具隐约可见的鼓膜。雄性腹部窄长，第五节基部内收。雌性腹部呈圆形。

生态习性 一般栖息于河口的泥滩上。

地理分布 国内分布于东海、南海、台湾。舟山海域少见。标本采集于舟山定海册子岛、长峙岛泥滩潮间带。

淡水泥蟹

（五十八）大眼蟹科 Macrophthalmidae Dana, 1851

头胸甲颇为横宽，呈长方形。额较狭，两侧横生长的眼柄。在头胸甲前缘，除额外，即为包容长眼柄的眼窝。第一触角横折，触角鞭发达。第二、三步足间无短毛脊。

舟山原记录2属5种，新发现2种；本书收录1属5种。

212 短身大眼蟹
Macrophthalmus (*Macrophthalmus*) *abbreviatus* Manning & Holthuis, 1981

同物异名 *Macrophthalmus abbreviatus* Manning & Holthuis, 1981; *Macrophthalmus dilatatus* De Haan, 1835; *Ocypode* (*Macrophthalmus*) *dilatata* De Haan, 1835

分类地位 十足目 Decapoda，腹胚亚目 Pleocyemata，沙蟹总科 Ocypodoidea，大眼蟹科 Macrophthalmidae

形态特征 小型蟹类。成体头胸甲宽4 cm左右。头胸甲及步足大部分呈青灰色，头胸甲前缘、大螯及腹面常呈红褐色，雄性更为明显。头胸甲极宽，宽约为长的2.4倍。表面具颗粒，雄性比雌性的更为显著。甲面分区较明显。额窄而突出，前缘略平截，中央稍凹，眼窝很宽，背缘中部隆起，具颗粒，腹缘具1列锯齿。眼柄极细长，不超过外眼窝角。第三颚足长节短于座节，口前板中部突出。外眼窝齿锐而窄，前侧缘连外眼窝齿在内共有3齿。侧缘具长刚毛。雄螯长大，长节前缘密生长毛；掌节外侧面具有成纵行排列的圆锥形颗粒，内侧面密具绒毛；两指间空隙很大，不动指与掌节几乎垂直。雌螯短小。步足细长，末对最小，各对步足的长节背缘及腕节均具较长的刚毛。雄性腹部呈三角形，尾节呈半圆形。雌性腹部呈宽大的扁圆形。

生态习性 一般穴居于近海或河口的泥沙混合质滩涂上。

地理分布 国内沿海潮间带广布。舟山海域偶见。标本采集于舟山普陀山岛泥沙混合相潮间带。

短身大眼蟹

213 日本大眼蟹
Macrophthalmus (*Mareotis*) *japonicus* (De Haan, 1835)

同物异名 *Macrophthalmus japonicus* (De Haan, 1835); *Ocypode japonicus* De Haan, 1835

分类地位 十足目 Decapoda，腹胚亚目 Pleocyemata，沙蟹总科 Ocypodoidea，大眼蟹科 Macrophthalmidae

形态特征 小型蟹类，成体头胸甲宽可达 4 cm。头胸甲及步足大部分呈青灰色，雄性大螯掌节呈蓝灰色或红棕色。头胸甲呈横长方形，宽约为长的 1.5 倍，表面具有颗粒及软毛，尤以雄性较为明显，分区明显。额窄，稍向下弯，表面中部有 1 纵痕。眼窝宽，背、腹缘均具锯齿。眼柄细长，不超过外眼窝角。第三颚足长节短于座节，口前板中部内凹。外眼窝齿呈三角形，后有较深的缺刻，其下的前侧缘具有 2 齿，末齿很小。侧缘具颗粒脊。螯足左右相对称，雄螯大于雌螯，雄螯的长节内侧面及腹面均密具短绒毛；掌节表面较光滑，较指节长；两指均向下弯，可动指末半部具锯齿，不动指内缘近中部及中部各具大小不等的齿。步足较粗壮，第二、三对步足较第一、四对步足壮大，末对最为短小。掌节前、后缘均具颗粒，指节扁平，前、后缘具短毛。雄性腹部呈长三角形，尾节末缘呈半圆形。雌性腹部圆大。

生态习性 一般穴居于近海潮间带或河口处的泥沙滩上。

地理分布 国内分布于福建北部以北沿海。舟山海域常见。标本采集于舟山普陀桃花岛。

日本大眼蟹

214 万岁大眼蟹
Macrophthalmus (*Mareotis*) *banzai* Wada & Sakai, 1989

同物异名 *Macrophthalmus banzai* Wada & Sakai, 1989

分类地位 十足目 Decapoda，腹胚亚目 Pleocyemata，沙蟹总科 Ocypodoidea，大眼蟹科 Macrophthalmidae

形态特征 小型蟹类，成体头胸甲宽 3 cm 左右。与日本大眼蟹形态上极为相近，但头胸甲较日本大眼蟹稍宽，体形略小，第三步足掌节前半部具浓密的刚毛丛。全身呈灰青色，成体雄性下眼窝齿区域常呈橙红色。头胸甲呈横长方形，宽约为长的 1.6 倍。雄性螯足掌节较长，其背缘上的疣突较日本大眼蟹小。可动指内缘的大钝齿更靠近基部。第三步足的长节较为纤细，其前缘的亚末齿更为显著，腕节、掌节腹面的前半部具浓密的刚毛丛。雄性第一腹肢末端突起较长，末缘隆突而不平钝。雌性腹部尾节末缘不如日本大眼蟹突出。雌性生殖孔上的扣状突起比后者更向前中部隆突。

生态习性 一般穴居于近海潮间带或河口处的泥沙滩上。

地理分布 国内除海南外，全国沿海广布。舟山海域很常见。标本采集于舟山普陀桃花岛、普陀山岛。

万岁大眼蟹

215 悦目大眼蟹
Macrophthalmus (*Paramareotis*) *erato* De Man, 1887

同物异名 *Macrophthalmus erato* De Man, 1887

分类地位 十足目 Decapoda，腹胚亚目 Pleocyemata，沙蟹总科 Ocypodoidea，大眼蟹科 Macrophthalmidae

形态特征 小型蟹类，成体头胸甲宽 1.5 cm 左右。头胸甲及步足大部分呈青灰色，雄性大螯掌节色浅，呈灰白色。头胸甲呈横长方形，宽约为长的 1.4 倍，表面具分散的微细颗粒及短刚毛。额宽约为头胸甲宽度的 1/5，背中央具细纵沟。眼窝背缘中部拱起，具细锯齿。眼柄相对其他种更为粗短，不超过外眼窝角。第三颚足长节短于座节，口前板中部内凹。雄性螯足长节内缘具发音隆脊，掌部内侧面及两指均具绒毛，可动指末部上翘。雄性腹眼窝缘内末端具锯齿，外部具2突出叶；雌性均为锯齿。外眼窝角呈三角形，与后齿之间具深缺刻，末齿仅为1齿痕，侧缘具绒毛。雄螯掌节外侧面具微细颗粒，可动指内缘中部具1钝齿，不动指内缘具1大齿。步足具绒毛，第四对最瘦小，各节均具短毛。雄性腹部窄长，尾节末缘呈圆形。雌性腹部圆大。

生态习性 一般穴居于潮间带泥沙滩上。

地理分布 国内分布于浙江、福建、台湾、广东、海南。舟山海域少见。标本采集于舟山定海松山岛、长峙岛和舟山普陀茶壶甩岛等地。

悦目大眼蟹

216 绒毛大眼蟹
Macrophthalmus (*Mareotis*) *tomentosus* Eydoux & Souleyet, 1842

同物异名 *Macrophthalmus tomentosus* Eydoux & Souleyet, 1842

分类地位 十足目 Decapoda，腹胚亚目 Pleocyemata，沙蟹总科 Ocypodoidea，大眼蟹科 Macrophthalmidae

形态特征 小型蟹类，成体头胸甲宽 4 cm 左右。头胸甲及步足大部分呈青灰色，雄性大螯常呈暗锈黄色，眼柄具1纵向白色条带。头胸甲呈横长方形，宽约为长的1.4倍，表面除额区、中胃区及心区外，均具粗糙颗粒。额窄，表面中部具有1浅纵沟。眼柄细长，不超过外眼窝角。第三颚足长节短于座节，口前板中部内凹。外眼窝齿呈直角形，其下的前侧缘具2齿，外眼窝后具1深缺刻，末齿小。雄性螯足较雌性螯足壮大，掌节外侧面光滑，内侧面近末部有少量短绒毛，可动指末部略向上翘。可动指内缘近基部具1钝齿，末部具细齿；不动指内缘近中部具1突出齿，末部具稀疏细齿；两指末端具长毛。第一步足长节及第二、三步足长节、腕节、掌节密具绒毛。雄性腹部窄长，尾节末缘钝圆。

生态习性 一般栖息于潮间带泥滩上。

地理分布 国内分布于浙江、福建、广东。舟山海域偶见。标本采集于舟山普陀桃花岛。

绒毛大眼蟹

(五十九)沙蟹科 Ocypodidae Rafinesque, 1815

头胸甲呈方形、四边形、横宽长方形或近球形。额颇窄，多少弯向下方。眼柄较长，头胸甲的前缘除额外，几乎被眼窝占满。口框大，前部较后部狭。第三颚足通常可完全覆盖口腔。雄性腹部狭，7节，生殖孔位于腹甲。穴居于海滨沙泥质底，水陆两栖性，感觉敏锐，行走疾速，营群集生活。

舟山原记录3属3种，新发现1属2种；本书收录4属5种。

217 痕掌沙蟹
Ocypode stimpsoni Ortman, 1897

同物异名 *Ocypoda stimpsoni* Ortmann, 1897

分类地位 十足目 Decapoda，腹胚亚目 Pleocyemata，沙蟹总科 Ocypodoidea，沙蟹科 Ocypodidae

形态特征 小型蟹类，成体头胸甲宽2 cm左右。幼体体色常呈淡黄色，体表具不规则黑斑；成体体色一般呈沙黄色，但体色常随气候、昼夜，甚至受惊吓后有变化；眼角膜呈灰褐色。头胸甲呈方形，宽大于长，背面隆起，密生微细颗粒，分区不太明显。额窄而下弯。眼窝深而大，内眼窝锐突。眼柄粗，角膜肿胀，占据整个眼柄的腹面部分，眼柄末端无细柄。外眼窝角锐，指向前方。侧缘无齿。后侧方具1斜行颗粒隆线。两性螯足显著不对称，长节的前、后腹缘具齿；腕节表面覆有颗粒，内末角呈锐齿状，外末缘具细锯齿；大螯的掌节较扁平，内侧面具1发声隆脊，隆脊仅具细刻纹；两指约与掌部等长，内缘具细齿。步足细长，第二、三步足基节之间有1短毛脊。除指节外，每对步足各节均有颗粒及横皱襞。雄性腹部窄长，尾节末缘圆钝。雌性腹部圆大。

生态习性 一般穴居于沙滩高潮区，穴道斜而深；受惊后，迅速遁入洞内。白天常藏匿洞中，夜晚相对活跃，常出洞觅食。

地理分布 国内沿海广布。舟山海域较常见。标本采集于舟山普陀朱家尖、桃花岛等地沙滩。

痕掌沙蟹

A.稚蟹生态照　B.亚成体生态照　C.成体背面观　D.成体生态照　E.掌部内侧发音隆脊

218 中国沙蟹
Ocypode sinensis Dai & Yang *in* Song & Yang, 1985

分类地位 十足目 Decapoda，腹胚亚目 Pleocyemata，沙蟹总科 Ocypodoidea，沙蟹科 Ocypodidae

形态特征 小型蟹类，成体头胸甲宽 3 cm 左右。头胸甲呈褐色或土黄色，有红褐色、黄褐色相间的不规则云状花纹，幼蟹较为明显。眼柄角膜呈黑色。雄性掌节、腕节背面呈亮橙黄色。头胸甲近方形，体厚，表面密布细微颗粒。额窄，圆钝，稍下弯。眼柄粗，角膜肿胀，占据整个眼柄的腹面部分，眼柄末端无细柄。雄性掌节内侧面不具发声隆脊。外眼窝角呈钝三角形，略向内弯。侧缘无齿。前侧缘后半部略拱，后侧缘呈隆线形。两性螯足均不对称，大螯长节背内缘呈隆脊形，内末角略呈叶片状突出。小螯闭合时，两指无明显空隙。步足细长，第一、二对步足前侧缘具短刚毛，第二步足指节前缘基部具刚毛，第二、三步足基节之间有一短毛脊。雄性腹部窄长，末节呈三角形。雌性腹部近卵圆形，尾节呈三角形。

生态习性 一般栖息于潮上带或附近有溪流河口的沙滩高潮间带。穴居，洞穴通常在草丛附近。杂食，以陆生无脊椎动物和植物为食。

地理分布 国内分布于东海、南海、台湾。舟山海域罕见。标本采集于舟山普陀桃花岛沙滩。

中国沙蟹

219 弧边管招潮
Tubuca arcuata (De Haan, 1835)

同物异名 *Gelasimus brevipes* H. Milne Edwards, 1852；*Uca* (*Tubuca*) *arcuata* (De Haan, 1835)；*Uca arcuata* (De Haan, 1835)

分类地位 十足目 Decapoda，腹胚亚目 Pleocyemata，沙蟹总科 Ocypodoidea，沙蟹科 Ocypodidae

形态特征 中小型蟹类，成体头胸甲宽 4 cm 左右。头胸甲额及侧缘呈绿色，中部呈黑褐色，具黄绿色斑纹；雄性螯足和步足长节呈橙红色，大螯指节呈灰白色。头胸甲形似菱角，表面光滑，前部很宽，前侧缘弧形，后侧面具锋锐的隆脊。额窄，在眼柄基部处内凹。第一触角鞭小。眼柄细长，角膜小，位于末端。外眼窝齿向前突出。眼窝深而宽。雄性螯足极不对称，大螯掌部及腕节外侧面密具颗粒和疣突，可动指约为掌节的 1.3 倍。两指间有大的空隙，内缘各具不规则的颗粒状齿；不动指内缘弧形或中部具 1 明显的齿。小螯极小，两指末端宽扁而呈匙状。雌螯小而对称，与雄螯的小螯相似。各对步足的长节宽扁，前缘具细锯齿，腕节前面有 2 条平行的颗粒隆线。雄性腹部窄长，尾节呈半圆形。雌性腹部呈卵圆形。

生态习性 一般穴居于潮间带的沼泽泥滩上。雄性个体常挥舞大螯招引雌性或威吓其他动物。

地理分布 国内分布于黄海、东海、南海。舟山各泥滩潮间带常见。

弧边管招潮

220 清白南方招潮
Austruca lactea (De Haan, 1835)

同物异名 *Gelasimus forceps* H. Milne Edwards, 1837; *Ocypode* (*Gelasimus*) *lactea* De Haan, 1835; *Uca* (*Austruca*) *lactea* (De Haan, 1835); *Uca* (*Paraleptuca*) *lactea* (De Haan, 1835)

分类地位 十足目 Decapoda，腹胚亚目 Pleocyemata，沙蟹总科 Ocypodoidea，沙蟹科 Ocypodidae

形态特征 小型蟹类，成体头胸甲宽 3 cm 左右。全身呈灰褐色，头胸甲具白色斑纹，雄性螯足掌节和指节外侧呈灰白色。头胸甲呈横圆柱形，长约为宽的 3/5，表面光滑，隆起。额稍宽，约为头胸甲宽度的 1/7。外眼窝角呈锐三角形，指向前外方，向背后方引入 1 斜行隆线。两侧缘向后并不显著聚合，后缘甚宽，约占头胸甲宽度的 2/3。雄性大螯巨大，大螯外侧面光滑无颗粒和疣突，两指宽扁。大螯可动指约为掌长的 1.8 倍，两指内缘具细颗粒状齿，有时中部各具 1 突出齿。雄性大螯长节内缘具细齿；腕节内末角具 1 小锐齿；掌节背缘有颗粒，外侧面光滑，内侧面有 2 条颗粒隆线；两指合拢时中间有较大的空隙。雄性腹部窄长。雌性腹部呈卵圆形。

生态习性 一般栖息于河口泥滩的低潮线附近。

地理分布 国内分布于东海、南海。舟山海域偶见。标本采集于舟山普陀茶壶甩岛、舟山定海岙山岛。

清白南方招潮

221 北方丑招潮
Gelasimus borealis (Crane, 1975)

同物异名 *Uca* (*Thalassuca*) *vocans borealis* Crane, 1975

分类地位 十足目 Decapoda，腹胚亚目 Pleocyemata，沙蟹总科 Ocypodoidea，沙蟹科 Ocypodidae

形态特征 小型蟹类，成体头胸甲宽 3 cm 左右。头胸甲呈褐色或灰白色，具白色细点斑；雄性螯足掌节下半部和不动指外侧呈浅黄色，可动指呈灰白色。头胸甲表面隆起，光滑。前侧缘圆钝，后缘中部稍凹。眼柄细小，眼膜短小，位于末端。外眼窝齿小而尖锐，向外侧前方突出。雄性大螯巨大，大螯外侧面密布泡状颗粒，长节内缘末端呈锐三角形，腕节背面具微细泡状颗粒。不动指外侧具1条纵沟，内缘基部具1大齿突，齿突前方深凹；可动指外侧面光滑，内缘平坦具锯齿，基部具1圆钝突齿，有时中部或末部具1突齿。两指不等长，可动指为掌长的1.4～1.6倍，可动指通常短于不动指。雄性腹部窄，近椭圆形。雌性腹部呈宽圆形。

生态习性 一般栖息于泥沙至沙泥的近低潮线处，以及近河口处的开阔泥滩。

地理分布 国内分布于东海、台湾、南海。舟山海域偶见。标本采集于舟山普陀茶壶甩岛泥滩。

北方丑招潮

（六十）短眼蟹科 Xenophthalmidae Stimpson, 1858

头胸甲近梯形，甲面较隆，分区较明显。额较狭，基部稍紧束，末部较宽。第三颚足的座节、长节清楚分离。眼窝及眼柄纵长取向。颊区向前肿起，构成头胸甲的前侧缘，真正的前侧缘为眼窝之后的1斜行隆脊。

舟山记录1属1种，本书收录1属1种。

222 豆形短眼蟹
Xenophthalmus pinnotheroides White, 1846

分类地位 十足目 Decapoda，腹胚亚目 Pleocyemata，沙蟹总科 Ocypodoidea，短眼蟹科 Xenophthalmidae

形态特征 小型蟹类，成体头胸甲宽1 cm左右。头胸甲宽略大于长，近梯形。表面光滑，但前半部及沿侧缘处覆以羽状刚毛，分区不明显，唯胃鳃沟很深，由眼窝向后贯穿整个头胸甲。眼窝呈纵裂缝状，眼柄不活动。额窄而弯向前下方，前缘中部略内凹，基部略收拢，侧角圆。第三颚足的座节与长节分离，等长，末3节扁平，指节向上扭转，各节边缘具长刚毛。前侧角钝，侧缘圆，具颗粒；后缘宽，中部内凹。螯足小而对称，雄性的较雌性的大，掌节较指节长。第一步足掌节长等于宽。第二步足腕、掌节具成束浓密绒毛。第三、四对步足较瘦长，均具短毛。第三对步足最长。雄性腹部共7节，窄长，尾节末端钝圆。雌性腹部圆大。

生态习性 一般栖息于浅海的泥沙质海底。

地理分布 国内分布于渤海、黄海、东海、南海。舟山海域偶见。标本采集于舟山近岸40 m左右的底泥样中。

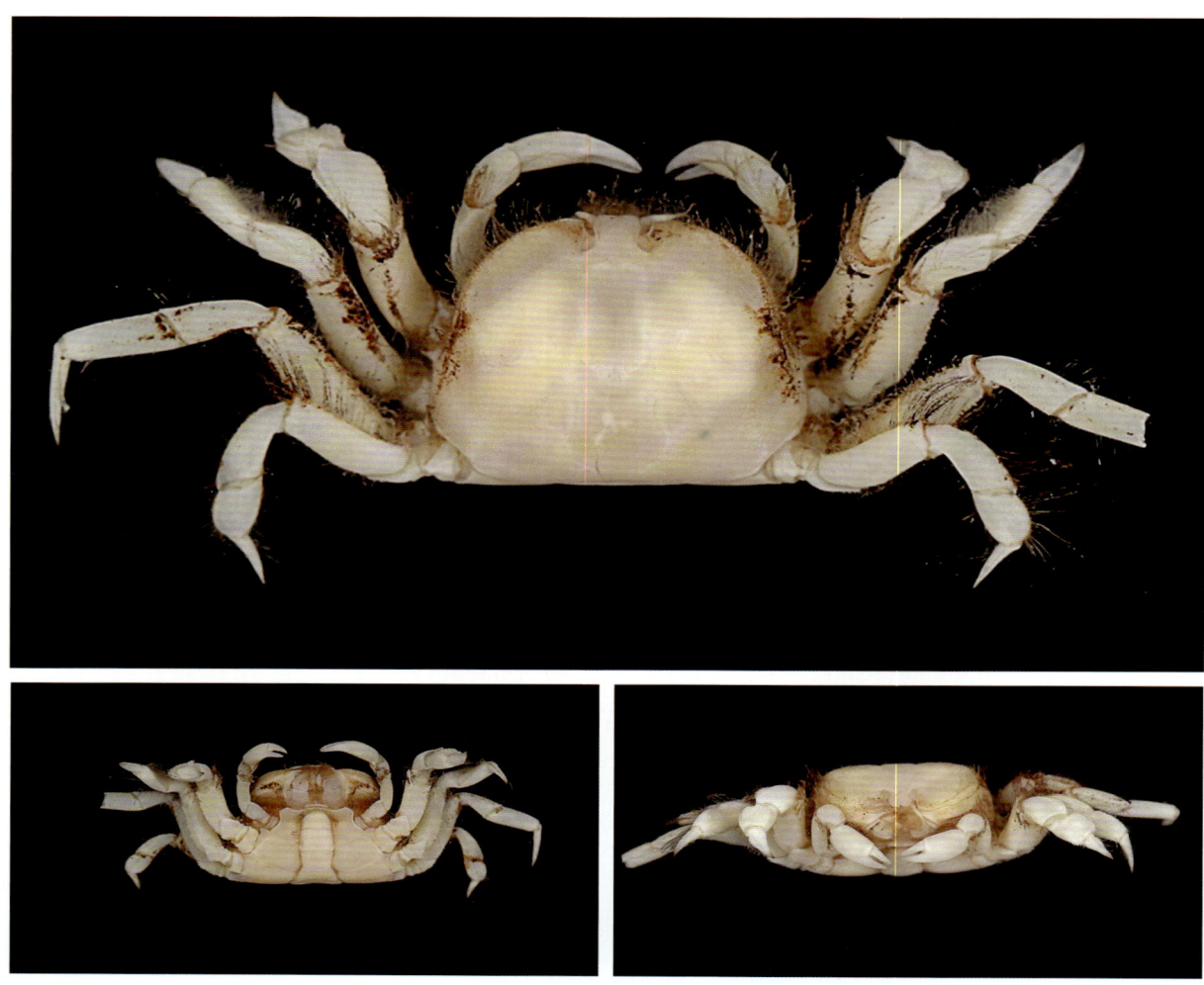

豆形短眼蟹

参考文献

一、普通图书

［1］陈惠莲，孙海宝.中国动物志：无脊椎动物 第三十卷 节肢动物门 甲壳动物亚门 短尾次目 海洋低等蟹类［M］.北京：科学出版社，2002.

［2］戴爱云，杨思谅，宋玉枝，等.中国海洋蟹类［M］.北京：海洋出版社，1986.

［3］董聿茂.东海深海甲壳动物 东海大陆架外缘和大陆坡深海渔场综合调查［M］.杭州：浙江科学技术出版社，1988.

［4］董聿茂.浙江动物志 甲壳类[M].杭州：浙江科学技术出版社，1991.

［5］黄宗国.中国海洋生物种类与分布［M］.北京：海洋出版社，1994.

［6］黄宗国.中国海洋生物种类与分布（增订版）［M］.北京：海洋出版社，2008.

［7］黄宗强，陈世杰，李玉发，等.台湾海峡虾类原色图册［M］.福州：福建科学技术出版社，1993.

［8］姜乃澄，卢建平.浙江海滨动物学野外实习指导［M］.杭州：浙江大学出版社，2005.

［9］冷宇，张洪亮，王振钟.黄渤海常见底栖动物图谱［M］.北京：海洋出版社，2017.

［10］李新正，刘瑞玉，梁象秋，等.中国动物志：无脊椎动物 第四十四卷 甲壳动物亚门 十足目 长臂虾总科［M］.北京：科学出版社，2007.

［11］刘瑞玉.中国海洋生物名录［M］.北京：科学出版社，2008.

［12］刘瑞玉，钟振如.南海对虾类［M］.北京：农业出版社，1988.

［13］刘文亮，何文珊.长江河口大型底栖无脊椎动物［M］.上海：上海科学技术出版社，2007.

［14］刘文亮，严莹.常见海滨动物野外识别手册［M］.重庆：重庆大学出版社，2018.

［15］农牧渔业部水产局，农牧渔业部东海区渔业指挥部.东海区渔业资源调查和区划［M］.上海：华东师范大学出版社，1987.

［16］《普陀县志》编辑部.舟山海域海洋生物志［M］.杭州：浙江人民出版社，1994.

［17］沙忠利，韩源源，安建梅，等.中国海寄居蟹总科分类学研究［M］.北京：科学出版社，2018.

［18］沙忠利，蒋维，任先秋，等.胶州湾及青岛邻近海域底栖甲壳动物：下册［M］.北京：科学出版社，2018.

［19］沙忠利，任先秋，王永良.胶州湾及青岛邻近海域底栖甲壳动物：上册［M］.北京：科学出版社，2017.

［20］宋大祥，杨思谅.河北动物志：甲壳类［M］.石家庄：河北科学技术出版社，2009.

［21］宋海棠，俞存根，薛利建，等.东海经济虾蟹类［M］.北京：海洋出版社，2006.

［22］王健鑫，赵盛龙，陈健.舟山海域海洋生物野外实习指导手册［M］.北京：海洋出版社，2016.

［23］杨思谅，陈惠莲，戴爱云.中国动物志：无脊椎动物 第四十九卷 甲壳动物亚门 十足目 梭子蟹科［M］.北京：科学出版社，2012.

［24］中国科学院南沙综合科学考察队.南沙群岛及其邻近海区海洋生物分类区系和生物地理研究［M］.北京：海洋出版社，1998.

［25］渡部哲也.海辺のエビ・ヤドカリ・カニ ハンドブック［M］.東京：株式会社文一総合出版，2014.

［26］豊田幸詞.日本産淡水性・汽水性エビ・カニ図鑑［M］.東京：緑書房，2019.

［27］三宅貞祥.原色日本大型甲殻類図鑑（Ⅰ）［M］.大阪：保育社，1991.

［28］三宅貞祥.原色日本大型甲殻類図鑑（Ⅱ）［M］.大阪：保育社，1991.

［29］AHYONG S T，CHAN T Y，LIAO Y C.A catalog of the mantis shrimps（Stomatopoda）of Taiwan［M］.Keelung：Taiwan Ocean University，2008.

［30］CHAN T Y，NG P K L，AHYONG S T，et al.Crustacean fauna of Taiwan：Brachyuran crabs,volume Ⅰ—carcinology in Taiwan and dromiacea,raninoida,cyclodorippoida［M］.Keelung：Taiwan Ocean University，2009.

［31］MCLAUGHLIN P A，RAHAYU D L，KOMAI T，et al.A catalog of the hermit crabs（Paguroidea）of Taiwan［M］.Keelung：Taiwan Ocean University，2007.

［32］SHIH H T，CHAN B K K，TENG S J，et al.Crustacean fauna of Taiwan：Brachyuran crabs,volume Ⅱ—Ocypodoidea［M］.Keelung：Taiwan Ocean University，2015.

二、学位论文

［1］崔冬玲.中国海鼓虾属（*Alpheus* Fabricius，1798）的分类学研究［D］.青岛：中国科学院海洋研究所，2015.

［2］董超.中国海域铠甲虾科和柱螯虾科分类学和动物地理学研究［D］.青岛：中国科学院海洋研究所，2010.

［3］董栋.中国海域瓷蟹科（Porcellanidae）的系统分类学和动物地理学研究［D］.青岛：中国科学院海洋研究所，2011.

［4］韩庆喜.中国及相关海域褐虾总科系统分类学和动物地理学研究［D］.青岛：中国科学院海洋研究所，2009.

［5］韩源源.中国海陆生寄居蟹科和寄居蟹科（甲壳动物亚门：异尾下目）的系统分类学研究［D］.临汾：山西师范大学，2017.

［6］蒋维.中国海豆蟹科Family Pinnotheridae分类学研究［D］.青岛：中国科学院海洋研究所，2006.

［7］蒋维.中国海长脚蟹总科（甲壳动物亚门：十足目）分类和地理分布特点［D］.青岛：中国科学院海洋研究所，2009.

［8］刘坤.舟山群岛东侧海域渔业生物群落结构特征及其生态位研究［D］.舟山：浙江海洋大学，2021.

［9］刘文亮.中国海域螯虾类和海蛄虾类分类及地理分布特点［D］.青岛：中国科学院海洋研究所，2010.

［10］刘昕明.南海近岸异尾类甲壳动物分类学研究和异尾类系统发育关系初探［D］.青岛：中国科学院海洋研究所，2020.

［11］王甲刚.舟山沿岸张网作业区虾蟹类群落结构和多样性的研究［D］.舟山：浙江海洋学院，2012.

［12］王亚琴.中国海域玻璃虾总科（Pasiphaeoidea）系统分类学和动物地理学研究［D］.青岛：中国科学院海洋研究所，2017.

［13］王艳荣.中国海鼓虾科（Alpheidae Rafinesque，1815）分类学研究［D］.青岛：中国科学院海洋研究所，2017.

［14］肖丽婵.中国海活额寄居蟹科（Diogenidae）系统分类学研究［D］.青岛：中国科学院海洋研究所，2013.

［15］徐敬明.厚蟹遗传多样性与分类地位的研究［D］.青岛：中国海洋大学，2007.

［16］徐琰.中国近海仿对虾属分子系统演化和近似种问题的研究［D］.青岛：中国科学院海洋研究所，2005.

［17］许鹏.中国海域藻虾科（Hippolytidae）系统分类学和动物地理学研究［D］.青岛：中国科学院海洋研究所，2014.

［18］姚文佳.中国沿海中华蚶豆蟹（*Arcotheres sinensis*）形态变异及种群遗传结构［D］.南京：南京师范大学，2021.

［19］张昭.中国海龙虾下目Infraorder Palinuridea分类和动物地理学特点［D］.青岛：中国科学院海洋研究所，2005.

三、期刊中析出的文献

［1］陈东，孙长森，涂丽莉，等.脊尾白虾与东方白虾形态特征鉴别［J］.安徽农业科学，2010，38（20）：10722-10724.

［2］陈小庆，陈斌，黄备，等.夏季舟山渔场及邻近海域浮游动物群落结构特征分析［J］.动物学研究，2010，31（1）：99-107.

[3] 程娇,王永良,沙忠利.口足目系统分类学研究进展[J].海洋科学,2015,39(12):173-177.

[4] 戴爱云,宋玉枝,杨思谅.中国沙蟹属的研究(甲壳纲:十足目)[J].动物分类学报,1985,10(4):370-378.

[5] 丁跃平,宋海棠,俞存根,等.浙江近海游泳虾类的种类与区系组成及区系性质的研究[J].浙江海洋学院学报(自然科学版),2003,22(2):132-136,151.

[6] 董聿茂,陈永寿,黄立强.中国东海口足类(甲壳纲)报告[J].东海海洋,1983(1):82-98.

[7] 董聿茂,胡荑英.浙江沿海游泳虾类报告,Ⅱ[J].动物学杂志,1980(2):20-24.

[8] 董聿茂,胡荑英,汪宝永.浙江沿海游泳虾类报告Ⅲ[J].动物学杂志,1986(5):4-6,2.

[9] 董聿茂,胡荑英,虞研原.浙江舟山爬行虾类报告[J].动物学杂志,1958,2(3):166-170.

[10] 董聿茂,虞研原,胡荑英.浙江沿海游泳虾类报告,Ⅰ[J].动物学杂志,1959(9):389-394.

[11] 董聿茂,王复振.我国东海寄居虾一新种[J].动物分类学报,1966,3(2):95-98.

[12] 董聿茂,王复振.中国寄居虾类区系初步报告[J].动物学报,1965,17(4):401-405.

[13] 堵南山.关于绒螯蟹属的分类[J].水产科技情报,2002,29(1):10-12.

[14] 甘志彬,李新正.中国海域托虾科Thoridae Kingsley,1879(十足目,真虾下目)新记录及*Thor leptochelus*记述[J].广西科学,2016,23(4):312-316.

[15] 胡嘉豪,俞存根,刘惠.舟山群岛以东沿岸海域虾类资源状况及其多样性分析[J].渔业科学进展,2020,41(5):22-29.

[16] 李德伟,周青松,俞存根,等.舟山渔场官山附近海域春秋季虾类群落结构特征的研究[J].浙江海洋学院学报(自然科学版),2014,33(1):19-25.

[17] 李星颉,戴健寿,吴常文.浙江北部沿岸海域的虾类资源[J].浙江水产学院学报,1986,5(1):13-20,4.

[18] 林锦宗.浙江北部近海虾类资源现状[J].海洋渔业,1980(6):6-7.

[19] 林月娇,刘海映,徐海龙,等.大连近海口虾蛄形态参数关系的研究[J].大连水产学院学报,2008,23(3):215-217.

[20] 刘惠,郭朋军,俞存根,等.舟山沿岸渔场甲壳类群落结构特征研究[J].海洋科学,2020,44(2):90-98.

[21] 刘坤,俞存根,许永久,等.舟山群岛东侧海域春秋季主要甲壳类物种的空间生态位分析[J].浙江大学学报(理学版),2021,48(4):450-460,480.

[22] 刘瑞玉.黄海及东海经济虾类区系的特点[J].海洋与湖沼,1959,2(1):35-42.

[23] 刘瑞玉,王永良.中国近海仿对虾属的研究[J].海洋与湖沼,1987,18(6):523-539.

[24] 梅文骧.浙江沿海虾蛄资源及其合理开发利用[J].水产学报,1999,23(2):210-212.

[25] 梅文骧,王春琳,张义浩,等.浙江沿海虾蛄生物学及其开发利用研究报告[J].浙江水产学院学报,1996,15(1):1-8.

[26] 梅文骧,张义浩,王春琳.浙江中北部沿海虾蛄资源调查[J].浙江水产学院学报,1996,15(1):56-59.

[27] 沈嘉瑞,戴爱云,陈惠莲.中国海菱蟹科(甲壳纲:短尾派)新稀种类的研究[J].动物分类学报,1982,7(2):139-151.

[28] 宋海棠,丁天明.东海北部海域虾类不同生态类群分布及其渔业[J].台湾海峡,1995,14(1):67-72.

[29] 宋海棠,俞存根,丁耀平,等.浙江中南部外侧海区的虾类资源[J].东海海洋,1992,10(3):53-60.

[30] 王复振.中国寄居蟹类新纪录[J].东海海洋,1983(2):50-57.

[31] 王复振.中国寄居蟹类新纪录[J].四川动物,1990,9(2):31-32.

[32] 王复振.中国寄居蟹类区系研究[J].东海海洋,1992,10(1):59-63.

[33] 王复振,董聿茂.我国寄居蟹二新种[J].动物学报,1977,23(1):109-112.

[34] 王复振,董聿茂.中国寄居蟹二新种[J].动物分类学报,1980,5(1):35-38.

[35] 王复振,董聿茂.我国寄居蟹类新亚种和新纪录[J].动物分类学报,1982,7(4):368-371.

[36] 王复振,李志诚.寄居蟹类新纪录[J].海洋通报,1984(1):107.

[37] 王复振,李志诚.我国寄居蟹类新纪录[J].动物学杂志,1986(3):39-40.

[38] 汪全,俞存根,郑基,等.舟山岛北部海域虾蟹类物种多样性的季节变化研究[J].浙江海洋大学学报(自然科学版),2022,41(6):473-482.

[39] 王彝豪.舟山沿海经济虾类及主要品种的资源调查[J].海洋渔业,1982(5):202-207.

[40] 王彝豪.舟山沿海经济虾类及其区系特点[J].海洋与湖沼,1987,18(1):48-54.

[41] 谢汉阳,朱文斌,徐开达,等.中街山水域虾类组成及其群落多样性[J].广东海洋大学学报,2012,32(4):1-7.

[42] 徐兆礼,沈盎绿,李新正.瓯江口海域夏、秋季口足目和十足目虾类分布特征[J].中国水产科学,2009,16(1):104-112.

[43] 尤仲杰,王一农.舟山朱家尖岛的海滨底栖无脊椎动物[J].浙江水产学院学报,1993,12(1):40-52.

[44] 虞宝存,张洪亮,朱增军,等.岱衢洋虾类多样性的季节变化[J].浙江海洋学院学报(自然科学版),2012,31(1):18-22.

[45] 俞存根,陈全震,陈小庆,等.舟山渔场及邻近海域虾蛄类的种类组成和数量分布[J].大

连海洋大学学报, 2011, 26（2）: 153-156.

［46］于南京, 俞存根, 许永久, 等. 舟山群岛外海域虾类群落结构及其与环境因子的关系［J］. 中国水产科学, 2021, 28（3）: 288-298.

［47］张平, 俞存根, 水玉跃, 等. 舟山近岸海域虾类种类组成与数量分布及其变动趋势［J］. 上海海洋大学学报, 2017, 26（4）: 580-587.

［48］AHYONG S T, CALDWELL R L, ERDMANN M V. Collecting and processing stomatopods［J］. Journal of Crustacean Biology, 2017, 37（1）: 109-114.

［49］ASAKURA A, WATANABE S. *Hemigrapsus takanoi*, new species, a sibling species of the common Japanese intertidal crab *H. Penicillatus*（Decapoda: Brachyura: Grapsoidea）［J］. Journal of Crustacean Biology, 2005, 25（2）: 279-292.

［50］CASTRO P, NG P K L. Revision of the family Euryplacidae Stimpson, 1871（Crustacea: Decapoda: Brachyura: Goneplacoidea）［J］. Zootaxa, 2010（2375）: 1-130.

［51］EVANS N. Molecular phylogenetics of swimming crabs（Portunoidea Rafinesque, 1815）supports a revised family-level classification and suggests a single derived origin of symbiotic taxa［J］. PeerJ, 2018, 6: e 4260.

［52］GUO J Y, NG P K L. Generic affinities of *Eriocheir leptognathus* and *E. formosa* with description of a new genus（Brachyura: Grapsidae: Varuninae）［J］. Journal of Crustacean Biology, 1999, 19（1）: 154-170.

［53］HWANG J J, TAKEDA M. A new freshwater crab of the family Graspidae from Taiwan［J］. Proceedings of the Japanese Society of Systematic Zoology, 1986（33）: 11-18.

［54］KOMAI T. Redescription of *Pagurus pectinatus*（Crustacea: Decapoda: Anomura: Paguridae）［J］. Natural History Research, 2000（7）: 323-337.

［55］KOMAI T. *Turleania rubriguttatus*, a new species of pagurid hermit crab（Decapoda: Anomura: Paguroidea）from shallow water in Japan, with notes on *T. senticosa*（McLaughlin & Haig, 1996）［J］. Zootaxa, 2020, 4834（1）: 96-106.

［56］LEE B Y, NG P K L. The identity of *Hyastenus pleione*（Herbst, 1803）and description of a new species from China（Decapoda, Brachyura, Majoidea, Epialtidae）［J］. Crustaceana, 2020, 93（11-12）: 1343-1360.

［57］LEE SH, JEONG J H, KIM J Y, et al. A new record of the varunid crab, *Varuna yui*（Decapoda: Varunidae）, from Korea［J］. The Korean Society of Systematic Zoology, 2022, 38（1）: 42-45.

[58] LEE S H, PARK J H, KO H S.First record of two species of parthenopid crabs(Crustacea: Decapoda: Parthenopidae)from Korean waters[J].Journal of Species Research, 2016, 5(3): 359-363.

[59] MCLAUGHLIN P A. *Diogenes pallescens* Whitelegge, *D. gardineri* Alcock and *D. serenei* Forest(Decapoda: Anomura: Paguroidea: Diogenidae): distinct species or morphological variants[J]. The Raffles Bulletin of Zoology, 2002, 50(1): 81-94.

[60] MCLAUGHLIN P A, HAIG J. A new genus for *Anapagrides sensu* De Saint Laurent-Dechancé, 1966(Decapoda: Anomura: Paguridae)and descriptions of four new species[J]. Proceedings of the Biological Society of Washington, 1996, 109(1): 75-90.

[61] MCLAUGHLIN P A, RAHAYU D L. Two new species of *Paguristes sensu stricto*(Decapoda: Anomura: Paguroidea: Diogenidae)and a review of *Paguristes pusillus* Henderson[J]. Zootaxa, 2005, 1083(1): 37-62.

[62] MCLAY C L, NARUSE T. Revision of the shell-carrying crab genus *Conchoecetes* Stimpson, 1858(Crustacea: Brachyura: Dromiidae)[J].Zootaxa, 2019, 4706(1): 1-47.

[63] NG P K L, GUINOT D. *Parapanope* De Man, 1895(Decapoda: Brachyura: Pilumnoidea: Galenidae): revisited and revised, with descriptions of two new species[J]. Journal of Crustacean Biology, 2021, 41(2): 1-22.

[64] NGUYEN T S, NG P K L. A revision of the swimming crabs of the Indo-West Pacific *Xiphonectes hastatoides*(Fabricius, 1798)species complex(Crustacea: Brachyura: Portunidae)[J]. Arthropoda Selecta: Russian Journal of Arthropoda Research, 2021(3): 386-404.

[65] SAKAJI H, HAYASHI K I. A review of the *Trachysalambria curvirostris* species group (Crustacea: Decapoda: Penaeidae)with description of a new species[J]. Species Diversity, 2003, 8(2): 141-174.

[66] SAKAI K, SHINOMIYA S.Preliminary report on eight new genera formerly attributed to *Parapenaeopsis* Alcock, 1901, sensu lato(Decapoda, Penaeidae).Crustaceana, 2011, 84(4): 491-504.

[67] SHA Z L, LIU R Y.Study on Alpheidae(Crustacea, Decapoda)of China seas, genus *Athanas* Leach[J].Acta Zootaxonomica Sinica, 2007, 32(4): 749-755.

[68] SHIH H T, HSU J W, WONG K J H, et al.Review of the mudflat varunid crab genus *Metaplax* (Crustacea, Brachyura, Varunidae)from East Asia and northern Vietnam[J]. Zookeys, 2019, 877: 1-29.

［69］TAN S H, HUANG J F, NG P K L. Crabs of the Family Parthenopidae（Crustacea：Decapoda：Brachyura）from Taiwan［J］.Zoological Studies，1999，38（2）：196-206.

［70］VAN DER WAL C，AHYONG S T. Expanding diversity in the mantis shrimps：two new genera from the eastern and western Pacific（Crustacea：Stomatopoda：Squillidae）［J］.Nauplius, 2017, 25（0）：1-12.

［71］VAN DER WAL C，AHYONG S T，HO S Y W，et al. Combining morphological and molecular data resolves the phylogeny of Squilloidea（Crustacea：Malacostraca）［J］.Invertebrate Systematics，2019，33（1）：89-100.

［72］WADA K. Two forms of *Macrophthalmus japonicus* De Haan（Crustacea：Brachyura）［J］.Publications of the Seto Marine Biological Laboratory，1978，24（4-6）：327-340.

［73］WADA K，SAKAI K.A new species of *Macrophthalmus* closely related to *M. japonicus*（De Haan）（Crustacea：Decapoda：Ocypodidae）［J］.Senckenbergiana Maritima，1989，20（3/4）：131-146.

［74］RAHAYU D L，FOREST J.Le genre *Diogenes*（Decapoda, Anomura, Diogenidae）en Indonésie, avec la description de six espèces nouvelles［J］. Bulletin du Muséum national d'histoire naturelle,1994, 16（2）：383-415.

四、电子资源

［1］中国生物物种名录［DB/OL］.［2022-11-30］. http：//sp2000.org.cn.

［2］超ヤドカリ図鑑－色んなヤドカリをフィールド観察してみよう！［DB/OL］.［2022-11-30］. https：//1023world.net/ypark/anomura/.

［3］Encyclopedia of Life［DB/OL］.［2022-11-30］. http：//eol.org/.

［4］Sealifebase［DB/OL］.［2022-11-30］. https://www.sealifebase.ca/search.php.

［5］World Register of Marine Species［DB/OL］.［2022-11-30］. http：//marinespecies.org/.

［6］ZipcodeZoo［DB/OL］.［2022-11-30］. http：//www.zipcodezoo.com/.

附录　舟山虾蟹类历史记录、分布及常见度

	种类	中国				备注 *舟山首次记录 #仅见于文献	舟山海域常见度
		黄渤海	东海	台湾	南海		
口足目 Stomatopoda							
指虾蛄总科 Gonodactyloidea							
指虾蛄科 Gonodactylidae							
1	大指虾蛄 *Gonodactylus chiragra* #		+	+	+	俞存根，2011	
仿虾蛄总科 Parasquilloidea							
仿虾蛄科 Parasquillidae							
2	韩氏芳虾蛄 *Faughnia haani*		+	+	+		★★
3	台湾芳虾蛄 *Faughnia formosae* *		+	+	+		★
虾蛄总科 Squilloidea							
虾蛄科 Squillidae							
4	条尾近虾蛄 *Anchisquilla fasciata*		+	+	+		★★★
5	饰尾绿虾蛄 *Clorida decorata* *		+	+	+		★
6	圆尾绿虾蛄 *Clorida rotundicauda* #		+	+	+	梅文骧，1996	
7	蝎形拟绿虾蛄 *Cloridopsis scorpio*	+	+	+	+		★★★★
8	窝纹虾蛄 *Dictyosquilla foveolata*		+	+	+		★★★★
9	伍氏平虾蛄 *Erugosquilla woodmasoni*		+	+	+		★
10	猛虾蛄 *Harpiosquilla harpax* *		+	+	+		★
11	眼斑猛虾蛄 *Harpiosquilla annandalei* #		+	+	+	俞存根，2011	
12	日本猛虾蛄 *Harpiosquilla japonica* *		+	+	+		★
13	尖刺糙虾蛄 *Kempella mikado*		+	+	+		★★★
14	窄额滑虾蛄 *Lenisquilla lata*		+	+	+		★
15	无刺光虾蛄 *Levisquilla inermis* *		+	+	+		★

注：★的个数表示常见度。★★★★★：极常见；★★★★：常见；★★★：少见；★★：偶见；★：罕见。

续表

| | 种类 | 中国 | | | | 备注 | 舟山海域常见度 |
		黄渤海	东海	台湾	南海	*舟山首次记录 #仅见于文献	
16	脊条褶虾蛄 *Lophosquilla costata*		+	+	+		★★★★
17	口虾蛄 *Oratosquilla oratoria*	+	+	+	+		★★★★★
18	无刺小口虾蛄 *Oratosquillina inornata* #		+	+	+	俞存根，2011	
19	断脊小口虾蛄 *Oratosquillina interrupta* *		+	+			★★★
20	前刺小口虾蛄 *Oratosquillina perpensa* *		+	+			★
21	屈足东方虾蛄 *Quollastria gonypetes* *		+	+			★★
22	瘦拟虾蛄 *Squilloides leptosquilla*		+	+			★★
23	黑斑沃氏虾蛄 *Vossquilla kempi*	+	+	+	+		★
十足目 Decapoda							
枝鳃亚目 Dendrobranchiata							
对虾总科 Penaeoidea							
对虾科 Penaeidae							
24	扁足异对虾 *Atypopenaeus stenodactylus*		+	+	+		★
25	细巧贝特对虾 *Batepenaeopsis tenella*	+	+	+	+		★★★★
26	须赤虾 *Metapenaeopsis barbata*		+	+	+		★★★★
27	戴氏赤虾 *Metapenaeopsis dalei*		+	+	+		★★★
28	高脊赤虾 *Metapenaeopsis lamellata* #		+	+	+	董聿茂，1980	
29	长角赤虾 *Metapenaeopsis provocatoria* #		+	+		汪全，2023	
30	周氏新对虾 *Metapenaeus joyneri*	+	+	+	+		★★★★
31	刀额新对虾 *Metapenaeus ensis*		+	+	+		★★
32	哈氏米氏对虾 *Mierspenaeopsis hardwickii*	+	+	+	+		★★★★★
33	假长缝拟对虾 *Parapenaeus fissuroides*		+	+	+		★★
34	中国对虾 *Penaeus chinensis*	+	+	+			★
35	印度对虾 *Penaeus indicus*		+	+	+		★
36	日本对虾 *Penaeus japonicus*	+	+	+	+		★★★★★

续表

	种类	中国				备注 *舟山首次记录 #仅见于文献	舟山海域常见度
		黄渤海	东海	台湾	南海		
37	斑节对虾 *Penaeus monodon*		+	+	+		★★
38	长毛对虾 *Penaeus penicillatus*		+	+	+		★★★
39	短沟对虾 *Penaeus semisulcatus* #		+	+	+	王彝豪，1987	
40	凡纳滨对虾 *Penaeus vannamei*	+	+	+	+		★★★★
41	鹰爪虾 *Trachysalambria curvirostris*	+	+	+	+		★★★★★
	管鞭虾科 Solenoceridae						
42	高脊管鞭虾 *Solenocera alticarinata*		+	+	+		★★★
43	中华管鞭虾 *Solenocera crassicornis*		+	+	+		★★★★★
44	凹管鞭虾 *Solenocera koelbeli*		+	+	+		★★
45	大管鞭虾 *Solenocera melantho*		+	+	+		★★★★
	单肢虾科 Sicyoniidae						
46	披针单肢虾 *Sicyonia lancifer*		+	+	+		★
	樱虾总科 Sergestoidea						
	樱虾科 Sergestidae						
47	中国毛虾 *Acetes chinensis*	+	+	+	+		★★★★★
48	日本毛虾 *Acetes japonicus*	+	+	+	+		★★★
	莹虾科 Luciferidae						
49	汉森莹虾 *Belzebub hanseni* #	+	+		+	俞存根，2011	
50	间型莹虾 *Belzebub intermedius* #	+	+		+	周晓东，2009	
51	典型莹虾 *Lucifer typus* #	+	+		+	俞存根，2011	
腹胚亚目 Pleocyemata							
真虾下目 Caridea							
	玻璃虾总科 Pasiphaeoidea						
	玻璃虾科 Pasiphaeidae						
52	细螯虾 *Leptochela gracilis*	+	+	+	+		★★★★★

续表

	种类	中国				备注 *舟山首次记录 #仅见于文献	舟山海域常见度
		黄渤海	东海	台湾	南海		
53	悉尼细螯虾 *Leptochela sydniensis*	+	+				★★
	长臂虾总科 Palaemonoidea						
	长臂虾科 Palaemonidae						
54	异额沼虾 *Macrobrachium heterorhynchos* *	+	+	+	+		★★
55	日本沼虾 *Macrobrachium nipponense*		+		+		★★
56	安氏长臂虾（安氏白虾）*Palaemon annandalei*	+	+				★★★
57	脊尾长臂虾（脊尾白虾）*Palaemon carinicauda*	+	+	+	+		★★★★★
58	秀丽长臂虾（秀丽白虾）*Palaemon modestus* #					王彝豪, 1987	
59	东方长臂虾（东方白虾）*Palaemon orientis*		+	+	+		★★★
60	葛氏长臂虾 *Palaemon gravieri*	+	+				★★★★★
61	巨指长臂虾 *Palaemon macrodactylus*	+	+				★★★
62	太平长臂虾 *Palaemon pacificus* #		+			王彝豪, 1987	
63	锯齿长臂虾 *Palaemon serrifer*	+	+	+	+		★★★★★
64	细指长臂虾 *Palaemon tenuidactylus*	+					★★★
65	日本江瑶虾 *Conchodytes nipponensis*				+		★★
	长额虾总科 Pandaloidea						
	绿点虾科 Chlorotocellidae						
66	纤细绿点虾 *Chlorotocella gracilis* #		+			王彝豪, 1987	
	长额虾科 Pandalidae						
67	敖氏红虾 *Plesionika ortmanni* #		+	+	+	于南京, 2021	
68	东海红虾 *Plesionika izumiae*		+	+			★★★
69	滑脊等腕虾 *Procletes levicarina*		+		+		★★★★★
	异指虾总科 Processoidea						
	异指虾科 Processidae						
70	日本异指虾 *Hayashidonus japonicus*		+		+		★

续表

	种类	中国				备注	舟山海域常见度
		黄渤海	东海	台湾	南海	*舟山首次记录 #仅见于文献	
	鼓虾总科 Alpheoidea						
	鼓虾科 Alpheidae						
71	短脊鼓虾 *Alpheus brevicristatus*	+	+	+	+		★★
72	双凹鼓虾 *Alpheus bisincisus*	+	+	+	+		★
73	长指鼓虾 *Alpheus digitalis*	+	+	+	+		★★★★★
74	刺螯鼓虾 *Alpheus hoplocheles* #	+	+		+	董聿茂, 1991	
75	日本鼓虾 *Alpheus japonicus*	+	+	+	+		★★★★★
76	叶齿鼓虾 *Alpheus lobidens*	+	+	+	+		★★★
77	日本角鼓虾 *Athanas japonicus*	+	+		+		★
78	粒螯乙鼓虾 *Betaeus granulimanus*		+				★
	藻虾科 Hippolytidae						
79	刀形深额虾 *Latreutes laminirostris* #	+	+				
80	水母深额虾 *Latreutes anoplonyx*	+	+	+	+		★★★
81	疣背深额虾 *Latreutes planirostris*	+	+				★★
82	刺背船形虾 *Tozeuma armatum* #	+	+	+	+	董聿茂, 1991	
83	多齿船形虾 *Tozeuma lanceolatum*		+		+		★
	鞭腕虾科 Lysmatidae						
84	长额拟鞭腕虾 *Exhippolysmata ensirostris*		+		+		★★★
85	红条鞭腕虾 *Lysmata vittata*	+	+	+	+		★★★★★
86	横斑鞭腕虾 *Lysmata kuekenthali* *		+		+		★
	长眼虾科 Ogyridae						
87	东方长眼虾 *Ogyrides orientalis*	+	+	+	+		★
	托虾科 Thoridae						
88	中华安乐虾 *Eualus sinensis*	+	+				★★
89	长足七腕虾 *Heptacarpus futilirostris*	+	+	+			★★

续表

种类	中国				备注	舟山海域常见度
	黄渤海	东海	台湾	南海	*舟山首次记录 #仅见于文献	
90　利刃七腕虾 Heptacarpus acuticarinatus	+	+				★★
褐虾总科 Crangonoidea						
褐虾科 Crangonidae						
91　拉氏爱琴虾 Aegaeon lacazei	+	+		+		★★
92　脊腹褐虾 Crangon affinis #	+	+			董聿茂，1991	
93　圆腹褐虾 Crangon cassiope #	+	+			韩庆喜，2009	
94　日本褐虾 Crangon hakodatei	+	+				★★★
95　黄海褐虾 Crangon uritai #	+	+			韩庆喜，2009	
96　污泥疣褐虾 Pontocaris pennata		+		+		★★
阿蛄虾下目 Axiidea						
美人虾科 Callianassidae						
97　广布美人虾 Callianassa divergens #		+		+	刘文亮，2010	
98　细颚美人虾 Callianassidae incertae sedis exilimaxilla *				+		★★
蝼蛄虾下目 Gebiidea						
蝼蛄虾科 Upogebiidae						
99　伍氏奥蝼蛄虾 Austinogebia wuhsienweni #	+	+	+	+	刘文亮，2010	
螯虾下目 Astacidea						
海螯虾总科 Nephropoidea						
海螯虾科 Nephropidae						
100　红斑后海螯虾 Metanephrops thomsoni		+	+	+		★★★★
101　胄甲后海螯虾 Metanephrops armatus *		+	+			★
龙虾下目 Palinuridea						
龙虾总科 Palinuroidea						
龙虾科 Palinuridae						
102　三角脊龙虾 Linuparus trigonus		+	+	+		★

续表

序号	种类	中国				备注 *舟山首次记录 #仅见于文献	舟山海域常见度
		黄渤海	东海	台湾	南海		
103	中国龙虾 Panulirus stimpsoni #		+	+	+	董聿茂, 1991	
104	锦绣龙虾 Panulirus ornatus		+	+	+		★
	蝉虾科 Scyllaridae						
105	马氏艾蝉虾 Eduarctus martensii		+	+	+		★★
106	短角硬甲蝉虾 Petrarctus brevicornis		+	+	+		★★
107	东方扁虾 Thenus orientalis #		+	+	+	董聿茂, 1958	
108	毛缘扇虾 Ibacus ciliatus		+	+	+		★★★★
109	九齿扇虾 Ibacus novemdentatus		+	+	+		★★★★
	异尾下目 Anomura						
	铠甲虾总科 Galatheoidea						
	瓷蟹科 Porcellanidae						
110	日本岩瓷蟹 Petrolisthes japonicus		+	+	+		★★★
111	锯额豆瓷蟹 Pisidia serratifrons	+	+	+	+		★★★★
112	美丽瓷蟹 Porcellana pulchra	+	+				★★
113	斑纹小瓷蟹 Porcellanella triloba		+	+	+		★★★
114	绒毛细足蟹 Raphidopus ciliatus	+	+	+	+		★★★★
	蝉蟹总科 Hippoidea						
	管须蟹科 Albuneidae						
115	东方管须蟹 Albunea symmysta *		+	+	+		★
	寄居蟹总科 Paguroidea						
	活额寄居蟹科 Diogenidae						
116	下齿细螯寄居蟹 Clibanarius infraspinatus	+	+	+	+		★★★★★
117	蓝绿细螯寄居蟹 Clibanarius virescens *		+	+	+		★★
118	鳞纹真寄居蟹 Dardanus arrosor		+	+	+		★★★★
119	红星真寄居蟹 Dardanus aspersus *		+	+	+		★★★★

续表

种类		中国				备注 *舟山首次记录 #仅见于文献	舟山海域常见度
		黄渤海	东海	台湾	南海		
120	刺足真寄居蟹 Dardanus hessii *		+	+	+		★★★
121	长螯活额寄居蟹 Diogenes avarus		+	+	+		★★
122	弯螯活额寄居蟹 Diogenes deflectomanus #	+	+		+	董聿茂, 1991	
123	艾氏活额寄居蟹 Diogenes edwardsii	+	+	+	+		★★★★★
124	宽带活额寄居蟹 Diogenes fasciatus *		+	+			★
125	拟脊活额寄居蟹 Diogenes paracristimanus		+	+			★★★★
126	毛掌活额寄居蟹 Diogenes penicillatus		+	+			★★★★
127	直螯活额寄居蟹 Diogenes rectimanus	+	+	+	+		★★★★
128	须毛长眼寄居蟹 Paguristes barbatus #		+			董聿茂, 1991	
129	弱小长眼寄居蟹 Paguristes pusillus #		+	+		董聿茂, 1991	
130	中华长眼寄居蟹 Paguristes sinensis		+				★
131	浙江长眼寄居蟹 Paguristes zhejiangensis #		+			董聿茂, 1991	
	陆寄居蟹科 Coencbitidae						
132	灰白陆寄居蟹 Coenobita rugosus #		+	+	+	董聿茂, 1991	
	寄居蟹科 Paguridae						
133	三琦低寄居蟹 Catapagurus misakiensis #		+	+		董聿茂, 1991	
134	长毛寄居蟹 pagurus brachiomastus *	+	+				★
135	同形寄居蟹 Pagurus conformis *		+				★★★
136	长腕寄居蟹 Pagurus sp.	+	+		+		★★★★★
137	海德里寄居蟹 Pagurus hedleyi *		+		+		★
138	小形寄居蟹 Pagurus minutus	+	+	+	+		★★★★★
139	大寄居蟹 Pagurus ochotensis	+	+				★★
140	海绵寄居蟹 Pagurus pectinatus #	+	+			董聿茂, 1991	
141	旋刺寄居蟹 Spiropagurus spiriger		+	+	+		★★★★
	拟寄居蟹科 Parapaguridae						

续表

种类	中国				备注 *舟山首次记录 #仅见于文献	舟山海域常见度
	黄渤海	东海	台湾	南海		
142　单弓肿寄居蟹 *Oncopagurus monstrosus* #		+	+		董聿茂, 1991	
143　弗氏拟寄居蟹 *Parapagurus furici* #		+	+		董聿茂, 1991	
短尾下目 Brachyura						
绵蟹总科 Dromiidea						
绵蟹科 Dromiidae						
144　擎天平壳蟹 *Conchoecetes atlas* *		+	+	+		★★
145　陈氏平壳蟹 *Conchoecetes chanty*		+	+	+		★★★
146　小区上绵蟹 *Epigodromia areolata*		+		+		★★
147　德汉劳绵蟹 *Lauridromia dehaani*	+	+	+	+		★★★★
148　颗粒板蟹 *Petalomera granulata* *		+	+	+		★★
蛙蟹总科 Raninoidea						
蛙蟹科 Raninidae						
149　窄琵琶蟹 *Lyreidus stenops* *		+	+	+		★★
奇净蟹总科 Aethroidea						
奇净蟹科 Aethridae						
150　桑椹蟹 *Drachiella morum*		+		+		★
圆关公蟹总科 Cyclodorippoidea						
圆关公蟹科 Cyclodorippidae						
151　布鲁斯鬼蟹 *Tymolus brucei* #		+	+	+	董聿茂, 1991	
关公蟹总科 Dorippoidea						
关公蟹科 Dorippidae						
152　四齿关公蟹 *Dorippe quadridens* *		+	+	+		★★
153　中华关公蟹 *Dorippe sinica* *		+	+	+		★★
154　日本拟平家蟹 *Heikeopsis japonica*	+	+	+	+		★★
155　中国拟关公蟹 *Paradorippe cathayana* #	+	+	+	+	陈惠莲, 2002	

续表

种类	中国				备注 *舟山首次记录 #仅见于文献	舟山海域常见度
	黄渤海	东海	台湾	南海		
156 颗粒拟关公蟹 *Paradorippe granulata*	+	+	+			★★★★
四额齿蟹科 Ethusidae						
157 六齿四额齿蟹 *Ethusa sexdentata*		+	+	+		★
158 印度四额齿蟹 *Ethusa indica* #		+		+	董聿茂, 1991	
玉蟹总科 Leucosiidae						
精干蟹科 Iphiculidae						
159 海绵精干蟹 *Iphiculus spongiosus*		+	+	+		★
玉蟹科 Leucosiidae						
160 长形栗壳蟹 *Arcania elongata*		+	+	+		★★★
161 球形栗壳蟹 *Arcania globata* #	+	+		+	陈惠莲, 2002	
162 七刺栗壳蟹 *Arcania heptacantha*		+	+	+		★★
163 圆十一刺栗壳蟹 *Arcania novemspinosa* #	+	+	+	+	陈惠莲, 2002	
164 十一刺栗壳蟹 *Arcania undecimspinosa*	+	+	+	+		★★★
165 六疣坚壳蟹 *Ebalia tuberculosa* #		+			董聿茂, 1991	
166 粗糙坚壳蟹 *Ebalia scabriuscula* #		+			董聿茂, 1991	
167 钝额岐玉蟹 *Euclosiana obtusifrons* #		+	+	+	董聿茂, 1991	
168 双角转轮蟹 *Ixoides cornutus*		+	+	+		★★
169 杂粒拳蟹 *Lyphira heterograna* #	+	+		+	陈惠莲, 2002	
170 迅速长臂蟹 *Myra celeris*		+	+	+		★★★
171 似颗粒长臂蟹 *Myra subgranulata* #		+	+	+	董聿茂, 1991	
172 斜方五角蟹 *Nursia rhomboidalis*						★★
173 橄榄拳蟹 *Ovilyra fuliginosa*		+		+		★★★★
174 舟山拳蟹 *Philyra zhoushonensis* #		+			陈惠莲, 2002	
175 隆线肝突蟹 *Pyrhila carinata* #	+	+	+	+	董聿茂, 1991	
176 豆形肝突蟹 *Pyrhila pisum*	+	+		+		★★★★

续表

| | 种类 | 中国 | | | | 备注 | 舟山海域常见度 |
		黄渤海	东海	台湾	南海	*舟山首次记录 #仅见于文献	
177	斜方化玉蟹 *Seulocia rhomboidalis* #		+	+	+	董聿茂，1991	
178	红点坛形蟹 *Urnalana haematosticta* #		+	+	+	董聿茂，1991	
	馒头蟹总科 Calappoidea						
	馒头蟹科 Calappidae						
179	卷折馒头蟹 *Calappa lophos*		+	+	+		★★★
180	逍遥馒头蟹 *Calappa philargius*		+	+	+		★★★★
	黎明蟹科 Matutidae						
181	红线黎明蟹 *Matuta planipes*	+	+	+	+		★★★★
182	胜利黎明蟹 *Matuta victor*		+	+	+		★★★
	虎头蟹总科 Orithyoidea						
	虎头蟹科 Orithyiidae						
183	中华虎头蟹 *Orithyia sinica*	+	+	+	+		★★
	黄道蟹总科 Cancroidea						
	黄道蟹科 Cancridae						
184	隆背体壮蟹 *Romaleon gibbosulum* *	+	+				★★
	盔蟹总科 Corystoidea						
	盔蟹科 Corystidae						
185	显著琼娜蟹 *Jonas distinctus*		+	+	+		★★★
	蜘蛛蟹总科 Majoidea						
	膜壳蟹科 Hymenosomatidae						
186	篦额尖额蟹 *Rhynchoplax messor*		+				★★
	尖头蟹科 Inachidae						
187	有疣英雄蟹 *Achaeus tuberculatus*	+	+				★★
	突眼蟹科 Oregoniidae						
188	多刺刺蛛蟹 *Cyrtomaia hispida* #		+			董聿茂，1991	

续表

种类	中国				备注	舟山海域常见度
	黄渤海	东海	台湾	南海	*舟山首次记录 #仅见于文献	
卧蜘蛛蟹科 Epialtidae						
189 缺刻矶蟹 *Pugettia incisa*		+				★
190 四齿矶蟹 *Pugettia quadridens* #	+	+		+	董聿茂, 1991	
191 导师互敬蟹 *Hyastenus ducator*		+	+	+		★★★
菱蟹总科 Parthenopoidea						
菱蟹科 Parthenopidae						
192 环状隐足蟹 *Cryptopodia fornicata* #		+	+	+	董聿茂, 1991	
193 切缘武装紧握蟹 *Enoplolambrus laciniatus* *	+	+		+		★★★
梭子蟹总科 Portinoidea						
圆趾蟹科 Ovalipidae						
194 细点圆趾蟹 *Ovalipes punctatus*	+	+	+			★★★★★
梭子蟹科 Portunidae						
195 锐齿蟳 *Charybdis (Charybdis) acuta*	+	+	+	+		★★★★
196 锈斑蟳 *Charybdis (Charybdis) feriata*	+	+	+	+		★★★★
197 钝齿蟳 *Charybdis (Charybdis) hellerii*	+	+	+	+		★★
198 日本蟳 *Charybdis (Charybdis) japonica*	+	+	+	+		★★★★★
199 晶莹蟳 *Charybdis (Charybdis) lucifer* *		+	+	+		★
200 武士蟳 *Charybdis (Charybdis) miles*	+	+	+	+		★★★★
201 善泳蟳 *Charybdis (Charybdis) natator*		+	+	+		★★
202 相模蟳 *Charybdis (Charybdis) sagamiensis*	+	+	+	+		★
203 变态蟳 *Charybdis (Charybdis) variegata*	+	+	+	+		★★
204 双斑蟳 *Charybdis (Gonioneptunus) bimaculata*	+	+	+	+		★★★★★
205 纤手狼环孔蟹 *Lupocycloporus gracilimanus*	+	+	+	+		★★★★
206 不等狼牙蟹 *Lupocyclus inaequalis*		+		+		★
207 银光单梭蟹 *Monomia argentata*		+	+	+		★★★

续表

	种类	中国				备注 *舟山首次记录 #仅见于文献	舟山海域常见度
		黄渤海	东海	台湾	南海		
208	汉氏单梭蟹 Monomia haani		+	+	+		★
209	远海梭子蟹 Portunus pelagicus		+	+	+		★★
210	三疣梭子蟹 Portunus trituberculatus	+	+	+	+		★★★★★
211	红星梭子蟹 Portunus sanguinolentus	+	+	+	+		★★★
212	拟曼赛因青蟹 Scylla paramamosain		+	+	+		★★★★★
213	微异类梭蟹 Eodemus subtilis	+	+	+	+		★★
	扇蟹总科 Xanthoidea						
	扇蟹科 Xanthidae						
214	菜花银杏蟹 Actaea savignii #		+	+	+	董聿茂,1991	
215	细纹爱洁蟹 Atergatis reticulatus		+	+	+		★★
216	粗糙鳞斑蟹 Demania scaberrima		+	+	+		★★
217	东方盖氏蟹 Gaillardiellus orientalis	+	+	+	+		★★
218	近缘皱蟹 Leptodius affinis *		+	+	+		★★★
219	红斑斗蟹 Liagore rubromaculata		+	+	+		★★
220	特异大权蟹 Macromedaeus distinguendus	+	+	+	+		★★★★★
	酋蟹总科 Eriphioidea						
	酋蟹科 Eriphiidae						
221	凶狠酋妇蟹 Eriphia ferox *		+	+	+		★
	哲扇蟹科 Menippidae						
222	光辉圆扇蟹 Sphaerozius nitidus	+	+	+	+		★★★★
	毛刺蟹总科 Pilumnoidea						
	静蟹科 Galenidae						
223	贪精武蟹 Parapanope euagora	+	+	+	+		★★★
	毛刺蟹科 Pilumnidae						
224	鳞形杨梅蟹 Actumnus squamosus *		+	+			★

续表

种类	中国				备注 *舟山首次记录 #仅见于文献	舟山海域常见度
	黄渤海	东海	台湾	南海		
225 马氏毛粒蟹 *Pilumnopeus makianus*	+	+	+			★★★
226 沟纹拟盲蟹 *Typhlocarcinops canaliculata* #	+	+			董聿茂，1991	
227 裸盲蟹 *Typhlocarcinus nudus* #	+	+		+	董聿茂，1991	
228 齿腕拟盲蟹 *Typhlocarcinops denticarpes* *		+		+		★★★
229 穆氏仿短眼蟹 *Xenophthalmodes morsei* *		+		+		★
长脚蟹总科 Goneplacoidea						
宽背蟹科 Euryplacidae						
230 隆线强蟹 *Eucrate crenata*	+	+	+	+		★★★★★
长脚蟹科 Goneplacidae						
231 长手隆背蟹 *Carcinoplax longimanus*	+	+	+	+		★★★★★
232 紫红隆背蟹 *Carcinoplax purpurea* *		+	+	+		★★★
233 泥脚毛隆背蟹 *Entricoplax vestita*	+	+				★★★
掘沙蟹科 Scalopidiidae						
234 刺足掘沙蟹 *Scalopidia spinosipes* *		+	+	+		★
豆蟹总科 Pinnothercidea						
豆蟹科 Pinnotheridae						
235 中华蚶豆蟹 *Arcotheres sinensis*	+	+	+			★★★★
方蟹总科 Grapsoidea						
方蟹科 Grapsidae						
236 四齿大额蟹 *Metopograpsus quadridentatus*	+	+	+	+		★★★★★
237 粗腿厚纹蟹 *Pachygrapsus crassipes*		+	+	+		★★★★★
斜纹蟹科 Plagusiidae		+	+	+		
238 无斑斜纹蟹 *Plagusia immaculata* *		+	+	+		★
239 鳞突斜纹蟹 *Plagusia squamosa* *		+	+	+		★
弓蟹科 Varunidae						

续表

种类		中国				备注 *舟山首次记录 #仅见于文献	舟山海域常见度
		黄渤海	东海	台湾	南海		
240	异足倒颚蟹 Asthenognathus inaequipes	+	+				★★
241	隆背张口蟹 Chasmagnathus convexus		+	+	+		★★
242	日本绒螯蟹 Eriocheir japonica *	+	+	+	+		★★★★
243	中华绒螯蟹 Eriocheir sinensis	+	+	+	+		★★
244	狭颚新绒螯蟹 Neoeriocheir leptognathus	+	+	+			★★★
245	平背蜞 Gaetice depressus	+	+	+	+		★★★★★
246	伍氏拟厚蟹 Helicana wuana	+	+	+			★★★★★
247	侧足厚蟹 Helice latimera		+		+		★★★★
248	天津厚蟹 Helice tientsinensis	+	+				★★★★★
249	长足长方蟹 Metaplax longipes		+	+	+		★★★★★
250	绒螯近方蟹 Hemigrapsus penicillatus	+					★★★
251	肉球近方蟹 Hemigrapsus sanguineus	+	+	+			★★★★★
252	中华近方蟹 Hemigrapsus sinensis	+	+		+		★★
253	竹野近方蟹 Hemigrapsus takanoi *	+	+	+			★★★★★
254	游氏弓蟹 Varuna yui *		+	+	+		★★★★★
	相手蟹科 Sesarmidae						
255	红螯螳臂相手蟹 Chiromantes haematocheir	+	+	+	+		★★★
256	小相手蟹 Nanosesarma minutum	+	+	+	+		★★★★
257	近亲拟相手蟹 Parasesarma plicatum	+	+	+	+		★★★★★
258	斑点拟相手蟹 Parasesarma pictum	+	+	+	+		★★★★★
259	中华东方相手蟹 Orisarma intermedium *		+		+		★★★
260	隐秘东方相手蟹 Orisarma neglectum *	+	+				★★★
261	墨吉泥毛蟹 Clistocoeloma merguiense #		+	+		董聿茂，1991	
262	中华泥毛蟹 Clistocoeloma sinense		+				★★
	沙蟹总科 Ocypodoidea						

续表

	种类	中国				备注	舟山海域常见度
		黄渤海	东海	台湾	南海	*舟山首次记录 #仅见于文献	
	猴面蟹科 Camptandriidae						
263	六齿猴面蟹 Camptandrium sexdentatum	+	+	+	+		★
264	宽身闭口蟹 Cleistostoma dilatatum #	+	+		+	董聿茂，1991	
	毛带蟹科 Dotillidae						
265	韦氏毛带蟹 Dotilla wichmanni *		+	+	+		★
266	双扇股窗蟹 Scopimera bitympana #	+	+			董聿茂，1991	
267	台湾泥蟹 Ilyoplax formosensis #		+	+		董聿茂，1991	
268	锯眼泥蟹 Ilyoplax serrata #		+	+		董聿茂，1991	
269	淡水泥蟹 Ilyoplax tansuiensis		+	+	+		★★★
	大眼蟹科 Macrophthalmidae						
270	短身大眼蟹 Macrophthalmus (Macrophthalmus) abbreviatus	+	+	+	+		★★
271	万岁大眼蟹 Macrophthalmus (Mareotis) banzai *	+	+				★★★★★
272	日本大眼蟹 Macrophthalmus (Mareotis) japonicus	+	+				★★★★
273	绒毛大眼蟹 Macrophthalmus (Mareotis) tomentosus *		+	+	+		★★
274	悦目大眼蟹 Macrophthalmus (Paramareotis) erato *		+	+	+		★★★
275	中型三强蟹 Tritodynamia intermedia #	+	+			董聿茂，1991	
276	兰氏三强蟹 Tritodynamia rathbuni #	+	+			董聿茂，1991	
	沙蟹科 Ocypodidae						
277	痕掌沙蟹 Ocypode stimpsoni	+	+	+	+		★★★★
278	中国沙蟹 Ocypode sinensis *		+	+	+		★
279	弧边管招潮 Tubuca arcuata	+	+	+	+		★★★★★
280	清白南方招潮 Austruca lactea		+	+	+		★★
281	北方丑招潮 Gelasimus borealis *		+	+	+		★★
	短眼蟹科 Xenophthalmidae						
282	豆形短眼蟹 Xenophthalmus pinnotheroides	+	+		+		★★

拉丁学名索引

A

Acetes chinensis	63
Acetes japonicus	65
Achaeus tuberculatus	192
Actumnus squamosus	236
Aegaeon lacazei	101
Albunea symmysta	124
Alpheus bisincisus	83
Alpheus brevicristatus	82
Alpheus digitalis	84
Alpheus japonicus	85
Alpheus lobidens	86
Anchisquilla fasciata	25
Arcania elongata	170
Arcania heptacantha	171
Arcania undecimspinosa	172
Arcotheres sinensis	248
Asthenognathus inaequipes	255
Atergatis reticulatus	223
Athanas japonicus	87
Atypopenaeus stenodactylus	43
Austruca lactea	293

B

Batepenaeopsis tenella	44
Betaeus granulimanus	88

C

Calappa lophos	180
Calappa philargius	178
Callianassidae incertae sedis exilimaxilla	105
Camptandrium sexdentatum	279
Carcinoplax longimanus	242
Carcinoplax purpurea	244
Charybdis (Charybdis) acuta	214
Charybdis (Charybdis) feriata	215
Charybdis (Charybdis) hellerii	220
Charybdis (Charybdis) japonica	212
Charybdis (Charybdis) lucifer	219
Charybdis (Charybdis) miles	217
Charybdis (Charybdis) natator	221
Charybdis (Charybdis) sagamiensis	216
Charybdis (Charybdis) variegata	218
Charybdis (Gonioneptunus) bimaculata	222
Chasmagnathus convexus	257
Chiromantes haematocheir	273
Clibanarius infraspinatus	126
Clibanarius virescens	128
Clistocoeloma sinense	278
Clorida decorata	26
Cloridopsis scorpio	27
Conchodytes nipponensis	78
Conchoecetes atlas	149
Conchoecetes chanty	151

Crangon hakodatei	103

D

Dardanus arrosor	129
Dardanus aspersus	130
Dardanus hessii	131
Demania scaberrima	226
Dictyosquilla foveolata	28
Diogenes avarus	132
Diogenes edwardsii	133
Diogenes fasciatus	134
Diogenes paracristimanus	135
Diogenes penicillatus	136
Diogenes rectimanus	137
Dorippe quadridens	160
Dorippe sinica	158
Dotilla wichmanni	281
Drachiella morum	156

E

Eduarctus martensii	113
Enoplolambrus laciniatus	196
Entricoplax vestita	245
Eodemus subtilis	208
Epigodromia areolata	148
Eriocheir japonica	258
Eriocheir sinensis	259
Eriphia ferox	230
Erugosquilla woodmasoni	29
Ethusa sexdentata	164
Eualus sinensis	98
Eucrate crenata	240
Exhippolysmata ensirostris	93

F

Faughnia formosae	24
Faughnia haani	22

G

Gaetice depressus	270
Gaillardiellus orientalis	227
Gelasimus borealis	294

H

Harpiosquilla harpax	30
Harpiosquilla japonica	31
Hayashidonus japonicus	81
Heikeopsis japonica	162
Helicana wuana	261
Helice latimera	263
Helice tientsinensis	262
Hemigrapsus penicillatus	265
Hemigrapsus sanguineus	266
Hemigrapsus sinensis	267
Hemigrapsus takanoi	268
Heptacarpus acuticarinatus	100
Heptacarpus futilirostris	99
Hyastenus ducator	195

I

Ibacus ciliatus	116
Ibacus novemdentatus	117

Ilyoplax tansuiensis	283
Iphiculus spongiosus	166
Ixoides cornutus	177

J

Jonas distinctus	186

K

Kempella mikado	32

L

Latreutes anoplonyx	89
Latreutes planirostris	91
Lauridromia dehaani	146
Lenisquilla lata	33
Leptochela gracilis	66
Leptochela sydniensis	68
Leptodius affinis	229
Levisquilla inermis	34
Liagore rubromaculata	228
Linuparus trigonus	110
Lophosquilla costata	35
Lupocycloporus gracilimanus	202
Lupocyclus inaequalis	200
Lyreidus stenops	154
Lysmata kuekenthali	95
Lysmata vittata	94

M

Macrobrachium heterorhynchos	69
Macrobrachium nipponense	70
Macromedaeus distinguendus	225
Macrophthalmus (*Macrophthalmus*) *abbreviatus*	284
Macrophthalmus (*Mareotis*) *banzai*	286
Macrophthalmus (*Mareotis*) *japonicus*	285
Macrophthalmus (*Mareotis*) *tomentosus*	288
Macrophthalmus (*Paramareotis*) *erato*	287
Matuta planipes	181
Matuta victor	183
Metanephrops armatus	109
Metanephrops thomsoni	107
Metapenaeopsis barbata	45
Metapenaeopsis dalei	46
Metapenaeus ensis	48
Metapenaeus joyneri	47
Metaplax longipes	264
Metopograpsus quadridentatus	250
Mierspenaeopsis hardwickii	49
Monomia argentata	210
Monomia haani	211
Myra celeris	173

N

Nanosesarma minutum	271
Neoeriocheir leptognathus	260
Nursia rhomboidalis	168

O

Ocypode sinensis	291
Ocypode stimpsoni	289
Ogyrides orientalis	96

Oratosquilla oratoria	36
Oratosquillina interrupta	37
Oratosquillina perpensa	38
Orisarma intermedium	276
Orisarma neglectum	277
Orithyia sinica	188
Ovalipes punctatus	198
Ovilyra fuliginosa	176

P

Pachygrapsus crassipes	252
Paguristes sinensis	138
Pagurus brachiomastus	139
Pagurus conformis	140
Pagurus hedleyi	142
Pagurus minutus	143
Pagurus ochotensis	144
Pagurus sp.	141
Palaemon annandalei	71
Palaemon carinicauda	72
Palaemon gravieri	74
Palaemon macrodactylus	75
Palaemon orientis	73
Palaemon serrifer	76
Palaemon tenuidactylus	77
Panulirus ornatus	112
Paradorippe granulata	163
Parapanope euagora	234
Parapenaeus fissuroides	50
Parasesarma pictum	274
Parasesarma plicatum	275

Penaeus chinensis	51
Penaeus indicus	52
Penaeus japonicus	53
Penaeus monodon	54
Penaeus penicillatus	55
Penaeus vannamei	56
Petalomera granulata	153
Petrarctus brevicornis	115
Petrolisthes japonicus	118
Pilumnopeus makianus	237
Pisidia serratifrons	120
Plagusia immaculata	253
Plagusia squamosa	254
Plesionika izumiae	79
Pontocaris pennata	104
Porcellana pulchra	121
Porcellanella triloba	122
Portunus pelagicus	204
Portunus sanguinolentus	207
Portunus trituberculatus	206
Procletes levicarina	80
Pugettia incisa	193
Pyrhila pisum	175

Q

Quollastria gonypetes	39

R

Raphidopus ciliatus	123
Rhynchoplax messor	190
Romaleon gibbosulum	184

S

Scalopidia spinosipes	246
Scylla paramamosain	203
Sicyonia lancifer	62
Solenocera alticarinata	58
Solenocera crassicornis	59
Solenocera koelbeli	60
Solenocera melantho	61
Sphaerozius nitidus	232
Spiropagurus spiriger	145
Squilloides leptosquilla	40

T

Tozeuma lanceolatum	92
Trachysalambria curvirostris	57
Tubuca arcuata	292
Typhlocarcinops denticarpes	238

V

Varuna yui	269
Vossquilla kempi	41

X

Xenophthalmodes morsei	239
Xenophthalmus pinnotheroides	295

中文名索引

A

艾氏活额寄居蟹	133
安氏长臂虾（安氏白虾）	71
凹管鞭虾	60

B

斑点拟相手蟹	274
斑节对虾	54
斑纹小瓷蟹	122
北方丑招潮	294
篦额尖额蟹	190
扁足异对虾	43
变态蟳	218
不等狼牙蟹	200

C

侧足厚蟹	263
长螯活额寄居蟹	132
长额拟鞭腕虾	93
长毛对虾	55
长毛寄居蟹	139
长手隆背蟹	242
长腕寄居蟹	141
长形栗壳蟹	170
长指鼓虾	84
长足长方蟹	264
长足七腕虾	99
陈氏平壳蟹	151
齿腕拟盲蟹	238
刺足掘沙蟹	246
刺足真寄居蟹	131
粗糙鳞斑蟹	226
粗腿厚纹蟹	252

D

大管鞭虾	61
大寄居蟹	144
戴氏赤虾	46
淡水泥蟹	283
刀额新对虾	48
导师互敬蟹	195
德汉劳绵蟹	146
东方长臂虾（东方白虾）	73
东方长眼虾	96
东方盖氏蟹	227
东方管须蟹	124
东海红虾	79
豆形短眼蟹	295
豆形肝突蟹	175
短脊鼓虾	82
短角硬甲蝉虾	115
短身大眼蟹	284
断脊小口虾蛄	37
钝齿蟳	220

多齿船形虾	92	假长缝拟对虾	50
		尖刺糙虾蛄	32
F		锦绣龙虾	112
凡纳滨对虾	56	近亲拟相手蟹	275
橄榄拳蟹	176	近缘皱蟹	229
高脊管鞭虾	58	晶莹蟳	219
葛氏长臂虾	74	九齿扇虾	117
光辉圆扇蟹	232	巨指长臂虾	75
		锯齿长臂虾	76
H		锯额豆瓷蟹	120
哈氏米氏对虾	49	卷折馒头蟹	180
海德里寄居蟹	142		
海绵精干蟹	166	**K**	
韩氏芳虾蛄	22	颗粒板蟹	153
汉氏单梭蟹	211	颗粒拟关公蟹	163
黑斑沃氏虾蛄	41	口虾蛄	36
痕掌沙蟹	289	宽带活额寄居蟹	134
横斑鞭腕虾	95		
红螯螳臂相手蟹	273	**L**	
红斑斗蟹	228	拉氏爱琴虾	101
红斑后海螯虾	107	蓝绿细螯寄居蟹	128
红条鞭腕虾	94	利刃七腕虾	100
红线黎明蟹	181	粒螯乙鼓虾	88
红星梭子蟹	207	鳞突斜纹蟹	254
红星真寄居蟹	130	鳞纹真寄居蟹	129
弧边管招潮	292	鳞形杨梅蟹	236
滑脊等腕虾	80	六齿猴面蟹	279
		六齿四额齿蟹	164
J		隆背体壮蟹	184
脊条褶虾蛄	35	隆背张口蟹	257
脊尾长臂虾（脊尾白虾）	72	隆线强蟹	240

M

马氏艾蝉虾	113
马氏毛粒蟹	237
毛缘扇虾	116
毛掌活额寄居蟹	136
美丽瓷蟹	121
猛虾蛄	30
穆氏仿短眼蟹	239

N

泥脚毛隆背蟹	245
拟脊活额寄居蟹	135
拟曼赛因青蟹	203

P

披针单肢虾	62
平背蜞	270

Q

七刺栗壳蟹	171
前刺小口虾蛄	38
切缘武装紧握蟹	196
清白南方招潮	293
擎天平壳蟹	149
屈足东方虾蛄	39
缺刻矶蟹	193

R

日本大眼蟹	285
日本对虾	53
日本鼓虾	85
日本褐虾	103
日本江瑶虾	78
日本角鼓虾	87
日本毛虾	65
日本猛虾蛄	31
日本拟平家蟹	162
日本绒螯蟹	258
日本蟳	212
日本岩瓷蟹	118
日本异指虾	81
日本沼虾	70
绒螯近方蟹	265
绒毛大眼蟹	288
绒毛细足蟹	123
肉球近方蟹	266
锐齿蟳	214

S

三角脊龙虾	110
三疣梭子蟹	206
桑椹蟹	156
善泳蟳	221
胜利黎明蟹	183
十一刺栗壳蟹	172
饰尾绿虾蛄	26
瘦拟虾蛄	40
双凹鼓虾	83
双斑蟳	222
双角转轮蟹	177
水母深额虾	89
四齿大额蟹	250

四齿关公蟹	160	下齿细螯寄居蟹	126
		纤手狼环孔蟹	202
		显著琼娜蟹	186

T

台湾芳虾蛄	24	相模蟳	216
贪精武蟹	234	逍遥馒头蟹	178
特异大权蟹	225	小区上绵蟹	148
天津厚蟹	262	小相手蟹	271
条尾近虾蛄	25	小形寄居蟹	143
同形寄居蟹	140	蝎形拟绿虾蛄	27
		斜方五角蟹	168
		凶狠酋妇蟹	230

W

万岁大眼蟹	286	锈斑蟳	215
微异类梭蟹	208	须赤虾	45
韦氏毛带蟹	281	旋刺寄居蟹	145
窝纹虾蛄	28	迅速长臂蟹	173
污泥疣褐虾	104		
无斑斜纹蟹	253		

Y

无刺光虾蛄	34	叶齿鼓虾	86
伍氏拟厚蟹	261	异额沼虾	69
伍氏平虾蛄	29	异足倒颚蟹	255
武士蟳	217	银光单梭蟹	210
		隐秘东方相手蟹	277
		印度对虾	52

X

悉尼细螯虾	68	鹰爪虾	57
细螯虾	66	疣背深额虾	91
细点圆趾蟹	198	游氏弓蟹	269
细颚美人虾	105	有疣英雄蟹	192
细巧贝特对虾	44	远海梭子蟹	204
细纹爱洁蟹	223	悦目大眼蟹	287
细指长臂虾	77		
狭颚新绒螯蟹	260		

Z

窄额滑虾蛄	33
窄琵琶蟹	154
直螯活额寄居蟹	137
中国对虾	51
中国毛虾	63
中国沙蟹	291
中华安乐虾	98
中华长眼寄居蟹	138
中华东方相手蟹	276
中华关公蟹	158
中华管鞭虾	59
中华蚶豆蟹	248
中华虎头蟹	188
中华近方蟹	267
中华泥毛蟹	278
中华绒螯蟹	259
周氏新对虾	47
胄甲后海螯虾	109
竹野近方蟹	268
紫红隆背蟹	244

致 谢

在本书的编写过程中，我们得到了同行良师、同事、挚友建设性的指导意见，也得到了浙江海洋大学师生们的热情帮助，在此表示衷心的感谢！

感谢中国科学院海洋研究所蒋维副研究员、袁梓铭博士，集美大学施宜佳副教授，佛山科学技术学院郭照良教授对本书的热心指导和帮助。感谢陈奕铭、徐一洋、张旭、杨珈铖、王举昊、刘成一等好友在编写过程中提供了大量参考文献和技术支持。

感谢浙江海洋大学叶莹莹、田阔、郭浩宇和浙江海洋水产研究所朱剑、张亚洲等同事，以及刘明智、卓小娃、黄孝君、黄顺东、李文瑜、张驰、王银璐、颜廷鼎、冯天麒、陈一诺和浙江海洋大学海洋生物学会社员为本书提供了珍贵样品。此外，烟台市什鲜海产品有限公司陈彦羽及好友李博恒、李俊龙等也为编写本书所需样品的采集提供了帮助和支持，在此一并道谢。

感谢上海自然博物馆刘攀，以及王举昊、陈奕铭、石颖霖、卓小娃等人为本书提供了珍贵照片。

感谢陈奕铭、杨珈铖、马铠玥、卓小娃在本书的内容审订及文字校对方面提供的帮助。